国家出版基金项目
NATIONAL PUBLICATION FOUNDATION

"十三五"国家重点出版物出版规划项目

陈正洪 著

气象科学技术通史

（上册）

气象出版社
China Meteorological Press

内容简介

本书阐述了四千多年来中外气象科学技术发展历史，以时间为纵轴，以地域为横轴，展现出千姿万彩、波澜壮阔的气象科学技术历史画卷。

世界气象科学技术史包括古典—近代—现代—当代几个阶段，分别有不同的特色和发展重点，展现了从哲学思辨、到观测与大数据、再到综合系统的历史线索。气象科学不断吸收各门自然科学、社会科学的知识来壮大自身，气象从科学发展到当今社会体系中的重要构建，揭示出气象科学的准确定性本质，存在全球性和本土性的统一。中国气象科学技术史在世界背景下有自己的独特特点，比如中国古代气象学与中国传统文化密切相关，"天""气"同源，在中国传统天学、算学、农学、中医学之外存在中国传统气象学的第五大学科等。中国近现代大气科学融入世界大气科学洪流的同时，展现了良好的中国本土特色。

本书适用于气象科技工作者，也适用于物理史、地学史、特别是气象史学者。本书可以作为高校科学史和大气科学相关学科研究生的参考著作，也可以作为气象教育和干部培训的参考读本，或是对大气科学史、科学史及相关领域感兴趣的广大读者朋友阅读。

图书在版编目（CIP）数据

气象科学技术通史 / 陈正洪著 . —北京：气象出版社，2020.12

ISBN 978-7-5029-7369-8

Ⅰ.①气…　Ⅱ.①陈…　Ⅲ.①气象学—历史　Ⅳ.① P4-09

中国版本图书馆 CIP 数据核字（2020）第 262958 号

气象科学技术通史
Qixiang Kexue Jishu Tongshi

陈正洪　著

出版发行：气象出版社				
地　址：北京市海淀区中关村南大街 46 号		**邮　编**：100081	
电　话：010-68407112（总编室）　010-68408042（发行部）				
网　址：http://www.qxcbs.com		**E-mail**：qxcbs@cma.gov.cn	
责任编辑：王元庆		**终　审**：吴晓鹏	
责任校对：张硕杰		**责任技编**：赵相宁	
封面设计：楠竹文化				
印　刷：北京中科印刷有限公司				
开　本：787mm×1092mm　1/16		**印　张**：53	
字　数：832 千字				
版　次：2020 年 12 月第 1 版		**印　次**：2020 年 12 月第 1 次印刷	
定　价：426.00 元（上下册）				

本书如存在文字不清、漏印以及缺页、倒页、脱页等，请与本社发行部联系调换。

预祝中国气象史研究所

得成功

陶诗言

二○○五九四

注：著名气象学家陶诗言院士（1919—2012 年）为气象史研究题词。

序

气象科技史对气象事业有独特作用 二

气象科技史是一门研究大气科学技术发展历史与创新规律的综合性、通识性学科，对研究气象事业发展历程和开展相关教育培训具有独特意义，特别是对于培养高素质科研人才、从历史史实角度促进科技引领与创新驱动、提高气象科技业务和管理人员培训效果具有重要价值。人们对自然规律的探索，对天气、气候演变机理的认识，既是对科学问题的认识过程，也是社会、经济、文化的传承过程，研究分析气象科技史的发展脉络有助于气象人员从更广阔的视野理解和认识气象科技发展的内涵和价值。

陈正洪博士的专业是科技史，并且在美国加州大学伯克利分校学习过这方面的课程。在中国气象局和气象干部培训学院的支持下，他与十几个青年教师合作，逐渐把这项研究开展起来，连续举办多届全国气象科技史学术会议，并出版了论文集，形成了培训业务。今天正洪博士的《气象科学技术通史》出版将对这项研究和业务起到积极推动作用。

气象科技史的研究是在较艰苦的条件下展开的，没有大的课题或项目支持，仅是凭着参与者对这项工作的理解、坚韧的信念和责任感，结合对科技史的兴趣推动着这项工作，一直坚持到现在。正洪博士的这部著作从古至今，详细论述了世界气象科学历史发展的脉络，并对中国古代到当代的气象科学发展做了清晰的阐述。著作中参考了大量的中外文献，大事年表也经过多方考证。正洪博士耗费十年心血，凝聚成书，实属不易。

希望这部书的出版为从事气象科技史的同志带来有益参考，促进气象界和关心气象科技发展的爱好者们增进对气象科技发展的理解，并有助于气象相关领域的国内外专家开展合作进一步深化研究，并助力推动气象科技和文化健康发展。

许小峰

2020 年 10 月

注：许小峰，原中国气象局党组副书记、副局长，现任中国气象局战略咨询委常务副主任，中国科技史学会常务理事。

气象学历史研究的重要科学和社会价值

气象科学技术发展与其他自然科学的发展有共同的规律。除了社会和经济发展的需求外，科学的发现和创新是推动学科发展的主要推动力。气象学作为地球环境科学的一个分支，有其独特的历史规律，并且和其他自然科学历史有一定差异。如何认识这种共同与差异，从气象科技通史的角度探索今天大气科学独特的创新成果，这是非常有价值的重要研究领域，也成为科学史与创新借鉴的前沿热点。比如，20世纪西方气象科学的两大学派——挪威学派和芝加哥学派做出的重大成就，是否会在21世纪进一步发扬光大，并进一步产生新的学派，这也是大家所关心的重要问题。

创新的一个关键在于继承，而气象学史的研究是为此提供认识气象学历史发展之路，并开启未来发展之路的一个重要途径。国际气象界对此也非常重视，但是多年科研实践中，我们常常发现我国的不少气象业务人员对气象学历史认识的深度和广度不够，有的甚至知之不多。因而一个优秀的气象工作者，不论是从事研究或业务实践的，如何自觉运用历史发展和沿革的气象学眼光进行科研和业务实践是十分重要的。

老一辈学者对气象科学史研究的重视和应用于自身实践的治学精神为我们

树立了榜样。其中竺可桢先生为我们留下的气象科学历史研究的传统需要很好
地继承下去。中国拥有丰富的古籍文献，其中包含着大量在气象方面的珍贵史
料。它们具有独特的科学价值。古人说得好，"温故而知新"，这也包括对历史
史料的总结和发现。

　　陈正洪同志撰写的《气象科学技术通史》在这方面做出了较好的探索，他
比较系统地梳理了近 4000 年来古今中外大气科学技术历史的发展脉络，汇聚
了从古至今世界范围内气象研究领域的主要科技成果与进展，突出了气象科学
技术与物理化学等自然学科联系和不一样的内在规律，并提出了很多有见地的
观点。这对于中国气象史的复兴和传承很有意义。我相信，这本书将会对气象
科学研究一线的科技工作者带来新的启示。

　　陈正洪同志在中国气象局有关部门支持下，克服困难，近几年带领一支队
伍辛勤耕耘在气象科技史研究领域，取得不少有价值的成果。他为气象科技史
委员会的建立和发展做了很多重要工作，与国际气象史学界有密切联系。他为
中国气象史的继承和发展作出了显著的贡献。在这本书中读者可以看到，他从
人类文明史的起源到今天，在历史的长河中，阐述了气象学如何从萌芽时期发
展到今天成为现代科学支柱之一的科学，尤其是强调了在每一关键发展时期创
新与理论的关键作用。这也是把竺可桢先生提倡科学史研究的精神传承下去的
具体行动，也是服务当代气象事业的一个实际行动。

丁一汇

2020 年 10 月 12 日于北京

　　注：丁一汇，中国工程院院士。

气象科技历史有助于教育和培训

气象科学发展不只是"胜利者"的历史，其中很多错误与失败也是很有价值的，但是经常被忽略，这说明非常有必要重新认识历史，这显得《气象科学技术通史》有非常重要的出版价值。因为气象科学技术知识积累反映了人类对自然界总体知识的积累，气象科技历史不仅可以对人才培养有促进作用，而且可以直接借鉴到气象主流业务的研究中，比如从历史角度如何看待数值天气预报、如何看待卫星气象历史演进，如何从一个比较边缘的小学科发展到今天全球关注的重要知识，气候变化背景下如何看待人类前途命运等问题。认真审视过去历史，就可以更加深刻地理解今天和未来发展趋势。

陈正洪博士曾在美国加州大学伯克利分校学习科学史，有世界眼光，这部著作不仅阐述了西方为主的近现代大气科学发展，而且研究了中国气象科技发展在世界宏观背景下自身独特的历史。他结合中国实际，把中国气象科学历史发展置于国际学术背景之下，可以较好地理解中国气象科学创新与内涵的提升。气象科技及其历史与人们生活与生产密切相关，本书出版对于理解大气科学知识本身具有重要意义。

国际科学共同体非常看重有 5000 多年历史的中国气象文明，许多重要的历史科技事件都发生在"一带一路"上，凸显了气象科技史研究的重大价值。《气象科学技术通史》是同领域不可多得的高水平著作。这本著作出版，也是落实习近平总书记关于科技创新的讲话精神。我参加过陈正洪博士召集的几次全国气象科技史学术会议，也经常到他所在单位气象干部培训学院授课，感觉许多气象科技工作者和领导干部需要加强并乐意接受历史角度的气象科学技术的培训。该书出版，除用于学界研究之外，也可用于气象人才教育培养和干部培训。

许健民

2020 年 10 月

注：许健民，中国工程院院士。

目录

上　册

第一篇
古典与传统气象科学技术

第二篇
近代气象科学与技术

下 册

第三篇
现代大气科学和技术

第四篇
走向大科学的当代大气科学

第一节　远古的文明传承

气象学作为一门自然科学，很难准确地说明气象学是在什么时候形成的。毫无疑问气象学是当今科学体系中的一个重要分支，气象学的开端可以追溯到人类文明起源时期。原始时期的人类强烈地依赖自然条件生存，对自然抱着十分敬畏的心态去认识天气现象。逐渐地，他们积累了很多有关天气现象辨别预测的经验，这些经验被一代一代传了下来，人们对气象的认识随之加深，出现了早期的气象学萌芽。

在人类文明史中，刀耕火种无疑是一场革命，它结束了人类茹毛饮血的历史，堪称人类文明的开端。而驱动这一变革的重要客观因素，则是可被利用的天文气象及地理环境。地球上独特的自然地理环境成就了人类的生存与演化历史，人类在与大自然的斗争和共存中不断加深对生存环境的认识与理解。气象科学就是伴随这一进程建立并发展起来的。

1. 文明古国与气象

气象学萌芽隐藏于天文学之中，这是由于天文和气象都是人类可以通过肉眼观察到许多信息：日月星辰、阴晴冷暖、风雨雷电、云雾冰雪、四季变换等，这些都是人类感知地球环境的基本信号。

一些早期的学术著作里面提到了天气现象，虽然不系统，但是已经可以看出，气象学已经开始形成。比如在公元前 5 世纪的书中提出一些气象观测。虽然这些记录带有很浓重的宗教神秘色彩，但是保留下当时关于风、云及一些天气现象的宝贵记录。

众所周知，人类早期的文明，基本上都是在非洲和亚洲的大河流域发源起来的，包括尼罗河流域的古埃及文明、幼发拉底河和底格里斯河流域的古巴比伦文明、印度河和恒河流域的古印度文明、长江和黄河流域的中国古代文明等。现已了解在古埃及，气象学可能是宗教活动的一个项目。在公元前 3500 年，古埃及就有向天求雨和观星象的宗教祭祀活动。因为在古代的宗教活动中，人们认为天气、风云雷电是受神或上帝控制的。

在古印度文明、古中国文明及古巴比伦文明中，后世学者也不断发现了很多记录，其形式多样，内容丰富。从这些纷繁复杂的记录里，人们大体可以看到一些规律性的演变，比如记录的内容逐渐地增多，从风雨这种简单的天气现象，逐渐发展到了对诸如雷电、彩虹等复杂天气现象的记录。中外古代天气现象记录中，多少都反映出古人对大风、暴雨、干旱等恶劣天气的敬畏与担忧，也反映出古代劳动人民的积极应对，包括广泛植树、挖渠引水、辨别天气现象等。

古巴比伦文明发源于幼发拉底河和底格里斯河流域，从公元前 3000 年持续到了公元前 300 年。[①] 在四大古代文明里，古巴比伦文明发掘出比较多的远古气象学记录，由于当时缺少制造纸的沙纸草，古巴比伦人就把气象记录用刻笔记录在黏土上。这样，很多古代气象记录就被保存了起来。如图 0-1 所示，就是发掘出来的古巴比伦的一个刻在黏土上的气象记录。这些符号可能记录

---

① Neugebauer O. The Exact Sciences in Antiquity[M]. New York: Haper Brothers, 1962.

图 0-1　黏土上的楔形文字文本 ①

了当时的天气现象并有一定的数量。

　　古代先贤对气象的探索是可贵的。古希腊文明中著名的希波克拉底（约公元前 460—前 370 年），是古希腊医师，被称为"医药之父"。他指出了不同气候各自的特点，以及不同气候类型对人类身体健康的影响。他认为要成为一个好医生，一个必不可少的条件就是要对气象有很好的认识。他或许是气候和天气对人类身体健康的影响研究的开创者。②古希腊另外一位学者欧多克斯（公元前 408—前 355 年），是早期亚里士多德学派的自然哲学家。他研究了古巴比伦文明起源，提出了坏天气如何预测的问题。在他的自然科学史研究中，他还提出了一个很有趣的理论：所有的天气现象都是有规律重复出现的，这种短暂的重复出现，不仅出现在风这种自然现象，还出现在很多坏天气现象上。③

　　古希腊亚里士多德建立了古典气象学，在本书中会有专门论

　　① Frisinger H H. The history of meteorology to 1800[M]. New York: Science History Publications, 1977. Second Printing, American Meteorological Society, Boston, 1983.

　　② Smith D E. History of Mathematics[M]. New York: Dover Publications, 1958.

　　③ Text in Catalogues Codicum Astrologorum Graecorum, 1908(7): 183-187.

述。在早期的气象发展过程中，很多自然哲学家对天气现象做了大量研究。由于他们的研究并不是基于气象仪器（比较科学的气象仪器一般在 17 世纪才逐步出现），因此，他们的研究绝大多数是定性的。虽然他们对于云的移动的研究，有一定量的肉眼的观测，但总体来讲思辨性较多。这些研究促进了亚里士多德学派发展，并且为接下来 2000 年的气象学发展奠定了基础。

2. 气象与文明

中国古代科学技术光辉灿烂，其中气象科学技术是其不可分割的组成部分，共同构成中国古代灿烂的传统文明。对中国气象科技史的观瞻放在世界气象科技史框架内可以获得完整的认识。前辈在此领域已耕耘多年，特别是竺可桢先生，对于中国气象史具有开创性贡献。此外很多学者多有著述，包括洪世年、陈文言的《中国气象史》（农业出版社，1983）、温克刚主编的《中国气象史》（气象出版社，2004）、洪世年、刘昭民的《中国气象史——近代前》（中国科学技术出版社，2006）、程民生的《北宋开封气象编年史》（人民出版社，2012）等等。

中国古代气象知识，显然也是独有的一个传统的知识体系。考虑到本书主要展现世界范围内的气象科学历史，所以中国传统气象知识发展放在世界气象发展的框架中，这样有利于横向的比较。在中国气象科技中，似乎同样存在气象科技史的"李约瑟难题"。比如中国气象学在古代有无形成一些有中国特色的知识体系？为何没有自发转化成现代意义的大气科学？西方大气科学如何与中国本土实际结合起来出现带有中国气派的大气科学？

从世界范围来看，气象不仅是科学，也是一种文化乃至文明，反映了世界各地学者的多样性认识。比如，在第二十二届国际科学史会议上，国际气象史委员会在 James Fleming（美国）、Rudolph Brádzil（捷克）、Cornelia Lüdecke（德国）和 Youngsin Chun（韩国）发起下，举行了"全球重建和全球气候及气象的多样性：东、南、西、北"的学术研讨会。

从文化或者文明来讲，无论是浩瀚的中国古籍中天气现象的记载，还是英吉利海峡来往船只航海的历史数据，或是北极圈内传教士的记录报告，及在美国北部和低海拔高度国家的日记、拜占庭式教堂记录，甚至古欧洲的腿骨长度的记录等，都代表了人类记录天气的一种独特方式，这不同于现如今气候重建的其他任何指标。这本身就是一种文化现象，认识和理解气象这种文化和文明，这或许也是本书希望达到的一种目的。

第二节 对气象科技通史的理解

气象科学史（亦称气象科技史）是正在发展中的新兴学科，由于气象与其他自然科学存在差异，气象科技史有其独特之处。国际气象科技史经历了从思辨到定量分析的发展过程，中国气象科技史有本土文化和地域特色。认识并清晰阐明中外气象科技史的差异是这门学科发展初期需要解决的学科基本问题，这也使得气象科技史学科在整个科学技术史学科体系内，具有特殊的价值和发展意义。[1]

1. 内涵

一般来讲，气象科学史是研究大气科学技术四千多年以来、特别是最近几百年发展历史脉络，探索学科发展历程中的原始创新和关键事件、人物、理论，凝练气象科学技术演进规律，为未来气象事业发展提供史实梳理、创新分析、决策支撑乃至精神力量。它的主要研究领域仍在扩展中，包括大气科学技术历史主干

---

[1] 本部分内容本书作者发表于《咸阳师范学院学报》2019，第6期，有改动。

脉络研究、大气科学各门分支学科历史研究、气象科技史国际研究、气象科技人物与口述史研究、气象科技史视角的原始创新研究和人才培养研究等。[①] 气象科技史是一门新兴的综合性、通识性学科，涉及大气科学多方面的知识领域。在比较成熟的一级学科科学技术史体系中，气象科学技术史是处于发展中的二级学科。竺可桢先生比较重视科技史在气象学中的发展，但严格来讲还需要认真构建气象科技史自身的学科框架和基础理论体系。

从萨顿开创的科学史体系来看，一门自然科学可以建立一门自然科学史，比如物理学史、化学史、数学史、地理学史等。本书称作气象科学技术通史，因为气象部门除了科研还有许多具体业务，与社会方方面面都有密切关系，比如气象服务、气象系统体制改革等，为更加突出这门学科的科技属性，所以称之为气象科学技术史，简称气象科技史（或称气象科学史），这与科学史界熟知的气象学史或气象史基本是同一个意思。本书后面没有专门说明的地方，都阐述这样认识。

2. 外延

由于大气环流具有全球性和局地性的特点，地形和下垫面的影响对于天气预报影响重大，这使得气象科学和其他研究领域的自然科学有较大差异，气象科技史也存在中外差异，这种中外差异，是这门学科发展初期需要着力阐述清楚的基本问题，这涉及这门学科未来的发展范式和研究方式。从一开始就可以分成"世界气象科技史"和"中国气象科技史"这两门分支学科。这种情况并不是所有自然学科史具备的条件，这也使得气象科技史具有特殊的学科意义。

气象科学具有悠久的历史，气象科学技术史对于今天的大气

---

① 陈正洪. 气象科技史学科功能与学科建设探索 [J]. 阅江学刊，2018(5)：81-86，147-148.

科学研究无疑是很有价值的，包括具体的方法、内容分析、文化分析等都能互相结合起来。今天扎实的天气预报体系是建立在对历史气候数据研究基础之上的。如果没有从历史的、人性的角度进行综合研究，是不会取得任何成效的。同样道理，没有对几千年大气科学历史的正确理解，对于今天的大气科学创新也是有一定影响的。

气象科技史可以研究大气科学技术 4000 多年，特别是最近几百年的发展历史脉络，探索大气科学学科发展历程中的原始创新和关键事件、人物、理论、凝练气象科学技术创新的规律，研究自然、社会经济、历史环境，以及相关学科发展，气象科学与相关学科的相互作用的关系等等，这对于推动整个气象学科的创新和预示未来大气科学的进展很有意义。

气象科技史有助于促进气象科学发展和人才培养，根据历史史实分析气象科学技术发展规律，尝试利用科学技术预测工具展望未来。在文化和精神方面，气象科技史的长时段大尺度的历史视角可以在潜移默化中改变人的思想和行为。

大气科学技术史是一门新兴的综合性、通识性学科，涉及大气科学多方面的知识领域，因此需要构建自身的学科框架和基础理论体系，形成严格的学科体系。历史分期是气象科技史研究的基本问题之一。

从全球视域气象科技史的历史分期问题，可以在"古典气象学—近代气象学—现代气象学—当代气象学"的框架中进一步探索大气科学的创新脉络。下一节具体阐述这个理念。

3. 气象科学的准确定性

总体来讲，大气科学[①]不同于物理、化学等自然学科，物理、

---

① "气象科学"与"大气科学"是学科发展的不同阶段的提法，两者含义略有区别，本书中两者都指代研究气象现象的科学。

化学一般来讲是研究大自然确定性事件和现象的精确性、确定性的自然学科。然而，大气科学是研究非确定性现象的半确定或者说准确定性学科。将来它的确定性成分也许会越来越高，但是永远不会达到 100% 的确定性。这是大气科学和其他自然科学、工程科学最大的区别。认识到这一点就会对大气科学的本质有更好的理解。这说明大气科学的内在体系和外在环境都会随着时空变化而发生巨大变化，外生条件对其影响巨大，甚至是颠覆性的。

大气科学的不确定性本质贯穿其成长过程，大气科学的发展历史表明如下几个经验性规律。第一，大气科学进展与研究观念有关。比如准地转理论的出现，单圈层发展到多圈层，单学科发展到经济社会多学科视野下的"气象大科学"等。第二，气象与科学仪器的发展密切相关。更好的设备促进更先进的气象学，气球用于探空，雷达用于天气系统探测，计算机用于数值预报等。第三，气象与其他学科相互促进。如牛顿力学和流体力学引入大气科学中，使得大气动力学获得很大发展，气象学家洛伦兹提出著名的"混沌理论"促进其他学科的蓬勃兴起等。这种相互促进已经从自然科学扩展到人文社会科学。第四，大气科学逐渐成为学科群，并出现多种分支、分化和综合的现象加剧，出现加速发展的态势，这预示大气科学新的重大突破或许在不远的未来即将出现。

这几个规律实际上也反映了气象科学准确定性发展的本质，就是不断解决各种矛盾，既要解决学科自身发展的矛盾，也要解决气象与社会发展的矛盾。比如气象观测以"有限观测无限"，必然存在误差。再比如温度是一个时空体的积分，由于延迟效应也就是仪器反应速度总是落后于温度的瞬间变化。所以温度计永远可不能测度某处时空的瞬间真实温度，而是落后于真实温度的平均状态。这些就是学科自身发展的矛盾。

还比如气象技术与社会发展也会出现矛盾。要想获得更多气象信息需要加密观测，加密到何种程度是以社会需要和经济承受能力为前提。2009 年 60 周年国庆的气象保障取得较大成功，有多种因素，其中加密气象观测起了很大作用。从技术上说，也许全国每一块地方都可以做到像天安门广场国庆保障那样的预报水平，但是从经济上讲，恐怕不可能实现。技术能力和经济承载能力就形成矛盾。

了解了大气科学的本质，就会理解为什么天气预报不能像日食、月食预报那样精确。天气预报本质上来讲是针对常规情况以外的非常规情况进行预报。无雨的地方需求有雨的预报，天天有雨的地方需求无雨的预报。天气预报本来就困难，现在由于气候变化加剧，导致预报不确定性加大。全球工业化，环境污染变多，大气成分变化复杂，使得原先总结出的一些经验性规律不符合新情况的可能性加大。大气科学研究的不确定性更加复杂，预报准确性进一步受到挑战。

数值预报是目前天气预报的最受欢迎的方法之一，也是当代天气预报的核心之一。数值预报就是用数值方法在大型电子计算机上求解大气动力学和热力学方程组从而做出的天气预报。微观世界存在"测不准原理"，也许宏观气象领域也存在这个"报不准原理"。人类发展至今，对大自然的认识已经相当深入，但是还是无法精确地知道所有气象要素在所有时刻的变化规律。定性的讨论无法适应社会发展，从定性到定量的飞跃就产生了数值预报。数值预报是把这种不确定性降至最小的一种较好方式。从科学史发展来看，是否是唯一逼近极限的方式，值得探讨。目前看来，中国要从气象大国变为气象强国，实现民族复兴，必须更加高度重视数值预报。

大气科学的本质是不确定性，对这种不确定性的深层的哲学研究需要一些人文素养。要想做出大的成就，做出流传于世的深层次成果，少了人文素养是比较困难的。单纯对理性的追求并不一定带来理性的结果。因为理性的起点和终点都是非理性的。正如整个电磁波谱上，可见光只是很小一段一样，整个宇宙中，或许理性只是很小一部分，大部分都是非理性的。这个结论无需证明。"歌德尔不完全性定理"和"测不准原理"就已经说明理性内部会导出非理性的结果。

认识到大气运动的不确定性和气象科学的准确定性本质，有助于更好理解当代大气科学发展，更好理解气象科学技术史，或许也有助于对本书内在逻辑和阐述论点的认同。

第三节　从思辨到定量分析的国际气象科技脉络

历史分期是气象科技史研究的基本问题之一，从全球视域来考虑，国际气象科技史存在"古典气象学—近代气象学—现代气象学—当代气象学"的框架。分析这个脉络可以看出世界气象科技史的特点和研究重点。

本书把 17 世纪前划分到古典气象学阶段，其中文艺复兴具有古典到近代过渡的性质。17 世纪到 19 世纪为近代气象学，19 世纪到 20 世纪中叶为现代气象学，其间的近代和现代没有明显的界线，因为气象科学技术是动态连续发展的，有时也可称之为近现代气象学。20 世纪中叶以来称之为当代气象学。每个历史阶段都有不同的特征。

1. 思辨的古典气象学

在古典气象学阶段，亚里士多德的气象学成就最为突出。古希腊的先贤们对大自然中各种天气和气候现象有过各种论述，在此基础上亚里士多德进行了系统的综合，大约在公元前 4 世纪撰写完成 *Meteorologica*，现翻译为《气象通典》或者《气象学概论》。①

　　亚里士多德虽然从哲学的角度分析自然界的天气现象，但他注重观察事实，甚至进行一些实验，所以他对气象知识的理解和积累远远超过他以前的学者和同时代的一些气象学者，建成了古典"气象帝国"。他将先前所有的各种气象学思想和经验进行了系统的整理，而且提出了自己对各种天气现象的见解和理论，使之成为一门系统的科学——古典气象学。

　　亚里士多德的《气象通典》共四卷42章，其中前三卷论述气象问题，第四卷主要是有关化学的内容。第一卷共14章，其中包括论述气象学在自然科学中的地位以及雨、云、霾的形成等。第二卷谈到风的成因、分布、各种风的名称和特点，以及雷电现象等。第三卷中论及飓风、焚风以及晕和虹等大气光学现象。从章节内容可以看出，亚里士多德已经对大气现象有比较全面的观察和较为深刻的思考。

　　《气象通典》和古希腊许多有关自然界的现象和理论一样，都是从经验性科学发展出来的，虽然有相当的猜测性，甚至不当之处，但是却集中了古希腊众多学者和哲学家们的智慧，其主要观点和看法在当时是非常科学而且先进的，有些哲学思辨思想甚至对于今天的大气科学研究还有某种启发意义。《气象通典》使亚里士多德成了古典气象学集大成者，影响后世2000年。在近代科学革命以前，许多西方气象学的研究或多或少受到亚里士多德古典气象学的影响。

　　亚里士多德的学生在其建立起古典"气象帝国"后，继续巩固和拓展他关于古典气象学的思想。最重要的是其学生提奥弗拉斯托斯（Theophrastus of Eresos，约公元前371—前287年）在其

---

　　①　由于这本著作把当时世界上最早的气象学专著和理论知识融为一体，同时详细阐述了亚里士多德的哲学思想和对自然界气象知识的理解，使得这本书目前所知是古希腊文明中最全的气象学著作。

老师对气象学研究的基础上，又一次推动了古典气象学。提奥弗拉斯托斯研究并撰写了《论风》和《论天气之征兆》。[①] 他根据在希腊的长期观察，提出了有关海陆风、季风和气候变迁以及局部气候特性等问题并做出探讨。提奥弗拉斯托斯认识到风的水平移动是空气性质不同所造成的结果，即冷重空气会下沉，并向别处移动。提奥弗拉斯托斯与其老师亚里士多德相比，包含有许多创新的见解，显示他已较深理解一些气象学观念，拓展了亚里士多德的古典"气象帝国"。

2. 注重观察和数据的近代气象学

对近代气象学的研究表明，气象从"天学"研究范围逐渐进入"地学"领域，思辨的色彩中逐渐出现定量观察的变化。欧洲各地开始成立较大规模的科学会社，科学研究开始倾向于理性思维，并注重观察和实验。在这样的时代背景下，气象仪器的发明如雨后春笋般出现，气象学有了很大的突破，并使得气象学理论开始逐渐成为符合现代科学性质的学科。这个阶段，有很多重要的理论产生，这些研究与当今研究方法不完全一样，对于今天的气象科技发展是很大启发。

经过漫长的岁月，人类对大气现象和观测仪器有了更多的感性认识和实践积累。在 1500 年左右达·芬奇（Leonardo da Vinci，1452—1519 年）想到要对空气湿度进行测量并发明了雏形的湿度表。伽利略（Galileo Galilei，1564—1642 年），在 1593 年应用空气随温度升降而胀缩的原理发明了空气温度表。文艺复兴之后，由于航海事业的发达使得各地商户能够互相交流，人们的眼界和认识问题的眼光更加开阔，科学的测量方法开始取代形而上学来解释自然现象，科学研究开始倾向于理性思维，并注重观察和实验，特别注重定量分析，使得气象学开始逐渐成为真正符合现代科学性质的学科。

勒内·笛卡尔（René Descartes，1596—1650 年），法国著名哲学家、科学家和数学家。1630 年代，笛卡尔完成了《折光学》《气象学》和《几何学》三篇重要著作。笛卡尔在《气象学》中用新的理论和方法分析解释天气现象，他从运动论观点看待大气运动（表 0-1）。笛卡尔初步阐述了气压的基本原理，并推进了各地气象观测的协调。笛卡尔认为，气象学、几何学和光学都是简单直观的知识，是任何人通过经验和理性就能判断出对错的。比如笛卡尔反对亚里士多德用目的因和形式因来解释天气现象。笛卡尔认为，物质等同于广延，是无限可分的，所有现象都来源于"微粒"的机械运动；所有的"微粒"本质上是相同的，只有形状、大小和运动速度的差别；三类基本物质是火、水、地，对应气、液、固三态，状态、颜色和重量等现象都是由于"微粒"

表 0-1　光线折射分析表 [①]

线段 HF	线段 CI	弧 $\overset{\frown}{FG}$	弧 $\overset{\frown}{FK}$	角 ONP	角 SQR
1000	748	168°30′	171°25′	5°40′	165°45′
2000	1496	156°55′	162°48′	11°19′	151°29′
3000	2244	145°4′	154°4′	17°56′	136°8′
4000	2992	132°50′	145°10′	22°30′	122°4′
5000	3740	120°	136°4′	27°52′	108°12′
6000	4488	106°16′	126°40′	32°56′	93°44′
7000	5236	91°8′	116°51′	37°26′	79°25′
8000	5984	73°44′	106°30′	40°44′	65°46′
9000	6732	51°41′	95°22′	40°57′	54°25′
10000	7480	0	83°10′	13°40′	69°30′

---

① René Descartes. 笛卡尔论气象 [M]. 陈正洪，叶梦姝，贾宁，译. 北京：气象出版社，2016.

的相互作用引起的。笛卡尔促使之后的气象学开始摆脱亚里士多德《气象通典》的束缚，从自然哲学的领域进入了自然科学的范畴内，因此，笛卡尔可以被称为近代气象学发展的思想先驱者之一。

1643 年，托里切利和他的学生共同发现了气压表原理，即托里切利原理，据此发明了气压计。1783 年，瑞士科学家索绪尔（Horace-Bénédict de Saussure，1740—1799 年）首先发现妇女的头发有吸收水汽的能力，长度会根据空气的干湿程度而发生变化，当空气潮湿的时候，头发会变得长而松弛。索绪尔根据这一特点测定空气的湿度，并发明了毛发湿度计。世界上第一个比较正规的气象观测站是由意大利的斐迪南二世于 1653 年在意大利北部的佛罗伦萨建立的。在他的领导下，又建立了一个包括 10 个测站的欧洲气象观测网，观测工作一直持续到 1667 年。

1705 年，埃德蒙多·哈雷（Edmond Halley，1656—1742 年）因首次发现彗星（哈雷彗星）而闻名于世界，其实，他对气象学方面也有卓越的贡献。1686 年，他就注意到了气压读数的变化和风场差异的问题，促使他调查风场的分布情况。他首先提出在三大洋（太平洋、大西洋、印度洋）所观察到的有关信风的理论，1688 年，又将海上风场的资料绘制成信风与季风的分布图，表明当时人们对洋流已经有较多认识。英国天文学家哈得来（George Hadley，1685—1768 年）认为地球自转能使南北向气流发生偏折作用，1735 年发表《关于一般信风的起因》，文章奠定了哈得来大气环流的基础，而且他讨论气流受到地球自转产生偏折的现象比 19 世纪数学家、物理学家科里奥利讨论科氏力要早约 100 年。

蒲福爵士（Sir Francis Beaufort，1774—1857 年）是一位杰出的英国水道测量师，他为英国海军研究海洋的物理状态、边界和水体流动。他设计的风力分级法取代了迷惑航海家几百年的模糊风力概念，最初蒲福风级（Beaufort scale）被英国海军采纳，后来就成为全球广泛采用的风力分级标准。①

3. 定量分析为主的现代气象学

气象科学的发展离不开繁荣的 19 世纪哲学、数学、物理学、测量学等多学科的成果，以及 20 世纪初以卫星探测为代表的探测技术和高速计算机的发展。借助于 19—20 世纪初各自然学科的巨大发展成果，并结合气象科学自身的特点，气象科学的发展逐渐从经验、局部、平面、定性、感性转向理论、全局、立体、定量、理性，在 20 世纪初形成独立的基本理论和研究体系，成为现代大气科学。

这里以几个重要气象学家及其气象贡献来做说明。丁铎尔（John Tyndall，1820—1893 年）提出以他名字命名的效应"丁铎尔效应"，即当强光线通过溶胶剂时，从侧面可以见一道光束。科里奥利（Gustave Gaspard de Coriolis，1792—1843 年）是法国数学家、物理学家和土木工程师，并非气象学家。他提出相对于坐标系统之运动方程，首次讨论到有关在相对性坐标系统中的加速度问题，并讨论到相对于一加速度物体的另一加速度物质所得到的力。空气运动因地球旋转而产生的"偏向力"即指科里奥利效应（Coriolis effect），人们称为地球自转偏向力，但它并不真是力，是由于地球沿着其主轴自西向东旋转而产生的惯性，使得在北半球所有移动的物体包括气团等向右偏斜，而南半球的所有移动物体向左偏斜的现象，这个效应在 20 世纪上半叶普遍被气象界所采用，成为分析大气流动基础背景。

在法国巴黎天文台台长勒维耶（Jean Joseph Le Verrier，1811—1877 年）倡议下，1856 年法国首先实施应用天气图从事天气预报的工作，将各地传过来的气压、气温、风向、风速、云量

---

① 中国古代气象科技史研究表明，唐朝李淳风也提出风力定性分级的做法，显然比西方要早很多年，这需要进一步论证。

和降水现象等地面和高空气象观测资料，绘成垂直剖面和水平天气图，作为天气分析和预报的依据，将气象预报当作国家事务的重要组成部分，1860 年创立了风暴警报业务。从此，绘制天气图便成为一项日常业务，并陆续推广到欧美各国。莫里（Matthew Fontaine Maury，1806—1873 年）在 1855 年根据他对半球海洋上风的测值记录提出一个新的经向环流模式，即"两圈环流"，这个模式能够说明中纬度盛行西风带的形成原因。费雷尔（William Ferrel，1817—1891 年）首先了解到地球表面各地的气压值并不一致，其中以中纬度无风带最高，在热带雨林区，特别是极区较低，1856 年提出了他的大气环流理论，即中纬度存在逆环流，称之为"三圈环流"。

19 世纪末，一些气象学家根据部分观测资料开始探索大气运动的理论，提出不少假说，但是由于受限资料不充分或是区域狭小，很多理论并不科学。其中挪威学派的理论得到公认。第一次世界大战以前，挪威原来由英国提供气象报告，战事爆发后，英国政府以战时保密为由不再提供气象预报信息，挪威政府于是自主设立了观测站作为气象研究和预报，并逐渐由 8 处增加到 90 处之多，挪威地面气象测站大为增加，气象资料更加丰富。现代天气学之父 V. 皮叶克尼斯（Vilhelm F. K. Bjerknes，1862—1951 年）和他的儿子 J. 皮叶克尼斯（Jacob A. B. Bjerknes，1897—1975 年）是挪威著名气象学家和物理学家，一起创立了以极锋理论为核心的挪威学派。他们研究揭示了大气是由持续运动的气团构成的，不同属性气团交接面称为"锋"。挪威学派在物理原理的基础上用数学方法预测气团的运动，从而能够预测未来天气，对气旋、气团、锋的形成和运动的研究，构成当代气象学理论和天气预报的基础。

挪威学派成员之一罗斯贝（Carl-Gustaf Rossby，1898—1957 年）创立了芝加哥气象学派，他在高空天气图上发现了长波，1939 年他提出了长波动力学，并由此引出了位势涡度理论，创立了大气长波理论。罗斯贝做出了多方面的成就，比如还有另外两个重要贡献：中纬度西风急流的发现以及位势涡度守恒原理。当代大气科学中的许多术语都是用罗斯贝的名字命名的，如罗斯贝波、混合罗斯贝重力波、罗斯贝数、罗斯贝变形半径等。罗斯贝培养出许多优秀的大气学家。查尼（J. G. Charney，1917—1981年），是芝加哥气象学派里仅次于罗斯贝的代表人物。他对气象学、大气动力学和物理海洋学的贡献是巨大的。他的主要贡献大致可以总结为斜压不稳定、准地转运动、数值天气预报、地转湍流、CISK 机制、行星波垂直传播、大气环流的多平衡态等几个方面。

理查森（Lewis Fry Richardson，1881—1953 年），在 1922 年出版了《用数值方法预报天气》，尽管第一次预报失败，但是开创了科学意义的数值天气预报。在美国军方的支持下，冯·诺伊曼和查尼借助 ENIAC 在 20 世纪 40 年代末 50 年代初取得数值预报成功。其后数值预报取得更大发展，计算能力也不断翻倍，成为大气科学研究和天气预报的主要工具之一。

4. 走向大科学的当代气象学

20 世纪 50 年代以后，气象科学出现巨大变化，与物理学和其他自然科学走向大科学时代类似，气象学也面临大科学的挑战和成为大科学的趋势。洛伦茨（Edward Norton Lorenz，1917—2008年），1963 年首次从确定的方程（后被称为洛伦茨方程）中计算模拟出非周期现象，从而提出用逐步延伸方法从事长期天气预报是不可能的观点。为解决这个问题出现更多模式集中在一起的集合预报，超级计算机成为气象科学的必备研究工具，消耗能源和财力都不是个体或单个组织可以承担的。以国家出面组织数值天气预报变成必然的发展趋势。欧洲中期天气预报中心（European Centre for Medium-Range Weather Forecasts，简称 ECMWF）是一个包括几十个国家支持的国际性组织，这些都表明 20 世纪 50 年代后，大气科学进入当代大气科学阶段，走向大科学阶段。

20 世纪中叶大气科学出现很多分支学科，20 世纪 50 年代中期，云和降水物理学逐步形成分支学科，大气化学、大气光学、大气电学、大气辐射学逐渐成熟，天气学和动力气象学相互渗透，形成天气动力气象学等。由于大气科学应用于生产和经济发展各种领域，各种边缘学科开始呈现，如海洋气象、农业气象、森林气象等。吕炯（1902—1985 年）于新中国成立前开创了中国海洋气象学研究，1943 年担任国民政府中央气象局长，[①]并任国际气象组织执委和国际海洋气象委员会委员，新中国成立后转向农业气象学研究。

随着科学技术发展和社会分工细化，大气科学的定量应用也愈来愈多。这些分支学科也与社会经济各个方面密切相关，或涉及大规模经济活动，或涉及大量数据，或涉及大范围的环境问题等等，这都具有大科学的色彩。

此外，20 世纪下半叶以来，各国大型气象科学计划的实施表明当代大气科学确实进入新的阶段，大气科学日益与经济社会通过定量数据紧密相连。国际气象科学合作计划的规模、数量、成果等等更加体现大气科学作为大科学的一些特征。

第四节　中国气象科技发展的本土特征

总体来讲，中国传统气象学是个完整的知识体系，其作用和价值有待进一步挖掘和提升。中国古代许多经典文化著作中，零散或是集中论述了对大气现象和理论的"整体论"式理解与阐

---

① 周开迅，何琦. 问天之路——中国气象史从遵义、湄潭走过 [M]. 北京：气象出版社，2017.

述。比如从夏朝到秦汉逐渐建立了二十四节气概念，2000多年来一直被广泛应用。山西陶寺古观象台比英国巨石阵观象台还早500年左右。唐朝李淳风的"风力定级"比西方今天普遍使用的"蒲福风力表"还早1200多年。

此类成果在中国古代比比皆是，根据本书研究，我们有理由认为，在世界公认的中国古代传统四大学科"天学、算学、农学、中医学"之外存在第五大学科"中国古代气象学"。这与中国古代气象学的本土特征密切联系。

对于中国气象科学技术史的发展，研究表明，其与世界气象科学技术存在较大差别，如"古代—近代—现代—当代"的历史分期就与世界气象科技史分期有差异。可以提出"中国本土气象学"的概念和范畴。分析中国气象科技史脉络可以更好地认识这门分支学科的内涵和外延。

本书把传教士到中国传播西方气象学之前的历史阶段称之为中国古代气象学，这一阶段形成中国独立自主有中国本土特色的气象知识体系。从传教士传播气象学到1924年中国气象学会成立划分为近代气象学；1924年到1949年新中国成立称之为中国现代气象学，这个阶段比较短，中国的近现代气象学都带有西学东渐的特色，不太好具体划分，一般也可称之为中国近现代气象学。1949年新中国成立以来为当代中国气象学，与西方当代气象学发展基本一致，中国在与西方大气科学接轨和并行发展的同时，中国本土气象学不断得到发展。

1. 古代气象科学与天学共同发展

中国是一个有着悠久历史的文明古国，中国古代有四大传统学科：天学、算学、农学、中医学。由于中国古代天文学非常发达，多项成就一直领先于世界。先民"天人合一、人地和谐"的思想对中国古代气象学的发展影响很大。

我国古代的气象学与天文学一起发展，在观测天象的同时观测气象。所以古时天文与气象研究往往融于一体，是分工不同却关系密切的两个学科。在某种程度上也可以说，中国古代天文学促进了气象学的发展。当我们的祖先还在采集果实和渔猎的时候，已对自然界的寒来暑往、月圆月缺、动物活动规律、植物发芽生长成熟等有了一定的认识。到了新石器时代，社会经济进入以原始农牧业生产为主的时期，人们就需要掌握农时，探索日照、雨量、气温、霜期等自然规律。随着农业生产的发展，对农时的准确性提出了较高的要求，加上人们对天象和物候之间关系认识的加深，于是天文学逐渐促进了气象学的发展。

古代的气象知识是包括在天文历法中的，古书记载黄帝"乃设灵台，占星气，占风"，这涉及对天气现象的观测，包括凭经验来判断风雨阴晴，根据云的状态及风向来预测事情的发生。《史记》中还记载黄帝在与蚩尤的争战中，充分利用天气状况来进攻或退守的故事。这些记载虽然不见得可靠，但从一个侧面说明在华夏文明的早期，就有了气象学的初步知识，并且伴随着天文学的发展而发展。商代奴隶制国家，客观上要求进一步认识自然界，逐渐积累了自然科学知识，其中包括天文与气象知识。

商代的天文气象资料比夏代成倍增长，从河南安阳殷墟出土的甲骨文就可看出，进入文字时代的中国古代气象学记录很丰富，[①] 如气象变化很早就有记载，表明气象已进入社会生活。在周朝，铁器农具的使用和耕牛的推广，使得生产力有了前所未有的发展，促进了天文气象、农业科技的进步，同时出现了一批早期科学家，对宗教迷信进行批判。他们努力探索天气变化的原因，用朴素的自然观解释世界，在农历节气、谚语、医疗气象、军事

---

① 温少峰，袁庭栋 . 殷墟卜辞研究——科学技术篇 [M]. 成都：四川省社会科学院出版社，1983：160-163.

气象等方面都有初步的发展。

古代中国人很重视对天文气象的观测，天文学观测中自然就有了对气象的观测。山西襄汾陶寺古观象台遗址经考古专家确定年代为公元前 2100 年左右。这是迄今发现中国最早遗存的古观象台遗址，属于龙山文化陶寺遗址。通过实地模拟观测，陶寺早期遗址第三层台基地基部分的夯土柱用于构建观测缝，而观测缝的主要功能之一是观日出、定节气，可能还有观测其他天体现象的功能。我国风向器的发明很早。商朝时，人们已经利用旗上的飘带来观测风向，同时已有四面风向的概念。秦朝宫中的观台上有测风向的相风铜乌，汉朝承袭下来，汉初称为清台，后来改为灵台，相风铜乌一直使用。[①] 这个仪器和欧洲人发明的候风鸡相似，但中国人发明它的时间比欧洲人早一千多年。宋代已使用竹制大型筐器收集降雪加以测量，秦九韶在《数书九章》中有关于降雪测量的记载，不但对雪的形体已有所辨识，而且首创推算降雪量的技术和方法。

中国古代天文学的一个基本特点是带有浓重的政治色彩，自始至终受控于皇权并为皇权服务。统治者把天文观象用于占卜皇权盛衰、国家兴亡和自然灾害，涉及天象和气象的研究。天文仪器成为皇权的代表，每次制造都指定专人负责，有足够的国家财力支持。这对于气象的发展在某种程度上起到了促进作用。

统治阶级对天气气候变化也很重视，从中央天子到诸侯国的国君，都设有观象台，并任命一大批官员观测天象，以改善历法、掌握季节，进行祭祀、征伐和生产。观测天象、望云占雨，以掌握季节和农时，成了那个时候的重要国家事务，并衍变成一些官名，比如太史令，职权很大，国家大事都要观天象和占卜，他们根据"天象"或者"气象"进行解释，有很大的发言权。周

---

① 周京平，陈正洪. 中国古代若干天文气象仪器 [N]. 中国气象报，2014-07-04.

朝时从事与天文、气象有关的官员很多，当时气象并非一种专职，所以六卿都要关心有关天文、气象的事情，说明气象知识已经有一定的积累，在国家生活中发挥一定作用。中国古代从商朝起，已开始为天文和气象观测设立国家行政管理。到汉代有新的发展，且增设了测风一项，到了元代，无论组织，还是人数，已经有一定规模。

中国古代发达的天文学促进了古代气象学的发展，使得中国古代气象学某种程度上带有天文学的思想体系和特色，比如"二十四节气"既有气象意义，又有天文历法意义，[①] 这说明中国古代天文学对气象学的影响是很深远的。

2. 近现代气象的部分殖民色彩

近现代中国气象学的发展与西方传教士和军事侵略有着密切关系。[②] 1872 年 12 月，法国教会在上海徐家汇观象台开始了气象观测。1898 年德国海军港务测量部在青岛馆陶路 1 号建气象天文测量所，1905 年改称皇家青岛观象台。1914 年，日本占领青岛后，又改称青岛气候测量所。1924 年，我国正式接收改称青岛观象台；1937 年日本人再度强占，1946 年抗战胜利后归还中国。1945 年，在条件极其艰苦的战争年代，中国共产党领导下的第一个气象台在延安创建。

尽管有些殖民色彩，但中国近现代气象学仍然顽强发展并具有中国的地域特色，这是因为近代中国大气科学有几个重要人物影响巨大。蒋丙然（1883—1966 年），福建闽侯人，是中国现代气象事业的开创者、中国气象学会的主要发起人和领导者之一。他在早期国内气象人才的培养、推动气象学术交流和气象科普的开展等方面也做出了许多贡献。

---

① 席泽宗. "淮南子·天文训"述略 [J]. 科学通报, 1962(6): 35-39.
② 竺可桢. 中国过去在气象上的成就 [J]. 科学通报, 1951(6): 7-10.

竺可桢（1890—1974 年），浙江上虞人，我国气象事业的领导者和推动者，中国现代气象学的创始人和奠基人之一。1918 年获哈佛大学研究院地学系博士学位，同年回国，当时中国几乎没有自己的气象事业。1927 年，竺可桢在南京筹建中央研究院下属的气象研究所。经过几年的努力，在国内建立了 40 多个气象站和 100 多个雨量测量站的中国气象观测网。1936 年出任浙江大学校长，兼任气象研究所所长一直到 1946 年，1948 年当选为中央研究院院士。

新中国成立后，竺可桢被任命为中国科学院副院长，致力于推动我国气象事业的发展，倡议在气象台站上增设太阳辐射观测，开创了中国历史时期气候变迁的研究。除此之外，还包括李宪之、赵九章、叶笃正、陶诗言、顾震潮等著名气象学者做出的重要贡献。

3. 与国家共同发展的中国当代气象学

新中国成立后，中国气象学进入当代阶段，与国家经济社会共同发展。赵九章倡议和组织成立了中国科学院地球物理研究所，研究领域包括了气象科学、海洋物理和空间科学等，他为中国的数值天气预报和人造卫星事业做出了杰出贡献。

20 世纪 50 年代是中国当代大气科学中天气动力学分支学科大发展的时代。在寒潮研究方面，陶诗言总结归纳出影响我国的主要寒潮路径，指出寒潮过程是大型环流急剧调整的结果。竺可桢在 20 世纪 70 年代初发表了"中国近五千年来气候变迁的初步研究"一文，文章描述了我国五千年来气候变化的轮廓，是历史时期气候变化研究的代表作，其本身也是气象科技史的重要论文。20 世纪 70 年代中期，由全国 23 个单位协作编辑并出版了《中国近五百年旱涝分布图集》，这是历史气候研究方面的一项重要成果。

青藏高原气象学的研究从 20 世纪 50 年代开始就受到重视。

1960 年出版的杨鉴初等著的《西藏高原气象学》一书是对这一领域研究的总结。1979 年，陶诗言和气象界知名学者叶笃正、程纯枢、谢义炳、黄士松、高由禧、章基嘉、巢纪平等一起进行了我国第一次青藏高原大气科学试验，并取得了具有国际影响的研究成果。其后进行了第二次青藏高原大气科学试验，[①]都取得了十分显著的科研成果和丰富数据。第三次青藏高原大气科学试验也已经展开。

中国当代气象学不仅在理论上成就突出，而且在技术上飞跃发展。20 世纪 60 年代，中国气象雷达的研究及其业务应用比较普及。1969 年后，中国气象科研人员先后研制自动图像传输（APT）、甚高分辨率辐射仪（VHRR）、电视及红外辐射观测卫星 -N（TIROS-N）三代、地球同步气象卫星接收设备等。

风云 1 号气象卫星是中国第一代准极地太阳同步轨道气象卫星。风云 2 号气象卫星是我国自行研制的第一颗地球静止轨道气象卫星，与极地轨道气象卫星相辅相成，构成我国气象卫星应用体系。这是进入 21 世纪前我国气象学在观测方面非常重要的科学成就，这表明中国当代大气科学进入系统立体观测的时代。

中国气象科学的产生发展和成熟都带有浓厚的中国传统文化特色和中国三级阶梯的地域影响，中国气象科技史的本土特色也就和世界气象科技史有许多不同和独特之处。

---

① 陶诗言，陈联寿，徐祥德，等 . 第二次青藏高原大气科学试验理论研究进展（一）[M]. 北京 : 气象出版社 , 1999.

第五节　气象科技史独特的学科意义

1. 大气科学的全球性和本土性

从导言的第三节和第四节的分析可以概要理出，世界气象科技史和中国气象科技史的主要差别和不同的发展路径，其内在逻辑不完全一样。这种差异并不是所有自然学科史都具备的状况。其最主要区别在于全球性和本土性，世界气象科技史呈现全球性的路径，中国气象科技史展现本土性的模式。也许其他自然学科史多少也存在中外差异，但是气象科技史中外差异更大、更加独特，不可复制，这使得气象科技史学科建设具有特殊意义。

气象科学为什么会存在全球性和本土性？概要来讲，大气科学因为研究对象是地球表面的全球范围内流动的气层，所以大气科学的基本理论对应着全球性的理论，如大气长波理论反映了地球近地面大气层的一般规律。然而，与物理、化学等自然科学有所不同，大气科学研究的对象与局地下垫面和区域人群反应息息相关。这就是说大气科学的理论体系由全球性基本理论框架和区域性大气理论组成。可以用如下公式表示：

$$\sum 现代大气科学理论体系 = \sum 全球性基本理论框架 + \sum 区域性大气理论$$

从目前研究来讲，中国近代大气学科基本上以引进为主，在应用和吸收全球性大气基本理论的同时，区域性大气理论得到充分自主创新的发展，概括为"中国大气科学的本土特性"。其特点有二，其一，这种本土性与特殊的地形下垫面及中国三级阶梯密不可分；其二，与中国独特历史进程和社会结构密切相关。[1]

---

[1]　陈正洪，杨桂芳. 中国大气科学本土特性的案例研究与哲学反思 [J]. 广西民族大学学报（自然科学版），2014, 20(3): 24-29.

这两个事实并不是全球其他国家和地区具备，这是中国的区域特征，使得我国大气科学本土特性得到充分展示。

比较典型的是陶诗言院士（图 0-2）。他是中国本土成长起来的著名气象学家，在中国当代气象学界，陶诗言和叶笃正（2005年国家最高科学技术奖获得者）几乎拥有相等的学术地位，与赵九章、顾震潮、谢义炳等同为蒋丙然、竺可桢之后当代中国大气科学第二代的领军人物。与叶笃正、顾震潮师从罗斯贝这样世界顶尖气象学家相比，陶诗言无出国留学经历，无博士学位，甚至无硕士学位，最高学位只是当年中央大学的学士。陶诗言的一生却为中国本土气象学的发展和中国气象事业特别是天气预报事业做出独特贡献。

图 0-2　陶诗言院士（陈正洪摄）

在当代中国气象科学技术史上，陶诗言作为中国大气科学本土特性的典型有几个原因。第一，陶诗言系统学习了当时最先进的罗斯贝学派的气象理论，紧跟世界气象科学前沿。第二，陶诗言在中国当代自身发展起来的大气科学知识体系背景下成长起来，尤其在天气预报学领域，成为典型代表。陶诗言的多数气象科学理论来源于中国本土气象业务实践特别是预报实践。第三，陶诗言推动了中国气象科学的"实践学派"，为当代中国气象科学发展树立了一种科学范式。正因如此才让陶诗言的研究突出体现了中国大气科学的本土特色。

2. 中国本土气象学派

中国气象科学在古代逐渐形成一些有中国特色的气象知识体系，并且很多成果曾经领先世界，由于整个中国古代科学的影响，没有转化成现代意义的大气科学，这就是"气象李约瑟难题"。

中国当代大气科学没有成为西方大气科学体系的"他者"。今天要重新反思中国气象科学的"他者"地位。在当代气象科学技术研究中，"接受—引进—消化—创新"西方大气科学，必然将会把西方大气科学基本原理与中国本土区域下垫面结合起来，出现带有中国特色（也是中国气派）的大气科学知识体系。也就是中国本土气象学派，对此，著名已故气象学家、罗斯贝气象学派的传人谢义炳先生生前非常期待。

整个近现代大气科学知识体系应该是自我和他者的集合。大气是无国界的，因此气象学者之间需要经常交流。对于中国这样处于科学技术飞速发展中的国家，自主创新显得特别重要。前面讲到作为中国气象学代表性人物之一，陶诗言的学术成长轨迹对于世界各国气象学者的成长和自主创新都有很多启示。未来中国大气科学的本土特性和"实践学派"还能否持续下去，重大本土创新有何新的内容，如何为世界大气科学做出新的贡献等等问题，需要更多科技史探索，包括从哲学角度的反思和拓展。

诚然，注意到了世界气象科技史和中国气象科技史的差别，并不是让这两门分支学科对立。注重本土特色同时，更不能排除与世界科学共同体的联系。考察芝加哥大气学派对中国当代大气科学发展有很大影响，其中叶笃正和谢义炳以及顾震潮都是罗斯贝的学生，他们把芝加哥学派的精神和学术传统带到中国，[①]促进当代中国大气科学的迅速发展。

此外，气象科技史还需注意对传统农业的促进研究，[②]气象灾害历史视角的研究和气候变化影响人类文明研究，这些方面气象科技史可以发挥视角综合、尺度延伸、便于对比等优势，发挥这门学科的独特作用。进而提供历史气象灾害和气候变化对社会影响的多方位多角度认识。

从上阐述可以看到，气象科技史是重要的新兴学科，有很大的潜在价值值得继续深入研究，[③]对于气象观测、天气预报、气候变化等大气科学"主战场"有独特的促进作用与启示意义，也需要更多的其他学科的科学史学者参与研究。

中国本土气象学派在近现代逐渐显现，在西学东渐的历史洪流中，一方面接受融入西方大气科学体系中，另一方面继续保持和维护中国传统气象学的现代价值，比如竺可桢先生创导的物候学研究、从历史文献进行气候变化研究等。进入中国当代大气科学，中国本土气象学家在青藏高原气象学、中国暴雨、中国气象灾害等领域进一步注重了大气科学的本土性，形成具有中国特点的现当代大气科学理论和重要气象业务服务成果。

从全书论述，或许可以隐喻：中国本土气象学派正在形成，或者未来可期。

3. 气象历史文献的重要价值

古代气象文献中记载了不少有关气象和气候的内容，通过这些历史文献可以为气象科学研究提供参考。早期气象文献很多在

---

① 胡永云. 我所知道的芝加哥学派 [C]. 江河万古流——谢义炳院士纪念文集. 北京大学物理学院大气科学系编. 北京：北京大学出版社，2007: 281-310.

② 洪世年，刘昭民. 中国气象史—近代前 [M]. 北京：中国科学技术出版社，2006.

③ 温克刚. 中国气象史 [M]. 北京：气象出版社，2004.

记叙社会和宗教仪式中间杂气象记录。特莱里斯（Ioannis Telelis）是对拜占庭时期气候和天气文献来源的研究专家。他从拜占庭的文献记录中，提出了该区域的古气候类型和地理分布状况。

克雷克（Adriaan de Krake）专注于比利时和荷兰西南部的历史风暴重建研究。这个研究基于位于北海岸小城镇的 1400—1625 年纸质文献档案记录。通过研究他发现了该区域 16 世纪后半期显著增加的风暴与温度下降存在一定关联性，而且温度高的夏天比温度稍低的夏天更容易发生风暴。

罗赫（Christian Rohr）研究了 14 到 17 世纪多瑙河附近地区及奥地利流域人们对洪水的反应。路易斯（Louis McNally）通过历史文献提取的数据，重建了 1785 年高层大气的环流状况。他认为 1785 年一个相对冷的气流流过北美洲，从极地主导气流扩散到北大西洋。

18 到 19 世纪，格陵兰岛的信教团体，又被称作摩拉维亚教派，一直定居在格陵兰岛和摩拉维亚地区。他们对当地天气进行了认真的观测。这些历史记录对认识极地气候非常有帮助。

历史文献对于海洋上气候状况的了解也有帮助，比如在英国档案馆可以找到 12000 多个航海日志，这些海航日志记录了很多 1680—1850 年的海洋航行中气候数据。由欧盟资助的世界海洋气候数据库就利用航海日志重建了海洋的历史天气状况。研究首先需要把这些记录数据转化为现代标准的数据，也需要同其他研究成果进行对比分析。

此外，还有学者利用墓地中人体测量指标来研究历史上气候状况和人体营养状况，通过与假设温度的对比得到温度对人类身材的影响，比如在中世纪的人口高峰期，当欧洲人口密度增加到了某个水平，人口变得更容易受到气候的影响。这些观点和方法表明气象科技历史可以为国际合作和跨学科研究提供参考。

第一篇 古典与传统气象科学技术

气象学的发展与人类文明一样有悠久的历史,早期气象科学包含于其他学科,比如处于天文学的领域之中或者在哲学的思辨之中。人类在观察天象和地象的同时,也逐渐注意到了处于中间的"气象"(空气中发生的自然现象)。因此气象学的知识积累和人类对自然界总体知识的积累是同时同步的。

远古人类需要从事狩猎，一般容易留下有助于狩猎的简单气象记录，包括风向、天色、湿度和雪上的简单痕迹等，这些有助于确定猎物行踪的有用线索，也就是说，人类文明一开始就与气象有着天然联系。比如中国古代的甲骨文中就记录着一些远古气象信息。

　　还有其他一些证据表明远古人类开始了对气象现象的记录。比如20世纪70年代，科学家在非洲发掘了3万多年前动物的腿骨，上面有许多刻痕，可能是用来记录时间或者数字之类的内容，也有可能记载暴雨灾害次数等。考古发现刚果境内的有刻痕的大约2.9万年前动物骨头，骨上的刻痕记录了月亮周期，可能用来预测月相或者记录时间。人们还在世界其他地区发现类似骨头记录或者石头上记录气象现象。在苏格兰岩壁上发现一些距离现今1.2万年到6000年间的表示太阳和雨、或太阳和月亮被晕包围的绘画。在中国，发现距今1.2万年—8000年前关于天文气象的记载。比如在河南濮阳古墓中发现了龙虎天象图，考古认为可能龙与虎分别表示春夏与秋冬的季节变化含义。在中国河南舞阳贾湖文化遗址出土的大约公元前8000年龟甲残片上出现有"日"字。考古报告指出，这表明远古先民可能已经观察到太阳升起与云中出没的现象。

　　英国发现古代巨石建筑遗址，即著名的巨石阵，人们注意到，巨石阵的主轴线指向夏至时日出的方位。考古学家和工程学家研究认为这些巨石和农业节气有关，这表明古代建筑中存在着有天文学意义的气象内容。

　　本篇对于世界古代气象学，着重论述四大文明古国的气象学发展，部分文明地区有的限于资料一笔带过。在阐述古代气象学时，也关注世界主要宗教中的气象学知识，这是古代知识得以流传的一个重要渠道，也可以反映古代气象学知识的积累。

第一节 古埃及和希伯来文明中的气象学萌芽

1. 天文学中气象知识的萌芽

古代埃及作为文明古国，曾经创造辉煌文明。早期古埃及气象知识的积累来自天文学发展过程中的蕴育，这可能是由于天文和气象现象大多可以通过肉眼观察并得以记录，与当时居住环境有关，如日月星辰、阴晴冷暖、风雨雷电、云雾冰雪、四季变换等都是人类感知地球环境的基本常识，也是生活经验所及。

古代埃及人认为世界犹如巨大的盒子，大地在盒子底部，而天是盒子顶，撑在从大地四角升起的四座大山顶上。环绕大地周围的是大河，尼罗河是这条大河从中分出来的一个支流，通过尼罗河泛滥的规律性变化，结合太阳的方位来确定季节的变化。[①] 尼罗河是一条流经非洲东部与北部的河流，自南向北注入地中海（图 1-1）。尼罗河有定期泛滥的特点，四五千年前，埃及人就知道了如何掌握洪水的规律和利用两岸肥沃的土地。很久以来，尼罗河河谷一直是棉田连绵、稻花飘香。

古埃及人不仅认识了北极星，还根据观测知道了白羊、猎

---

① 斯蒂芬.F.梅森，自然科学史 [M]. 周煦良，等，译. 上海：上海译文出版社，1980：9-10.

图 1-1　尼罗河夜景（NASA 宇航员 Scott Kelly 在 2015 年 9 月 22 日拍摄于国际空间站）

户、天蝎等星座，并根据星座的出没来确定早期历法。从长期的实践中，尼罗河的定期泛滥促使埃及人产生了"季节"的概念。埃及人以对天狼星的观测为标准，确定一个太阳年为 365 又 1/4 日，久而久之，古埃及人就发现了星辰更替与季节变化的对应关系。

古希腊学者埃拉托色尼（Eratosthenes，约公元前 274—前 194 年）认为尼罗河上游的大暴雨可能是尼罗河一年泛滥一次的原因。19 世纪时，英国著名探险家戴维·利文斯通博士（Dr. David Livingstone，1813—1873 年）认为尼罗河上游所降的季风暴雨很有规律，表明每年一次的水位暴涨，将肥沃的表土运输到河口三角洲，帮助谷物和棉花的生长，这对于真正解开尼罗河泛滥的原因有很大启发。

图 1-2　尼罗河干流航拍

　　从图 1-2 这张航拍图中，可以明显看到尼罗河季节性泛滥带来的肥沃土壤。

　　2.《圣经》中的气象学知识

　　《圣经》影响了世界历史和很多文明的形成，其中很多内容从不同角度反映了当时人类对气象知识的认识和积累。比如在《旧约全书》中，多次描述风和风向，并已有东风、西风、南风、北风的名称出现。在创世纪中记载："我把虹放在云彩中……我使云彩盖地的时候，必有虹显现在云彩中……"说明距今三四千年前，希伯来人观察到虹的出现。

又在《以西结书》中有以下的描述："见四轮。活物的脸旁各有一轮在地上，轮的形状颜色像水苍玉，四活物形式皆一样……活物的头以上有苍穹之形象，似水晶，在活物头上面，苍穹以下有翅膀，彼此相对……"

按照气象学的理解，其中所描述的异象，有可能是空气中的晕象，比如四活物可能是指晕之幻日（假日），文中所描绘的形象，实际可能是晕的结构。

这也从一个侧面说明，希伯来文明中可能较多观察到了晕象、彩虹、风雨雷电等大气现象，并加以详细描述。

《圣经》传播中，在美索布达米亚平原上的苏美尔人已经注意到盛行风及其方向。希伯来人在公元前 700 年左右开始有东西南北四个方位风向的概念，并使用东风、西风、南风、北风的名称。

第二节　古巴比伦和玛雅文明的气象知识

1. 对气象学知识的认识和积累

公元前 12 世纪左右，古巴比伦人将有关日常生活中观看的气象现象刻在泥板上，其中就有"日晕出现快下雨""云遮天空昏暗要起风"的记载。考古发掘出的古巴比伦兴盛时期黏土片上有许多天气谚语。比如有气晕环绕月亮，将可能多雨多云。

古巴比伦人在占卜中，往往会把风雨雷电与祸福吉凶联系起来。看到下雨之前蛙类鸣叫，逐渐在占卜仪式中加入求雨内容，扮成蛙鸣，在干旱季节求雨。

黄道这个概念在公元前 1000 年左右就已在巴比伦人那里出现了。在约成于公元前 700 年的占星学文献中，黄道被称为"月道"（the path of the moon）。

黄道十二宫与中国古代的二十四节气存在对应关系。人们认为太阳总是在相同的节气运行到相对应的宫。黄道十二宫可能与二十四节气的两分两至有对应关系。也表现了复杂的天文学观念，逐渐形成严密的知识体系。①

古巴比伦人将有关天气与气候现象刻在泥板上。他们可能已注意到某些动物和鸟类的行为与气象变化关系密切，甚至可以预示将要下雨等变化。大约在公元前 6 世纪，古巴比伦人可能已经算出太阳对月球的相对位置，成功地预测日食和月食。

2. 玛雅文明中的气象

玛雅文明是美洲土著文明的杰出代表。古玛雅人分布在今天墨西哥南部低洼地区及东部尤卡坦半岛、危地马拉、洪都拉斯等地，在公元前 1500 年左右就过着原始游牧生活。

玛雅人创造了象形文字记载自己的历史，玛雅文明具有较高水准和地方特色的农业、数学、天文学和历法，以及绘画、雕刻和制陶技术等。他们用符号和图形等表示数字并可以进行初步的运算。②

据记载玛雅人天文学有着较高的水平。他们建造了许多天文观象台，其中包括世界上可能是最早建筑的天文台（图 1-3）。玛雅人的奇琴—伊察天文观象台，被认为与节气有关，从圆顶建筑的不同方向可以看到春分、秋分、夏至、冬至的日出。在其他地区至今也尚存多处观测天象的塔和高台。玛雅文明的宗教比较发达，天文历法也较完善，这些观象台与服务宗教教义有关。

玛雅文明最后消失，留下很多谜团等待后人发掘，气象学家试图从气候变化角度加以解释。比如认为农耕的玛雅人口增长后需要更多开垦农田，砍伐树木，过度砍伐导致干旱加剧，于是更

① 颜海英. 古埃及黄道十二宫图像探源 [J]. 东北师大学报（哲学社会科学版），2016（3）：179-187.

② 李家宏. 玛雅数学初探 [J]. 自然科学史研究，1997，16（4）：344-356.

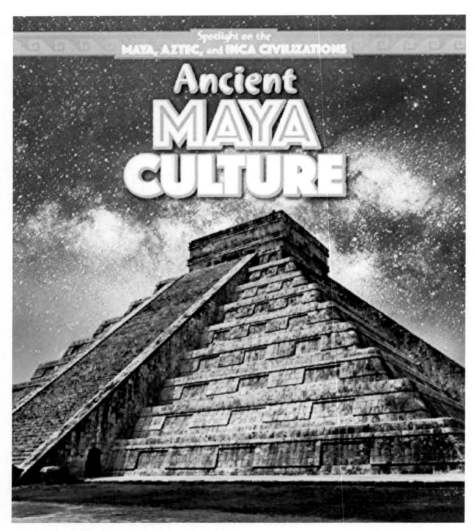

图 1-3　玛雅文明中的一座天文台 [①]

多砍伐，导致更多干旱，最终，常年干旱使得玛雅文明逐渐衰退直至消失。气候模拟重现了这种可能 。[②]

---

① Christine Honders. Ancient Maya Culture[M]. PowerKids Press, 2016.

② Peterson L C and Gerald H. Climate and the collapse of Maya civilization, a series of multi-year droughts helped to doom an ancient culture[J]. American Scientist, 2005, 93: 322-329.

远古人类在漫长岁月中积累了大量的气象和气候方面的感性经验和一定的理性知识，逐渐结合各自文明发展的核心（比如宗教、农业文明）形成一些体系性的气象学知识。东方和西方气象学也逐渐呈现不同的发展特色。

西方气象学中，非常突出的就是古希腊文明中的气象学知识体系，由于古希腊哲学等学科的高度发达，人们对自然界的理性认知自然就会应用到气象学知识中，以亚里士多德为核心的大哲学家门建立了一套完整的包含理论色彩的气象学体系。本书中将其命名为古典气象学。

第一节　古典气象学的兴起

1. 古希腊学者对古代气象的哲学认识

古希腊作为人类历史上文明辉煌的一个阶段，许多哲学家和科学家对于包括天气和气候现象的观察与思考成为他们著作和学说中重要内容。其中有许多内容从不同角度阐述了对大自然天气和气候朴素认识，成为古典气象学的起源和重要组成部分。

泰勒斯（Thales of Miletus，约公元前 624—公元前 546 年）是当时著名的自然哲学家（图 2-1）。

作为哲学家，泰勒斯对于宇宙起源有独特见解，认为水是

图 2-1　泰勒斯

宇宙的本源，并认为万物都是有灵魂的。这表明最初的哲学与神话可以分开，有朴素的物活论思想。[①] 他假设大地是一个浮在水上的圆盘之类的物体，下雨来自天上的水。他还研究了如何区分春分、秋分、夏至、冬至的办法。传说泰勒斯详细研究了毕宿星（Hyades）随太阳东升时，天将会下雨。这大概可以说明他是较早将天文学和天气现象关系连接在一起的哲学家。约公元前 600 年，泰勒斯利用潮汐甚至编订出一套气象历法。[②]

　　阿那克西曼德（Anaximander，公元前 611—前 547 年），是古希腊另外一个著名的具有唯物主义倾向的哲学家。阿那克西曼德提出"无限"概念，他认为世界是复杂多样运动，因此解释世界必须需要抽象的哲学概念来浓缩。所以他认为"无限"是无固定界限、形式和性质的东西，正是"无限"通过自身的运动派生出冷、热。[③] 他进一步强调说"无限"在整体上是常驻不变的，

　　① 汪子嵩，范明生，陈村富，等 . 希腊哲学史（第一卷）[M]. 北京：人民出版社，1997: 86.

　　② 刘昭民 . 西洋气象学史 [M]. 台北：中国文化大学出版部，1981: 15.

　　③ 邬天启 . 对阿那克西曼德的"无限"概念的几点思考 [J]. 西北大学学报（哲学社会科学版），2015，45（6）: 147-151.

变换着的只是它的部分。之前的哲学家把水、空气和土，看成是世界的主要组成元素，阿那克西曼德又加上第四元素——火，并且设想在元素形成之前还有一种原始物质。

四大元素由这种原始物质形成之后，就以土、水、气、火的次序分为四层。他的著作包括《论自然》，其中提出风是"空气的流动（a flowing of air）"的说法，这也许是西方科学技术历史上对风定下科学定义的第一人。阿那克西曼德也是西方最早对雷电提出解释的人，[①] 他认为打雷是空气移动中，云层撞击的结果，这过程发出闪电的火花。

巴门尼德（Parmenides of Elea，约公元前 6 世纪中叶——前515 年），根据所接受的太阳热量的多少，把气候分为无冬区、中间区和无夏区，这是迄今所见西方记载最早的气候分类，表明人类已经开始思考气候的某些问题。

此外其他哲学家对早期古典气象学也有很多贡献。诸如阿纳库萨哥拉斯（Anaxagoras，公元前 500—前 428 年）对夏天产生冰雹的原因进行了观察并用哲学思维进行了解释。恩贝多克利斯（Empdeocles of Acragas，公元前 490 年—公元前 435 年）是古希腊比较有名的诗人和自然哲学家，写有《纯洁化》（Purification）。他首创气候方面的四元素论：湿、干、寒、暖，他的气候四元素说对古代气象学思想有较大影响。人们熟知的哲学家德谟克利特（Democritus，公元前 460—前 370 年）提出影响深远的原子论，自然他也会用原子论来解释风雨雷电等自然气象现象。

著名哲学家希波克拉底（Hippocrates，约公元前 460—前377 年）则在《论空气、水和环境》（英译 On Airs, Waters and Places）的著作中探讨了不同气候对人体健康的影响；并研究了某些特定风向和疾病流行的关系。这可能是世界上最早的比

---

① 刘昭民 . 西洋气象学史 [M]. 台北：中国文化大学出版部，1981：17.

较科学论述气候变化与人体健康的著作。欧多克斯（Eudoxus of Cnidos，公元前408—前355年），古希腊著名哲学家。他提出用地球为中心来解释行星运转，撰写了气象学著作《预测坏天气》（*The bad Weather Predictions*）一书，试图对暴风雨等坏天气做出推测。

古希腊著名天文学家阿利斯塔克（Aristarchus，约公元前315—前230年）研究了测定月球、太阳距离之比的方法。他指出太阳实际上比地球大很多。在当时是很大创见，据此他认为形状大的东西不应该绕小的东西运动，而是可能相反，太阳可能是宇宙的中心。

2. 古希腊对气象知识的利用

古希腊人设立了专门的机构和工作人员进行天气现象的记录，当时的记录十分的简略和粗糙，形式比较单一，保存不完整。记录的内容包括各种天气状况，比如多云、雨天、大风等等，仅限于短暂时间的天气现象，而不是持续性的长时间的记录；记录依靠的是经验而不是科学知识体系和气象工具。当然当时气象记录的错误很多。

古代希腊人不仅积累了一定的气象学知识，而且比较善于应用气象学知识。对日常生活中的气象现象比较关注，并且体现在很早的文学作品上，比如在荷马史诗中就对大风有描写，古希腊文献中还记载利用海陆风风向从事海上航行之事，甚至在战争中借助风力。

公元前480年希腊人将海风应用到对波斯人的海战——沙拉密（Salamis）战役中，当时希腊海军拥有小型战船380艘，海军司令是地米斯托克利（Themistocles，公元前525—前460年），面对着占据绝对优势的波斯1200艘大型战舰的入侵，希腊人巧妙利用海风实施反击行动，海战在希腊沙拉密岛（Salamis island）及皮拉奥斯（Piraeus）大陆上之间的狭窄海峡海面上进行，上午最初海风从外海徐徐吹来，希腊海军仍然按兵不动，但是白天随着太阳越来越升高，海风也越来越大，地米斯托克利就下令希腊海军向波斯舰队发动攻击，由于波涛汹涌，波斯大型舰艇在大浪涛中运动不灵，希腊小型舰艇则运动灵活，在波斯舰队中纵横驰骋，终于击败了波斯海军，粉碎了波斯王薛西斯（Xerxes）企图称霸西亚的野心。公元前 328 年，亚历山大大帝东征时，也把季风性质应用到战场上，那时他已能预知印度西南季风的时期，故能征服印度。

今日尚保存下来的雅典风塔（Tower of Winds），是公元前 2

图 2-2　雅典风塔（陈正洪摄）

世纪到公元前 1 世纪由薛拉斯特斯（Andronicus Kyrrhestes）所兴建的。该风塔呈八边形，代表八个方位，每面刻有一个雕像分别代表不同性质的风，如图 2-2 所示。

这个风塔无论当时还是今天都对气象学有特殊含义，表明古典气象学有形的、实物的形式展现在世人面前。气象学是社会生活中的重要组成和重要事物。今天也可以把这个风塔作为气象学源头的一个标志性建筑。本书用希腊风塔作为封面的组成部分，也体现了以希腊为代表的古典气象学的重要价值与气象科技历史的文化遗产意义。

如前所述，古希腊有学者根据长期观察和设想，提出根据所接受的太阳热量的多少，地球分为无冬区、中间区和无夏区，这可能是目前最早的气候分类方法的应用。

古希腊人还在其他方面应用气象学的知识，服务生产与生活。有趣的是，早在公元前数世纪，古希腊人已经有消雹等战胜气象灾害的欲望，据传说记载，古希腊人认为未婚少女的经血、加上一些动物和植物祭品可以防止雷暴气象灾害对地上人的生命的威胁。

3. 隐藏于其他学科的气象学

在古希腊气象学并没有等同于哲学和物理学等学科地位，经常在各种学说中隐藏，在亚里士多德古典气象学出现前后，许多学者会涉及气象和气候问题。

古希腊有位哲学家波希多尼（Posidonius，公元前 135—前51 年），还是数学家、天文学家和作家，早年师从斯多葛学派（Stoics School），后与该学派的许多其他斯多葛哲学家进行了激烈的辩论并最终决裂。此后他转向了柏拉图和亚里士多德的思想，在他死前一直是亚里士多德学说的忠实追随者。

波希多尼热衷政治，也是著名的学者。他撰写了很多著作，涉及物理学（包括气象学和自然地理学）、天文学、占星术和占卜学、地震学、地质学和矿物学、水文学、植物学、伦理学、逻辑学、数学、历史、自然史、人类学和战术等等，可惜多数没有留下，只剩下些残片。

波希多尼对大气现象有所解释，在他 80 岁左右出版了《关于海洋和邻近地区》（*About the Ocean and the Adjacent Areas*）一书，这本书以他当时的科学知识对地理问题进行全面表述。书中他详细阐述了气候对人性格影响的理论，其中包括他对"种族地理"（Geography of the races）的描述。比如意大利处于气候中心地位是罗马统治世界的必要条件。波希多尼在他的气象学著作中追随亚里士多德的气象学思想。他对云、雾、风、雨以及霜冻、冰雹、闪电和彩虹的成因提出了自己的理论。

波希多尼的很多思想影响一直到中世纪，对文艺复兴时代的学术有一定的影响。现在月亮上有以其名字命名的环形山。

第二节　亚里士多德的古典气象学思想

气象学的发展也得益于对一些自然哲学家、历史学家、诗人等专著里的气象记录的研究，当然也离不开世世代代气象经验的积累。亚里士多德是古希腊集大成的著名学者，对世界文明史有深远影响。他是柏拉图学院的积极参加者，古希腊的先贤们对大自然中各种天气和气候现象有过各种论述，在此基础上亚里士多德进行了系统的综合，大约在公元前 340 年撰写完成了著作 *Meteorologica*，可以翻译为《气象通典》或者《气象学概论》，①今天有的气象学学术刊物的名称中就包含 *Meteorologica* 这个词。如图 2-3、图 2-4 所示。

---

① 也有学者把它翻译成"天象学"，本书采用气象通典的译法。

图 2-3　亚里士多德气象学著作
拉丁文版的标题页，1560 年威
尼斯印刷 ①

　　由于这本著作把当时世界上最早的气象学专著和理论知识融
为一体，同时详细阐述了亚里士多德的哲学思想和对自然界气象
知识的理解，使得这本书目前为止是古希腊文明中最全的气象学
著作，形成古典气象学的核心。

　　1.《气象通典》的内容

　　亚里士多德的《气象通典》共四卷 42 章集，其中前三卷论述
气象问题，第四卷主要是有关化学和气象的内容。

---

　　① 　Sir Arthur Davies, Forty years of progress and achievement a historical review of
WMO[M]. World Meteorological Organization, 1990.

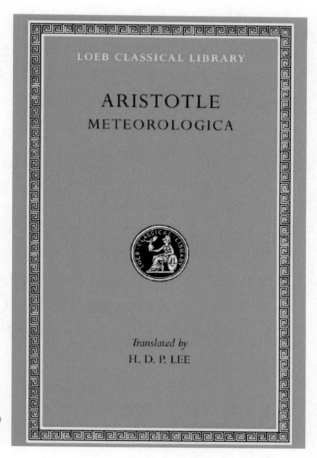

图2-4　亚里士多德的《气象通典》
（*Meteorologica*）英文译本书影

　　根据其原意，结合论述内容，可以提炼出一些标题和主要内容，阐述在此。第一卷阐述气象学在自然科学中的地位及其研究对象和范围，云、雨、雹和霾的形成，高层大气的现象，以及气候变化等，共分14章。

　　第一章　导言，论述气象学在自然科学中的地位及所要讨论的主题。

　　第二章　阐述地球表面上的一般原理及地球构成基本元素，地球与宇宙的关系等。

　　第三章　讨论四个基本元素——空气、土地、火、水特性，对"以太"的看法，对云层的论述等。

第四章　论述流星。

第五章　论述北极光与起因。

第六章　阐述彗星，分别讨论了德谟克利特、毕达哥拉斯、希波克拉底等人对于彗星的看法和解释等。

第七章　论述彗星的性质与成因等。

第八章　有关银河系新理论。

第九章　论述雨、云、霾的成因。

第十章　露和白霜的阐述。

第十一章　讨论雨、雪、雹及和霜的关系。

第十二章　解释雨雹为何在夏季产生，讨论有关看法。

第十三章　讨论风与河流的形成，并对错误观点反驳。

第十四章　涉及气候与变化，海岸侵蚀作用和沉积等。

第二卷谈到风的成因、分布、各种风的名称和特点，以及雷电现象等。

第一章　论述海洋以及它的性质。

第二章　讨论海洋的起源等。

第三章　阐述海洋的盐分等。

第四章　论述风与成因。

第五章　论述冷热风与不同气候带的盛行风。

第六章　论述各种不同的风和不同的风向。

第七章　讨论地震，阐述德谟克利特和阿纳克西梅纳斯等人的观点。

第八章　讨论地震与起因。

第九章　论述雷和闪电及起因等。

第三卷　论及台风、火风以及晕和虹等大气现象。

第一章　论述台风、火风和雷电都是干发散物的产物。

第二章　阐述晕和虹都是太阳光或月亮光反射形成。

第三章　论述晕的形态与解释。

第四章　论述虹与反射作用的物理基础。

第五章 再次阐述虹的大气现象。

第六章 论述假日（Mock-sun）与反射作用等。

第四卷主要讨论化学上的问题。[①]其中也涉及一些气象学知识。

从以上章节可以看出，亚里士多德已经对大气现象有比较全面的观察和较为深刻的思考，基本上形成一个比较完备的古典气象学的知识体系。

2. 亚里士多德的气象学思想

亚里士多德将先前所有的各种气象学思想和经验进行了系统的整理，而且提出了自己对各种天气现象的见解和理论，使之成为一门系统的科学——古典气象学。比如亚里士多德认为：宇宙是呈球形状态，将宇宙分成两个区域，月球轨道以外的区域与天体相关，称做天域（Celestial region），另外月球轨道以内，与大气现象有关，就是气象学研究的对象。

亚里士多德的气象学内容主要包括了：雨的形成、风的形成、云和雾的形成；气候的变化；雷电及飓风现象等。他对气象学的认识主要基于其哲学思想。他认为宇宙是个球体，宇宙其他天体都是围绕着地球运动。他对天文学和气象学的本质区别理解为天文学主要是研究天空中的一些星体现象，气象学主要研究陆地上的一些天气现象。这种理解直至今天仍然有现实意义。亚里士多德提出气象学并不是一个独立的学科，而是多个学科的综合。他提出了气象学的四大元素：火、空气、水、土壤（Fire、Air、Water、Earth）。如图 2-5。

亚里士多德认为陆地上的物质就是构成四大元素——土地、水、空气、火的基础，而且形成了由内而外的土地—水—空气—

---

① Aristotle. Meteorologica[M]. Translated by H.D.P.Lee. Cambridge：Harvard University Press, 1952: 10-11.

图 2-5 亚里士多德四元素图示，从内至外分别是土—水—空气—火 [1]

火圈层，并且认为这些圈层不是固定的。[2]这与今天大气科学和地球科学提出的五大圈层有些类似，显现了亚里士多德这样的哲学先贤对大气现象的理解的深刻性，也体现了今天后人再次深入研究其气象学思想的价值。

亚里士多德认为干燥的大地会在水层出现，火层也会在土层上燃烧，所有的元素之间都是可以相互影响的。比如当太阳的热量到达地球表面，里面混合着冷而湿的水汽，进而形成新的物质形态，比如热而暖的空气。太阳的热量也会让干而冷的土地产生新的物质，比如暖而干的火。这样太阳就产生了两种形式的气体：一种暖而湿，比如云和雨；另一种热而干，比如风和雷。亚里士多德认为大气层可以分为两个层：空气层和火层。他认为云不能在高山的顶端形成，原因是高山顶端的火层是接近于月球的，不接近于近地表，并且火层热量多也不利于云的形成；因此

---

① Taub L. Ancient Meteorology[M]. Routledge, 2003.

② Aristotle. Meteorologica[M]. Translated by H.D.P.Lee. Cambridge：Harvard University Press, 1952: 6-9, 27.

云只会在近地面和高山顶端之间的空气层形成。这些思想与当时无法进行正确观察和实地测量有关，也表明他的气象学带有很多思辨和理想实验成分。

在众多的天气现象中，风雨雷电与日常生活非常密切，也可以通过日常感官观察和分析得出一些经验，甚至部分的预报。一些天气预测的方法是来源于古巴比伦人对天气的认识，尤其是风的分类。亚里士多德对风的认识也源自古代文明时期人们对风的积累。

他认为风虽然是垂直形成的，但是风是水平吹的。地球上空的大气是跟随高层大气运动，高层大气是水平流动的。亚里士多德把风分为了两大类：北部的风和南部的风。北部风是从地球最北部寒冷的地方飞射出来的，比较寒冷。南部风并不是来自南极，而是从南部的热带中心吹来的，所以比较干热。

亚里士多德对风向的分类主要基于他对太阳升落的理论。由于当时的希腊人对方向的表达描述方式十分少，所以，亚里士多德运用天文学上的方向来描述风向，他认为太阳在风的形成和位置及命名上起了很大作用，比如用春秋分日出方向、冬至日出方向、正午太阳方向等来描述风向。[①] 他把罗盘卡分为十二等份，并且把风的种类及风向一一列举了出来。据此，画出了一个关于风的位置的框架图。很显然，这十二进制是受古巴比伦人的影响。现代人经过修改，得到了一个具有现代意义的关于风的位置与季节性日出日落关系的框架图。如图 2-6。

亚里士多德还把数学模型引入了气象学，因此对风的研究逐步从定性转入到定量，发明了识别风向和风力大小的仪器。

亚里士多德对雷电也有分析。他认为雷电发生在大气层比较干燥的位置。他认为干燥的气流是被云层包围，随着云层密度的

① Aristotle. Meteorologica[M]. Translated by H.D.P.Lee. Cambridge：Harvard University Press, 1952: 225.

变大，干燥的空气受到的挤压力就会变大，接着迸发出来就形成了雷。雷声的不同是由于云层所处的位置不同。这些迸发出的"雷"在燥热的火层燃烧起来就成为了电。他的分析比较成功的地方是，亚里士多德认为先有雷后有电，电是伴随雷而形成的，与早期他人的理论截然相反。另外，他认为暴风伴随飓风而来，并不会伴随雨。

　　总之，亚里士多德的气象学理论是集当时西方气象学之大成，形成古典气象学体系，很多思想对今天仍有启示。由于时代局限，亚里士多德对气象学的认识很显然存在一些错误，而这些错误也来自古希腊人的错误，他们并没有形成一个严谨的科学研究体系。归根结底，还是由于缺少可以观测气象的仪器和如何正确观测的方法及数据积累分析手段。

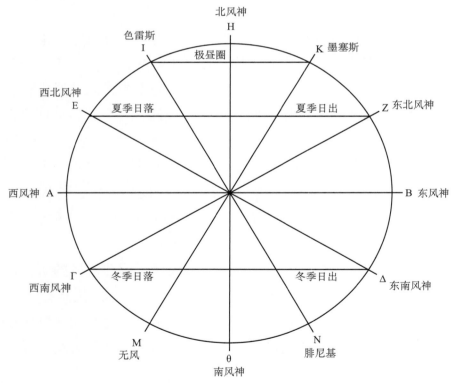

图 2-6　根据亚里士多德对于风描述做出的现代风向图 [1]

　　[1]　Aristotle. Meteorologica[M]. Translated by H.D.P.Lee. Cambridge：Harvard University Press, 1952: 187.

古希腊时期，自然哲学思辨思想明显占据主导地位，忽略了也无法进行精确的实验科学并获得实践证据。这一时期气象学是自然哲学家的产物，而不是自然科学家的产物。不过，这在气象学历史上仍然具有十分重要的意义。这是人类早期把气象学形成一门自然科学的伟大尝试，直到 17 世纪，亚里士多德对气象学的认识一直处于权威地位。

《气象通典》的问世，使亚里士多德成了以后 2000 年中气象理论方面无可置疑的权威，它是最早对气象学做有系统整理和讨论的文献，它主宰了以后西方气象学理论达两千年之久。在 17 世纪以前，西方几乎所有有关气象学上的著作和论著都没能脱离亚里士多德气象学的影响。

罗马斯多阿学派代表人赛涅卡（Lucius Annaeus Seneca）在晚年的时候写了一部关于"自然问题"的书，书中的很多内容涉及气象。比如他认为火、空气、水、土四大元素不是对立存在的，而是以相互均衡的形式存在的。他对风做了大量研究和阐述，提出风的形成原因不是单一的，风是一股会流动的气体，风在航海等活动中有着重要意义等观点。这些想法与亚里士多德有相似相承之处。

罗马人对风的认识可能因循了亚里士多德的思想。图 2-7 是在罗马发现的识别风向的古老大理石风向仪器。

图 2-7a　公元前 2—3 世纪指示风向的大理石（发现于罗马）[1]

_____

① 　Taub L. Ancient Meteorology[M]. Routledge, 2003.

图 2-7b　公元前 200 年左右在罗马附近的大理石 [1]

图 2-7 是当时记载风向的大理石，上面刻有记录风的名字、来源和风向，为当时罗马人的生活和航海提供了便利。也可以看出当时对于空气流动这类气象现象的认识水平。图 2-8 是当时的大理石风向计树立图像。

亚里士多德的气象思想是一份"气象古典思想遗产"，[3]对后世西方气象学发展产生了长远影响。

图 2-8　刻有风向的大理石的下面是支撑石柱 [2]

---

[1]　这块大理石直径 55 厘米，12 个风向，学界认为是气象仪器，用于旅行，实物存于意大利佩萨罗博物馆。引自 Liba Taub. Ancient Meteorology, Routledge, 2003.

[2]　这块大理石直径 55 厘米，12 个风向，学界认为是气象仪器，用于旅行，实物存于意大利佩萨罗博物馆。引自 Liba Taub. Ancient Meteorology, Routledge, 2003.

[3]　Frisinger H H. Aristotle's legacy in meteorology[J]. Bulletin American Meteorological Society, 1973，54（3）.

第三节　亚里士多德的学生对古典气象学的贡献

　　亚里士多德之后，其古典气象知识体系进一步发展，特别是其学生提奥弗拉斯托斯（Theophrastus of Eresos，约公元前371—前287年），是著名的学者，被称为植物学之父。接替亚里士多德领导"逍遥学派"。在其老师对气象学研究的基础上，进一步发展了古典气象学。

　　提奥弗拉斯托斯研究并撰写了《论风》（De Ventis 英文名称 On Winds）和《论天气之征兆》（De signis Tempestatum，英文名称为 On Weather Signs）。[①] 他根据在希腊的长期观察，提出了有关风的成因，并对海陆风、季风和气候变迁以及局部气候特性等问题进行探讨，发展了亚里士多德的古典气象学。

图 2-9　提奥弗拉斯托斯的塑像[②]

---

　　①　Theophrastus of Eresus. On winds and on weather signs[M]. Translated by Jas. G.Wood.M.A., LL.B., F.g.s., 1894, London, Edward Stanford, 26&27 Cockspur Street, Charing Cross.

　　②　塑像树立在意大利西西里首府巴勒莫植物公园（Palermo Botanical）中。

1.《论风》

对于风的成因，提奥弗拉斯托斯认为：风的流动就像河流的流动一样，故各种风各有其特性，也同样各有其起源和终点，通过阻碍物时也能一如流水一样地造成分流现象，这些见解比亚里士多德更加深入。在《论风》第二十二节中论述道："如果空气充满冷发散物，则空气会向下游移动，但是如果空气受热，则空气即会向上升，盛行风乃盛行的混合物所造成的。"① 可见提奥弗拉斯托斯已了解风的水平移动是空气性质不同所造成的结果，故冷重空气会下沉，并向别处移动。

对于定季风观测，盛行雅典南方和西南显著的海风，提奥弗拉斯托斯在那时可能做过一些观测，他详细描述了希腊古代这种北来季风的特性和年变化情形。他在《论风》第十二节记载写道："定季风有时很强而且持久，有时微弱呈间歇性。"②《论风》第十一节论述道："为什么定季风在夏季最盛，而且这样强劲？为什么风白天吹，晚上不吹？这可以解释：海陆风的发生是因为雪的融化所致，当太阳出现时，即融化了地面上的冻雪，乃先形成先行风，然后才吹定季风。春季南来定季风叫作白南风（White south winds），因为它的源地距离太远，所以不为人所注意。"③ 在第十四节中写道："如果定季风弱，则北方降雪少。"

关于陆风观测，他在论风第二十六节中有以下叙述："陆风为冷空气聚集后所形成的，是一种风的向后流动，正如海水的退

①　Theophrastus of Eresus. On winds and on weather signs[M]. Translated by Jas. G.Wood.M.A., LL.B., F.g.s., London, Edward Stanford, 26&27 Cockspur Street, Charing Cross，1894.

②　Theophrastus of Eresus. On winds and on weather signs[M]. Translated by Jas. G.Wood.M.A., LL.B., F.g.s., London, Edward Stanford, 26&27 Cockspur Street, Charing Cross，1894.

③　Theophrastus of Eresus. On winds and on weather signs[M]. Translated by Jas. G.Wood.M.A., LL.B., F.g.s., London, Edward Stanford, 26&27 Cockspur Street, Charing Cross，1894.

潮情况一样，有冷空气聚集后，就以相反的方向发生变化。"提奥弗拉斯托斯指出：雅典的北风和南风在盛行时吹的很猛烈。

太阳和海陆风关系，提奥弗拉斯托斯认为太阳和海陆风的关系非常密切，当空气受到太阳的影响时，就被迫流向南北之路径上，并进而聚集在南、北两旁，于是风吹得更强、更持久、更频繁。这种海陆风也发生在希腊中部地方，在该处北风也更加强劲。他在论风的第五节中说："埃及以及附近地方盛行吹南风，这南风持久、有规则而且频繁。"

风的运动问题，提奥弗拉斯托斯在论及风的运动时论述道："地形是风向多变的肇因。"他也提到因地形的影响产生地形性降水。"在波埃第亚（Boeatia）之普拉他（Plataea）地方所吹得北风很温和，但是从南方穿过西塔埃龙（Cithaeron）山而来之南风则很强劲，而且呈风暴性质"（《论风》第三十二节）。

风之季节性温度差异以及对降水的影响，提奥弗拉斯托斯讨论来自海面的风对季节性温度差异以及对降水的影响，他说："西风从大西洋和地中海吹来时，冬暖夏凉"（《论风》第四十三节），这种长途跋涉的西风能把潮湿水汽带来希腊，"西风从大西洋越过地中海，驱动大量云层，经过长途跋涉后，云层即聚集在一起。"（《论风》第四十二节）"来自非洲的南风秉性是干燥的，但是经过地中海后，南风的性质改变了，变成极度潮湿、富云雨的情况，过了希腊以后，吹得越远，越会下雨。"

提奥弗拉斯托斯引用当时的气象谚语来解释希腊境内因海陆地形所引起的对流云。"为什么希腊人常常说：冬季不要怕来自陆地的云，也不要怕来自海上的云；但是夏季则怕来自阴沉沉陆地的云？这是因为冬季来自暖湿海面所形成的云层，到了更暖陆地时即告消失之故。在夏季时，海水较冷，陆地较暖，乃盛行海风，如果陆地的云层竟能吹离陆地，则表示陆地的云层有强过暖陆地的力量，所以是可怕，反之，陆地的云层力量较弱的话，则云层即将消失"（《论风》第六十节）。

至于风吹往别处后的温度变化情形，提奥弗拉斯托斯阐述道："较暖的风吹到开阔的地方时，将继续保持较暖的情况，反之，较冷的风吹到受压缩的地方时，则将继续保持较冷的情况"（《论风》第二十节）。可见他已经有了风的平流作用概念。很像今天人们所说："任何区域的温度各处不同，视平流的结果而定。"

风对人体健康和精神的影响，提奥弗拉斯托斯也详细论述风对人体健康和精神的影响，他认为："南风吹拂时，我们会感觉到懒洋洋地或者很疲倦，这是因为一些南风中的湿气被暖热气温融化之故"（《论风》第五十六节）。"暖湿的南风可沁入人体，使人发热，若南风带来雨水，则对人身体有冷却作用，同理，其他种类的风也会影响到人体的健康"（《论风》第五十七节）。"但是北风盛行时，干燥的空气富于刺激性，且能使人的关节得到调和，能够伸缩自如，所以人们感觉到精神饱满。"可见早在两千多年前，提奥弗拉斯托斯对风影响人体的生理学效应的观察和思考很深入。

2.《论天气之征兆》

在公元前的几个世纪中，希腊人和埃及人以及巴比伦人利用观察动物和鸟类的平时行动情况，预测天气的可能演变。提奥弗拉斯托斯对这些前人感测动物和鸟类的动作和行为做出总结，来预测天气并撰写《论天气之征兆》，例如：当牛舔它的前蹄时，有可能暴风雨将至或即将下雨；狗在地上打滚时，风暴将来临的非常猛烈；当羊的繁殖季节来得早时，则寒冷的冬季将来的早等等。这些古代希腊人、埃及人、巴比伦人的经验，也是现代西方农夫所知悉的。

提奥弗拉斯托斯在《论天气之征兆》一书中，讨论了晴天、风暴、刮风、下雨等征兆变化等。提奥弗拉斯托斯按照时间顺序记载天气，每日又按照一定间隔时间记载各种天气和天气征兆。提奥弗拉斯托斯根据长年的天气记录，对未来的天气加以推测。例如：如果今年冬天曾经下大量的雨，则来年春天通常将会干旱；如果今年冬天气候干旱，则来年春天将会潮湿多雨，又如果秋天气候宜人，则来年春天气候将较寒冷。①

提奥弗拉斯托斯在书中强调根据天文和大气现象进行天气预测的方法，比如流星的出现被认为可能下雨或者刮风，而月亮外观的观察也被认为是很重要因素，如果月亮看起来像火似的明亮，则未来将会有大风；如果月亮看起来晦暗或朦胧如尘，则天气将变的潮湿多雨，他同时也把当时来自民间天气预测原则记载在该书中，例如日出时，如果天空呈红色，则天将下雨。

3. 提奥弗拉斯托斯的气象学思想

提奥弗拉斯托斯《论风》与其老师亚里士多德相比，包含有许多创新的见解，显示他已深深了解一些气象学观念。比如他强调风是空气流动的观念，与今天科学的概念接近。他观察季风和海陆风的情况，提示了风的平流作用。他还记载当时冬季降大雪，气候较寒冷的情况。这是否表明公元前 500 年开始欧洲大西洋冷期确实存在，有待进一步证明。

提奥弗拉斯托斯凭其敏锐的观察，在《论风》中曾经详细论述气候对人体的生理学效应、地形性风系和局部性风系的情况。他细致入微的思考、比较客观仔细的观测方法，显然超越了他的老师亚里士多德。

提奥弗拉斯托斯在《论天气之征兆》一书中虽然没有对各种大气现象和天气现象作理论性的解释，他的书可能是欧洲留存最早的一本天气谚语专辑。但是他将当时古希腊、古埃及、古巴比伦等先民所使用的有关天气预测的实际经验全部收集在该书中，而且也将每日所观测的天气和天气物候记录在该书中，某种程度可以看作今天大气科学进行天气观测和做观测记录的滥觞。

---

① Theophrastus of Eresus. On winds and on weather signs[M]. Translated by Jas. G.Wood.M.A., LL.B., F.g.s., London, Edward Stanford, 26&27 Cockspur Street, Charing Cross, 1894.

　　提奥弗拉斯托斯巩固了亚里士多德的古典气象学的地位，以其对气象学思想的创新见解与亚里士多德的古典气象学思想一道，影响后世西方气象学思想达两千年之久。

第一节 古罗马帝国的气象学

罗马人和希腊人一样，曾经在历史上创造了辉煌灿烂的文化，不过古罗马时代有其自己的特色，更加重视现实世界的物质财富，继续延续着古希腊的某些文明。在古代，气象学常常被纳入天文学研究的范围，所以很多学者非常关注天气现象的观察和预测。

1. 天文观察的气象应用

古罗马学者波西多尼奥斯（Poseidonius，公元前 135—前 44 年）观察了很多大气现象，并且试图解释雷电现象，认为雷电是云层内部经过累积形成所谓发干的扩散物，然后突然爆发和燃烧形成的大气现象。

著名的天文学家托勒密（Claudius Ptolemy，约 90—约 168 年）曾经到埃及亚历山大城研究天文学。他撰写的《至大论》（*Almagest*，又译天文学大成）是古希腊数理天文学的经典著作。《至大论》总共 13 卷（图 3-1），前两卷中是托勒密的地心宇宙观，接着阐述了关于太阳年长度和太阳运动的理论，对"出差"现象也进行了系统论证，以及日月食理论、恒星理论、托勒密恒星表、岁差理论、行星运动的理论等。[1]

---

① 邓可卉. 托勒密《至大论》研究 [D]. 西安：西北大学，2005.

图 3-1　1515 年拉丁文一个至大论封面[①]原图

托勒密（图 3-2）认为太阳运动理论的主要目的之一是可以解释由于太阳的周年运动产生的季节问题，从而分出四季。[②]托勒密认为固定恒星可以作为不动的宇宙系统的参考框架，比如春分点就是空间的一个固定点。[③]

托勒密天文理论对后世影响很大，直接或间接影响了西方学者从天文角度来预测天气的思想。对中国历法乃至中国传统天文学也有影响，[④]但是还看不出因此影响到中国学者从西方天文学角度来思考地球上的气象和气候问题。

①　维基百科，https://en.wikipedia.org/wiki/Almagest.

②　邓可卉. 托勒密《至大论》研究 [D]. 西安：西北大学，2005.

③　Toomer G J. Ptolemy's Almagest[M]. Princeton University Press, 1998.

④　江晓源，钮卫星. 天文西学东渐集 [M]. 上海：上海书店出版社，2001.

图3-2　托勒密

古罗马许多学者也试图通过对自然现象的观测做出气象预言，比如古罗马人维吉尔（Virgile，公元前70—前19年）被罗马人奉为国民诗人，其作品对后世文学有较大影响，他在诗词中记载有"鸟儿往高处飞可能会下雨"。还有学者认为，月亮发红可能刮起大风，月色变黑可能下雨。

从今天来看，这些通过事物表面联系进行气象预测显得很牵强，但是反映了当时人们对气象知识的不同视角的研究思维，在当时是比凭空臆想先进的做法。

2. 对雷电和雷雨的认识

大约在公元前50年，古罗马哲学家塞涅卡（Lucius Annaeus Seneca，约公元前4—65年）在他的著作中把闪电分为三种：一是可以穿透物体的闪电，穿透物体而不损伤其外表；二是带有轰鸣的闪电，伴随着急风暴雨和雷鸣；三是闪一下就不见的闪电。按照今天的观点，这些分类描述的闪电被观察到时的现象，其实本质一样。居住人多的罗马城有时会呈现灰尘满天的情景，塞涅卡甚至提出城市污染的问题。

　　雷电是大气中的一种现象，所以古今中外有许多描述雷电现象的诗文，罗马帝国时代有一位著名哲学家卢克莱修（Lucretius 公元前 99—前 55 年）发表一诗，对大气雷电现象作如下描述：

　　啊！曼妙事，

　　这是大自然所发的怒火。

　　满载着霹雳，

　　这是何等奥秘的力量！

　　这应该不是属于一次事实的启示，

　　而是展开圣哲爱特路玲的书卷，

　　仰望上苍隐藏的意愿，

　　什么事是雷击所昭示的隐恶。

　　这首诗是关于自然事物的描述（On the Nature of Things），今天看来还有积极意义。

　　在罗马帝国早期，刀、剑、标枪和弓箭是主要作战武器，但是以弓箭的射程为最远，故那时候的古罗马军人一看到闪电或者听到雷声时，就将箭射向风暴云中，企图防止雷雨的侵袭，虽然不会有丝毫的效果，但是由此可见古代罗马时代，罗马人就有防止雷雨的殷切希望。

第二节　古代印度气象学

　　同美索不达米亚、埃及和中国一样，印度的文明社会也是从青铜时代开始，在江河流域发展起来的。古代印度气象学受到了其天文学思想的影响，同时，作为一个宗教信仰较强的国家，古代印度气象学或多或少也受到了宗教思想的影响。

1. 诗歌汇编中的气象学知识

成形于公元前 1300—前 1000 年的《梨俱吠陀》是古印度早期部落的诗歌集，可以看作古印度传统文化的重要源头，也是全人类保存至今最早的诗歌集之一，一共十卷一千多首颂诗（图 3-3）。其中"梨俱"（Rig）是赞扬称颂的意思，"吠陀"（Veda）是知识之类的含义。对大自然中各种神进行赞美，宗教色彩浓郁。其中涉及古代印度的一些气象知识。很多气象现象归结为神，比如因陀罗是雷电之神，楼陀罗是风暴之神，摩鲁特群神是暴风雨之神等等。

图 3-3 《梨俱吠陀》中的一页

比如第 2 卷第 12 首诗歌是"因陀罗",用各种方式赞颂这个因陀罗神,其中写道"他以雷电为武器,因苏摩酗者而著称"。①可见雷电被当作了武器,反映了对大自然的崇拜和雷电现象的记载。书中对阿巴乃巴的赞颂很有特色,被称作"水之子",第 2 卷第 35 首以"水的儿子"为题赞颂这位水神,其中写道:

水的儿子腾起,披着光芒,

驻足于水云漫漫相连间。

他承载着至臻的伟大,

金光闪烁,湍急河川围他奔流。②

书中对雨云之神巴健耶(Parjānya)进行了特别描述,有 3 首颂诗,"云"常被描述成"乳房""蓄水桶""水袋""皮水囊"等,这个神常常给人们带来好运,滋润大地,促进作物生长,因此与日常生活息息相关。其中有描写:

像战车斗士鞭策快马。

他显然是雨的信使。

从远处兴起阵阵狮吼,

巴健耶使浓浓雨云布满天际。

疾风呼唤向前,电光闪闪下去,

草木仰望上长,天空汹涌澎湃。

滋养之物为着全世界生长,

巴健耶用水的种子激活大地。③

书中描写风神伐塔,第 10 卷第 168 首,书中描述:

风神的战车,威力强劲,

浓浓向前,不断毁荡。

---

① 林太.梨俱吠陀 [M]. 上海:复旦大学出版社,2008:76.

② 林太.梨俱吠陀 [M]. 上海:复旦大学出版社,2008:131.

③ 林太.梨俱吠陀 [M]. 上海:复旦大学出版社,2008:166-167.

他漫行于天际，散步在彩虹，
也行走大地，一片尘土飞扬。

众神的呼吸，世界的胚胎，
风神任意游宇寰。
其声可闻，其形不现，
我等以祭品向风神献崇拜。[①]

在《梨俱吠陀》中还有求雨的记载，青蛙齐鸣仿佛学生一起读书。其中曼杜卡就是描写雨季情况。

雨季来到了，雨水直落而下，
倾泻到渴望着的青蛙们身上，
一只青蛙欢快鸣叫着靠近另一只青蛙，
就像儿子快乐哭喊着靠近他的爸爸。

一只重复着另一只的声音，
就像学生复诵着老师的搜经。
他们所有的鸣声调和成齐奏，
就像在水中滔滔不绝反复诵经。[②]

2. 其他文献涉及的气象知识

除了著名的《梨俱吠陀》，古代印度很多文献中反映了对早期气象知识的认识和积累。伐罗诃密希罗（Varahamihira，505—587年）是古印度著名的天文学家和数学家，著有《悉昙多》（Siddhantas，意译为"究竟理"亦即"知识体系"）。其中涉及一些气象常识。

---

① 林太.《梨俱吠陀》精读 [M].上海：复旦大学出版社，2008：169-170.
② 塔帕尔.印度古代文明 [M].林太，译.杭州：浙江人民出版社，1990：32.

　　古印度还将一年分为春、热、雨、秋、寒、冬六季；还有一种分法是将一年分为冬、夏、雨三季。

　　此外，古印度比较著名的天文著作，是公元前 6 世纪形成的《太阳悉檀多》。悉檀多指历法的总名，意译为"历数书"。这部著作阐述了如何度量时间、分至点，如何观察日月食、行星的运动及测量仪器制作等问题。

　　大约公元前 5 世纪，古印度有学者提出天球的运动是地球绕地轴旋转而见到的现象，但这个大胆设想超越时代，没有广泛流传。

从 5 世纪到 15 世纪，习惯上被称为"中世纪"。中世纪的学术复兴是随着 11 世纪到 13 世纪间的其他许多重大发展而出现的。这期间，气象学仍然循着亚里士多德的古典气象学之路不断积累知识，中世纪后期逐渐突破亚里士多德气象学思想的束缚。

第一节　气象知识的持续积累

1. 占星气象学

早期天文学（Astronomy）的发展与占星学（Astrology）结合比较紧密，占星学家多少知道一些天文学知识，这些知识中也会包括一部分气象的知识。

在中世纪晚期，对气候和气象现象进行预测和预报，成了占星学非常重要的用途之一。由于气象预报与农业生产有直接的关系，被视为与国计民生有关的大事，因此引起当权者的重视，出现专门从事这个领域的所谓"占星气象学家"。

大主教西微利（Saint Isidore of Seville，560—636 年）撰写了 *Etymologiae*（词源）（图 4-1），对宇宙中各种事物的起源进行分类，其中有对霜、雨、雹等天气现象的解释，并且提出

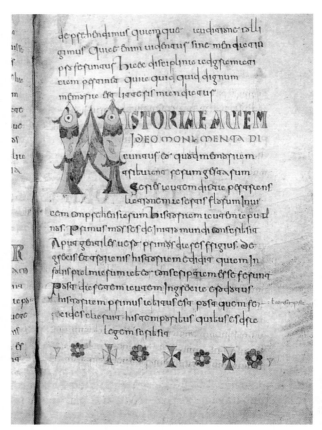

图 4-1　Etymologiae 中的一页，藏于比利时皇家博物馆

证据。这比占星气象学大大前进了一步，有一定的气象知识积累的成分。

2. 英国古典气象学的产生与发展

英国古典气象学的发展与其文化土壤息息相关。比德（Venerable Bede，673—735 年）是英国著名的学者和圣徒（图 4-2），撰写了 40 多本神学和历史学的著作。因撰写 *Historia ecclesiastica gentis Anglorum* 甚至被称为"英国历史之父"。

他在 703 年著的《自然本质》（*De Natura Rerum*，即为 *On the Nature of Things*）一书，书中描述了对大自然现象的认识和理解，在赞美上帝的主旨中也对自然现象包括风、雷、闪电、云和雪等做了描述，阐述了个人对这些现象的理解和推测，比如他认

图 4-2　比德

为风是空气摇动好比扇子摇动造成的空气运动，而打雷则是各种云层碰撞产生的结果。这些认识非常朴素和直观，但某种程度也暗含一些科学道理。

还有气象学家从天象出发，根据天象与气象的相互关系及对地球气候的影响，推论出一些气象预报的法则。预测预报的对象有雨、霜、雹、雪、雷、风、潮汐，还有地震、瘟疫，乃至战争、叛乱等。

这些预测是否准确现在没有找到确切资料证实，但不可否认这些著作和流传记载中有当时天气现象的记录，包括从农夫、水手等处获得的气象资料。这类著作当时比较流行，到了文艺复兴时期仍有延续。

3. 气象测风的发展

中世纪，欧洲人曾经使用教堂的钟声来防雹，同时在教堂内祈祷，人们认为巨大的钟声和向上帝的祈祷可以削弱雹声的威胁，甚至敲打盘子、钟鼓来助威。

公元 9 世纪时，在西方教堂屋顶已安装候风鸡（Weather cock），这种候风装置放在教堂塔尖，外形像公鸡，可以自由随风转动，通过观察鸡首的方向来判断风的来向，与今日压板风向仪的原理相同。

第二节　对古典气象学的发展与反思

中世纪在继承传统古典气象学的基础上，不断发展并反思传统气象学的框架，特别是对亚里士多德的《气象通典》进行扩充乃至突破。

1. 对《气象通典》的发展

亚里士多德的《气象通典》成书之后，影响不断扩大，在欧洲流传较广，欧洲一些大学比如法国巴黎大学把亚里士多德的著作列为必修课。亚里士多德的书籍被翻译成不同文字，在更大范围内流传，并且得以保存，这些翻译家中不乏著名学者，其中阿德拉德（Adelard of Bath，1080—1152 年）就是一位哲学家，他把许多重要古希腊和阿拉伯天文、数学、哲学等著作从阿拉伯版本翻译成拉丁文版本，许多著作被介绍到西欧，如图 4-3。

他自己对大自然的问题也有一些论述，其中包括气象问题，比如认为风是运动状态中的空气，密度不一样，产生推动力，于是风就产生，所以风是空气流动造成的。关于闪电，他认为根据观察是云层巨大碰撞体中最轻的物质最先从其中分离出来等，这种见解类似于古希腊自然哲学家的见解。

托马斯·阿奎那（St.Thomas Aquainas，1225—1274 年），中世纪宗教与哲学的集大成者（图 4-4），在西方他的影响几乎可以和亚里士多德相比，一生写过许多著作，主要是哲学和神学著作，其中有评论亚里士多德的《气象通典》文献。

图 4-3　阿德拉德把阿拉伯版本欧几里得几何原本翻译成拉丁版本的插图 [1]

图 4-4　托马斯·阿奎那（15 世纪文艺复兴中一幅作品）

　　在 13 世纪中，类似评论亚里士多德的《气象通典》文献很多，有法国学者 Bartholomaeus Anglicus（1220—1250 年），曾经编撰过 19 本书，有本专门论述空气和天气。英国的 Robert Grosseteste（1175—1253 年），哲学家和神学家，对彩虹有过专门论述，以及德国 Vincent de Beauvais，撰写对雷电、下雨、雨露、刮风等的认识。在近代科学革命以前，有许多文献讨论或者评论过《气象通典》。

　　2. 罗吉尔·培根对《气象通典》的反思

　　英国著名科学家与哲学家罗吉尔·培根（Roger Bacon，1214—1292 年）也是牧师（图 4-5），他提倡通过经验主义的方

---

① Russell B. A History of Western Philosophy[M]. Routledge, 2004: 212.

图 4-5　培根塑像

法对自然进行广泛研究，以博学闻名于世。他主张从观察试验入手，而不仅仅是从论辩入手，通过归纳法发现真理，这相比中世纪烦琐的经院哲学要先进许多。他做过很多实验，特别是对光学和炼金术的实验研究中，坚定了他反对权威的信念。

　　他的著作 *Opus Majus*（可译为大著作）对许多天气现象进行了实验研究，特别是关于彩虹研究很能说明他的实验主义思想。培根认为彩虹实际是环绕太阳和地球周围的一种光环，与日晕月晕本质相同。[1]

　　他还大胆反思亚里士多德有关论点，比如，亚里士多德认为水会比冷水更快结冰，那是因为放在中间隔断的同一个容器中，如果分别放在两个不同容器中，冷水就会更早结冰，这表明他对亚里士多德缺少科学的实验程序所导致的不足的反思和突破。[2]

　　[1]　Polloni N，Kedar Y. The Philosophy and Science of Roger Bacon, Studies in Honour of Jeremiah Hackett[M]. Routledge，2021.

　　[2]　Bacon R. Opus Majus[M]. Translated by Robert Belle Burke. Bristol: Thoemmes Press, 1928.

培根认为对气象学的研究要根据大气现象的实际观察和试验，试图打破亚里士多德《气象通典》中各种学说的束缚。其他学者也提出类似观点，使气象学到了 17 世纪时，得以完全摆脱亚里士多德《气象通典》和古典气象学的影响，而有飞跃的进展。

第三节　拜占庭时期的气候记录

从现在的研究方式看，气象数据对于科学分析有重要价值，系统地调查和分析直接和间接观测的气象参数（包括温度、降水、云、风等），考察其叙述性描述或仪器测量结果，可以用于过去气象和气候规律的研究。比如对于中世纪欧洲古气候的研究需要考虑时间和地理扩张的数据的证据。拜占庭时期留下很多历史气象资料。[①]

1. 文献记录

拜占庭历史资料中的古气候材料很多，有大量的记录全新世东地中海和中东古气候历史的古气候文献。历史上有关几次极端天气状况也收录其中，包括引用一些希腊文献和来自一些拜占庭的零散记录。很明显，当时作出记录的气象学家有地域分布的特点。关于这一时期跨学科的古气候研究，重建气候历史的想法在 19 世纪 80 年代吸引了许多研究者的兴趣。关于拜占庭帝国的古气候研究一段时期成为了一个热点研究主题。[②]

和地理、年代、文化框架相关的全部天气和气候文字资料的

①　Telelis I. Meteorological Phenomena and Climate in Byzantium (In Greek with a Summary in English)[J]. Academy of Athens, 2004.

②　Wigley T M L, Ingram M J and Farmer G. The use of documentary sources for the study of past climates, in Climate and History: Studies in past climates and their impact on Man[M]. London: Cambridge University Press, 1981.

文本手稿散落在世界各地图书馆，但是研究表明不同版本获得的古气候证据并不相同，这是因为记录的差异和他们不同的数据来源。

有的研究者试图基于拜占庭文献证据来重建西地中海和中东的气候历史，寻找到在拜占庭时期有几个不同版本的编年体数据记录，最为常见的是叙述性气候的记录，比如"寒冷的冬天""炎热的夏天"等来描述古气候现象，大多事件的记录肯定不是当代完成，所以那些幸存的气候报告资料可能经过了多次誊写然后保存下来，记录的气候事件多是不连续的，带有很大的不确定性。

一般来说，拜占庭人对观测自然现象的方法取决于社会习惯和对宗教的理解。他们觉得气象现象没有什么特别的，更多的是好奇心和奇迹的结果，反映了神的旨意。拜占庭知识分子（如牧师，早期的科学家）对天气和气候的观点并不接近于任何现代的科学家对气候的观念。他们没有通过编撰天气工作日记或早期使用仪器测量做出任何系统来探索天气现象。

2. 当今价值

这大概可以推断目的明确的气象观测极少。这虽然降低了其价值，但是现代古气象学家可从原始记录中推断气候波动等极端事件报告，这些记录还是很有价值的。

拜占庭古气候信息包括几个不同方面，比如长期记录严重的干旱、连续的降雨等。这种类型的记录是最全面的；还有关于短期气象现象的信息，比如大风、冰雹、阵风等；还有一类记录了不明原因的河洪水事件，如记录尼罗河洪水异常的现象等。从地理位置上讲，数据来自包括安纳托利亚、君士坦丁堡（伊斯坦布尔）、美索不达米亚、叙利亚等地区。

根据冷、热、干旱、湿润的时间序列分析，今人也可以看出一些趋势，地中海周边的温带半干旱、沙漠和地中海气候占据了源于拜占庭的大量气候数据资料。当然这些气候资料的分析和资料本身都还有不足和缺陷，但是这对于今天研究气象科技史来说，利用古代历史记录可以作出比较有价值的成果，这或许也可以当作气象科技史学科的一个现实功能之一。

阿拉伯帝国于公元 7 世纪兴起，阿拉伯人大举向外扩张，建立了幅员辽阔的帝国王朝。阿拉伯帝国的疆域非常广阔，兴盛时横跨亚、非、欧三大洲，是由伊斯兰教的创始人穆罕默德创立的政教合一的"哈里发"国家。公元 8 世纪是阿拉伯帝国强盛的时期。

阿拉伯人依靠自己的武力崛起，同时注重吸收和消化比自己先进的科学和文化，并将这些不同文化类型的书籍翻译成阿拉伯文，兴起了一场"百年翻译运动"，极大地推动了伊斯兰世界学术文化的发展与创造。

第一节　阿拉伯人对古代气象学的贡献

1. 阿拉伯世界的传承

中世纪的阿拉伯穆斯林学者在翻译和介绍其他文化同时，进行某些科学研究，当时撒马尔罕、巴格达、伊斯法罕、布哈拉、大马士革已发展成阿拉伯伊斯兰文化中心，涌现出大批学者和科学家，建有富丽堂皇的图书馆、实验室，创立了历法，发明了很多天文仪器装置。

阿拉伯天文学不仅对西方天文学发展有过重要的推动作用，而且传入中国后，对中国天文学研究也产生过一些重要影响。

阿拉伯人的天文学知识体系中特别注意天文观测工作，取得了不少卓有成效的成绩。9世纪，哈里发麦蒙（Ma'mūn，786—833年）也是天文观测的倡导者之一，在巴格达设立了天文台，又在大马士革建立了另一座天文台，以较高的待遇让学者把希腊著作翻译成阿拉伯语。

阿拉伯人征服各地的过程中，比较重视对当地文化的保护和传播，往往掠夺当地的珍贵文献资料。统治者很清楚古代希腊文献资料翻译成阿拉伯文的重要性，所以当时翻译家在朝廷中占有重要位置。他们先后把古希腊的文献（包括《气象通典》等）翻译成阿拉伯文，后来欧洲人又再把阿拉伯文翻译成拉丁文。

2. 阿拉伯学者对古典气象学贡献

著名的阿拉伯学者阿尔海森（Abu Ali al-Hasan，965—1039年），如图5-1，阿拉伯古代文明中著名的哲学家，在光学、天文学、数学和气象学等方面做出重要贡献。他重视观察和实验，一生撰写200本著作，大概有50本得以保存下来，被称为"博

图5-1　在伊拉克第纳尔上印有阿尔海森的图像

图 5-2　2015 年被联合国命名为国际"光之年"（International Year of Light）的标识图

学者"。

在他的主要著作之一《光象理论》（*Optice Thesaurus*）中讨论了大气层的折射作用，包括研究了彩虹、反射和折射等，通过观察发现光的入射角和折射角并不相等，这在当时是了不起的成就。这本著作影响了后世很多杰出学者，包括培根。这本书对西方科学发展的贡献非常大。这本著作发表于 1015 年，在 1000 年后 2015 年，为纪念这本书问世和人类对光学不懈追求，2015 年被联合国定位国际光年（图 5-2）。

他是伊斯兰世界对气象学最重要贡献的三个学者之一，另外两个分别是阿维森纳（Ibn Sina，980—1037 年）和伊本·拉什德（Ibn Rushd，1126—1198 年）。[1] Ibn Sina 全名是 Abū Alī al-Ḥusayn ibn Abd Allāh ibn Al-Hasan ibn Ali ibn Sīnā，出生于伊朗布哈拉附近（现位于乌兹别克斯坦附近）。他是伊斯兰黄金时代最杰出的思想家之一。阿维森纳总共创作了 400 多部作品，其中 250 部幸存下来，包括约 100 本哲学著作，40 本是医学著作，包括著名的"医学百科全书"。[2] 大部分著作用阿拉伯语撰写。这是

----

① Helaine S. Encyclopaedia of the History of Science, Technology, and Medicine in Non-Western Cultures [M]. Springer, 2008.

② Sergey I. It's raining calves: History and sources of a spurious citation from Avicenna in Albert the Great's 'Meteorology', Mediterranea[J]. International Journal on the Transfer of Knowledge, 2020 (5): 1–49.

因为阿拉伯语在当时伊斯兰世界被认为是知识分子的语言。

他在哲学、医学、天文、数学等多方面做出了重要贡献。他在科学哲学领域，对调查的科学方法进行了探讨；在医学方面的成就和气象有关，提出温度和情绪的关系，比如，认为太热、太冷和太干都会影响情绪。他还研究了不同形式的能量以及热、光、力、真空和无限的概念。

伊本·拉什德（Ibn Rushd，1126—1198 年）是阿拉伯中世纪文明中非常伟大的一个学者，担任过阿尔摩哈德哈里发的首席法官和法庭医生。他在哲学、医学、自然科学等方面做出很多贡献，非常推崇亚里士多德，翻译并注释了亚里士多德的全部哲学著作，并且结合亚里士多德的哲学融合形成了自己的哲学体系，其中包括对气象现象和当时阿拉伯世界气象知识的认识与理解。他著有 100 多部著作和论著，其哲学著作包括许多关于亚里士多德的评论，在西方被称为理性主义之父。

阿拉伯学者还有很对学者对气象发展做出了贡献，比如提出水汽、云、雨、江河关系的水文循环原理，对虹的成因解释——虹是透明气圈中光线经过两次折射和一次反射而成的等等。

第二节　伊斯兰世界的气象学及贡献

1.《古兰经》中的气象学知识

《古兰经》是伊斯兰教最重要的根本经典，"古兰"一词系阿拉伯语 Quran 的音译，意为"宣读""诵读"或"读物"，复述真主的话语之意。全部《古兰经》共有 114 章，6236 节。其中有很多对气象学知识的描述。

《古兰经》中记叙了积雨云和相关天气现象及其对这些现象的理解和解释。比如，在 24 章第 43 节经文 "难道你不知道吗？真主使云缓缓移动，而加以配合，然后把它堆积起来。你就看见雨从云间降下。他从天空中，从山岳般的云内，降下冰雹，用来折磨他所意欲者，而免除他所意欲者。电光闪闪，几乎夺取目光。"① 这里描述了下暴雨前云是怎样开始形成和发展的，并伴随着雷电等天气现象。《古兰经》中对不同云块结合的现象再到分散进行了描述。从现代气象学观点来看，这些描述还是很有道理的。

还有对降雨过程的描述，诸如"真主派风去兴起云来，然后，任意地使云散布在天空，并且把云分成碎片，你就看见雨从云中落下。当他使雨落在他所意欲的仆人上的时候，他们立刻欢乐"（罗马人章，第 48 节）。② 还指出雨水的作用，"你不知道吗？真主从云中降下雨水，然后使它渗入地里，成为泉源；然后，借它生出各种庄稼"（第 39 章，第 21 节）。

《古兰经》诞生于 600—700 年，这是当时社会和学者们对自然界有了初步的认识，包括对气象现象的认知，自然就会在经文中反映，这些经文对气象现象的记载和描述为配合宗教观点而用，但有很多科学道理在里面。

2. 对彩虹的解释

彩虹从亚里士多德开始，学者们就进行了阐释，伊斯兰学者在这个历史进程中对此有许多贡献。库特巴·迪纳什·拉齐（Qutb al-Din al-Shirazi，1236—1311 年）是波斯著名博学者，对天文学、数学、医学、物理学、音乐理论、哲学作出了贡献。③他出生于有苏菲主义（Sufism）传统的医学家庭，从小受到医学训练，大约 1262 年在马拉盖天文台学习天文学。1268 年后的一

---

① 马坚，译 . 古兰经 [M]. 北京：中国社会科学出版社，2013.

② 马坚，译 . 古兰经 [M]. 北京：中国社会科学出版社，2013.

③ Helaine S. Encyclopaedia of the History of Science, Technology, and Medicine in Non-western Cultures[M]. Berlin, New York: Springer, 2008: 157.

段时间，他前往巴格达等地游学，担任过一些特使和法官的工作，一生勤奋好学，成果很多。他的学术思想深受著名学者纳绥尔丁·图西（Nasir al-Din al-Tusi，1201—1274 年）等人的影响。

他对气象学的贡献在于，几乎正确地解释了彩虹的形成，这在他的天文学著作 *Nihayat al-Idrak* 中可以得到一些与此相关的线索。[①]库特巴的学生，卡迈勒·丁·法里西（Kamal Al-Din Al-Farisi，1267—1319 年）进一步解释了彩虹。他从光线的折射来解释，当太阳光线落在反射或折射表面时，从一点反射或折射到另一点。如果有另一个反射面或折射面，它们将继续反射或折射。这种情况可能会发生好几次。最初的彩虹是由两次折射和一次折射形成的。[②]

卡迈勒的这个思想影响了伊斯兰世界其他的学者，对彩虹进行观测和尝试类似的实验。当 17 世纪的笛卡尔对彩虹感兴趣时，他重复了卡迈勒的实验，并且进一步得到更多光学认识。从文献梳理来看，关于彩虹，在佛教、基督教和伊斯兰教的教义文献中都有所体现，而且东方和西方的学者对此都有贡献。

3. 天文气象观测

天文学家纳绥尔丁·图西在当时波斯的统治者支持下，建造了一座新天文台——马拉盖天文台（Maragheh Observatory）。

1259 年开始建设的马拉盖天文台是当时世界上最大的天文台，如今遗迹有 150 米宽、350 米长。当时还有一座藏书 4 万册的图书馆。来自波斯、叙利亚、安纳托利亚甚至中国的天文学家聚集在这个天文台，其中至少 20 名天文学家，还有 100 多名学生在纳绥尔丁·图西的指导下学习，甚至形成马拉盖学派。

---

① Boyer C B. The Rainbow, from Myth to Mathematics[M]. New Jersey: Princeton University Press, 1987.

② Topdemir H G. Kamal Al-Din Al-Farisi's explanation of the rainbow[J]. Humanity & Social Sciences Journal, 2007, 2 (1): 75-85.

　　这个天文台在观测天象的同时也附带观测一些天空中的气象，取得很多天文学成就。由于战争和地震等原因，14 世纪中叶这个天文台被遗弃。1430 年兀鲁伯（Ulugh Beg）参观了天文台的废墟后，便在撒马尔罕建造了大型天文台——兀鲁伯天文台（Ulugh Beg Observatory）。

　　兀鲁伯延续马拉盖学派的天文研究，后编成著名的《兀鲁伯天文表》，成为穆斯林天文学的重要成就。受马拉盖学派影响，甚至有学者到中国建立了天文台。

第六章 文艺复兴时期的气象学

建立在亚里士多德气象思想基础上的古典气象学，是主要依赖于自然哲学家的思辨和少部分日常经验性的观测而发展起来的气象学。欧洲经历了漫长的中世纪后，先进的具有反思和批判精神的学者开始反思和开拓人类的未来。特别是精通希腊文和拉丁文的学者通过研究古希腊的文化，重新找回人文精神，形成人类历史上的思想大解放。因为起初以复兴古希腊文明为特征，这场运动被称为文艺复兴运动，人类的理性精神和逻辑反思意识得到释放（图6-1），并且大大加强，这直接促进科学和艺术的再度繁荣，并且超过历史。

进入16世纪以后古典气象学逐渐不适应社会生产生活和科学发展需要。这主要是因为人们越来越意识到一些自然哲学家的观测及气象结论中存在着很多错误和不精确的地方。

经过文艺复兴洗礼的科学家逐渐意识到了大气科学是其他自然科学发展的一种基础，因此古典气象学发展到近代气象学是历史的必然。比如法国数学家、哲学家笛卡尔就对近代气象学做出贡献。[①] 同时各种气象学仪器不断产生。这种背景下，古典气象学也焕发了新的生机，逐渐转向近代气象学。

---

① René Descartes. 笛卡尔论气象 [M]. 陈正洪，叶梦姝，贾宁，译. 北京：气象出版社，2016.

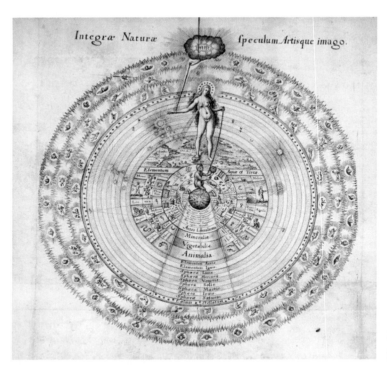

图 6-1　《存在体巨链》中描绘的一幅生命等级图像[①]

第一节　对古典气象学的理论反思

1. 天文学家对气象的促进

在这个历史时期，天文与气象还是分不开。德国科学家维纳（Johannes Werner，1468—1528 年）在 1513—1520 年在德国建立观象台并连续作气象观测。丹麦著名天文学家第谷·布拉赫（Tycho Brahe，1546—1601 年）对天文进行了大量观测，同时也进行了有规则的气象观测，并对天气现象加以解释。

其学生著名天文学家约翰尼斯·开普勒（Johannes Kepler 1571—1630 年）在进行天文观测同时，对于气象观测更加用心，

---

① 1617 年，文艺复兴时期的炼金术士罗伯特弗鲁德在其著作《存在体巨链》中描绘的一幅图像，阐述古希腊的一种观点，这幅图像将地球上的生命分为不同等级，智慧女神索菲娅处在顶端，而后是人类、动物、植物和矿物。

比如将每日所作天气观测的结果，记在天气日记上，对各种天气现象也曾经加以解释。在他编制的天文日历中，准确预言了一些天气现象。

天文学家狄格斯（Leonard Diggs，1515—1559 年）根据某些天文和自然现象做出的判断，写出一本书《正确并有效的判断》（*A Prognostication of Right Good Effect*[①] ），如图 6-2，其中对于一些天气现象做出猜测，比如发现太阳升起时如果轮廓清楚，未来可能就是晴天，如果太阳升起时天空多云，则当日天气可能变坏。

狄格斯认为雷电原因是被携带到空气中层高度的发散物，被密闭在云层中后，因为热量不断聚集，达到一定程度热量撞击封闭云层发生爆炸和巨响，爆炸后产生火花四散，就成雷电。这种

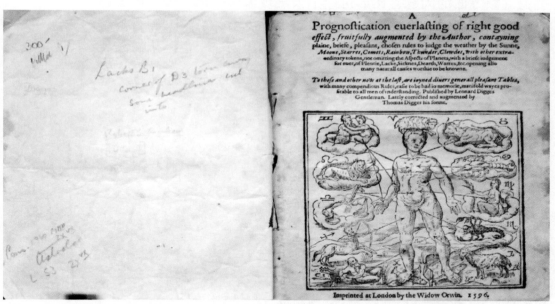

图 6-2　狄格斯《正确并有效的判断》一书的扉页[②]

---

① 这本书实际书名很长，全名为：A prognostication euerlasting of right good effect: fruitfully augmented by the author, containing plaine, briefe, pleasant, chosen rules to iudge the weather by the sunne, moone, starres, comets, rainbow, thunder, clowdes, with other extraordinary tokens, not omitting the aspects of planets, with a briefe iudgement for euer, of plentie, lacke, sicknes, dearth, warres, &c. opening also many naturall causes worthie to be kuowne.

② 琳达霍尔图书馆，https://www.lindahall.org/.

解释与亚里士多德在《气象通典》的解释有些类似。

2. 百科全书学者对古典气象学质疑

卡尔达诺（Girolamo Cardano，1501—1576 年）是 16 世纪意大利著名的文艺复兴时期百科全书式的学者，在数学、物理、医学方面都有成就，如图 6-3。

1552 年前后出版有百科全书式著作 *De subtilitate*（译为《事物之精妙》）。书中包括许多力学、机械学、天文学、化学、生物学等自然科学与技术的知识，甚至有密码术、炼金术以及占星术等内容，如图 6-4。

据说达·芬奇的一些观点可能也受其启发。这本书中也论述有关气象方面的问题，比如讨论了大气现象——风、云、雨、雷电等问题，在论及空气层时，他把空气分成两部分，一为自由空气，这类空气破坏无生命东西而保护有生命东西，另一为密闭空气，保护无生命物质破坏有生命物质。这表明他很超前的想法。

图 6-3　卡尔达诺（Girolamo Cardano，1501—1576 年）[1]

① 　Benjamin P. A History of Electricity: the Intellectual Rise in Electricity from Antiquity to the Days of Benjamin Franklin[M]. John Wiley & Sons, New York, 1898.

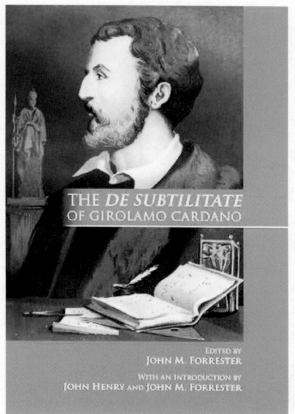

图 6-4　有关卡尔达诺著作封面[①]

　　卡尔达诺还有鲜为人知的伟大一面。亚里士多德以及亚里士多德学派在气象学方面的权威持续了很多年，而卡尔达诺则是驳斥亚里士多德气象理论的重要人物。他首先否定了亚里士多德的"四大元素理论"，他觉得"四大元素理论"是不对的，有趣的是他号召更多的自然科学家证实亚里士多德大气理论的错误。[②]

　　17 世纪比较活跃的自然科学家，比如伽利略、帕斯卡都受其思想的影响，卡尔达诺证实了亚里士多德理论错误，否定亚里

　　① 　Forrester J M. The De Subtilitate of Girolamo Cardano[M]. ACMRS Publications, 2 volumes edition (October 30, 2013).

　　② 　Girolamo Cardano, De Subtilitate,3rd ed[M].（Basel：1569）.

士多德的权威。正是由于卡尔达诺敢于向权威挑战的精神，感染了更多的学者，一大批自然科学家才站了出来，用实践证明亚里士多德气象理论的错误性，这标志着古典气象学发展进入近代气象学。

同时期的本韦努托·切利尼（Benvenuto Cellini，1500—1571年），是意大利雕塑家，属于能工巧匠和大胆有闯劲的人物，其人生堪称传奇，所以他本人的自传比较有名。有趣的是在他的自传中曾描述了向天空浓厚云层发射炮弹，"描述了已经倾盆大雨，我是如何把几门大炮对准云层最厚的地方，当我开始射击时，雨停了，第四次发射时，太阳照耀着我。"[1] 他对天空发射弹片可以破坏雷雨，无意中尝试了消（减）雨技术，也可算是人工影响天气历史中一个有趣传奇。

第二节　文艺复兴中气象仪器的出现

文艺复兴前，欧洲学者就很注重对气象现象的仪器观测，因此气象仪器的发明在文艺复兴时期蓬勃兴起。文艺复兴的迅速发展促进欧洲各地的大学和研究院如雨后春笋般地建立起来，很多艺术家同时也是著名的学者，不但对物理学等科学发展作出极大贡献，而且发明了重要的气象观测仪器，所以对气象学的发展也有突出的贡献。

1. 温度的测量

早在公元 5 世纪的拜占庭帝国时期，当时的一些学者曾利用

---

① Cellini B. The Autobiography of Benvenuto Cellini[M]. Translated By John Addington Symonds with Introduction and Notes. Volume 31, P. F. Collier and Son Company, New York, 1910.

仪器验证了空气热胀冷缩的属性。但是限于社会发展不充分，人们没有意识到利用这个原理测量温度，更不知道如何测量空气热胀冷缩。

16 世纪末期，意大利出现另一位伟大科学家伽利略（Galileo Galilei，1564—1642 年）。1593 年前后，他根据空气随温度升降而膨胀或收缩的道理发明了最初的温度计。伽利略做了大量的实验，并且做了很多实践工作，证明了其温度计的可用性。他用中空的玻璃管，末端带有较大的玻璃泡，放入水中，根据空气气温变化使得管中水位升降从而量度温度变化。这个发明虽然简陋，但是反映了他对空气热胀冷缩性质的认识。

伽利略发明的温度计对气象学的发展做出了重要贡献，他能有此发明与其认为空气有重量是相关的，也说明了 16—17 世纪前后对空气性质认识的革命性变化。[①] 但在 16—17 世纪，人们注重的是自然科学特别是天文学发展，所以对于气象学需要的温度计的推广还是不尽人意。

桑托里奥·桑托里奥（Santorio Santorio，1561—1636 年），又名桑克托里乌斯，意大利生理学家。最先在医疗实践中使用度量仪器。他发明多种医用仪器，还把伽利略的几项发明进行了改装并应用于临床实践中，包括脉搏计、空气温度计、湿度计等。他还发明了测风仪。

1643 年，德国阿塔纳斯·珂薛（Athanaseus Kircher，1602—1680 年）首次制造了水银温度计。珂薛是个著名的博学家和牧师，研究涵盖了地理、天文学、数学、语言、医学和音乐等多个学科，有趣的是他曾经希望到中国传教。

紧接着，法国学者对温度计做了改进工作。改进工作的重

① 石云里.康熙宫廷里的一缕机械论科学之光——在华耶稣会士介绍温度计的另一著作 [J].科学文化评论，2012, 10(1): 42-63.

点主要是在测量结果的记录方法上，保证了温度记录标准的统一性。在温度计改进工作中，最有名的当是德国物理学家奥托·冯·格里克（Otto von Guericke，1602—1686 年），他把温度计改成了一个狭长的 U 型管，U 型管一边长一边短，这样对温度的灵敏度高，方便测量温度，如图 6-5。

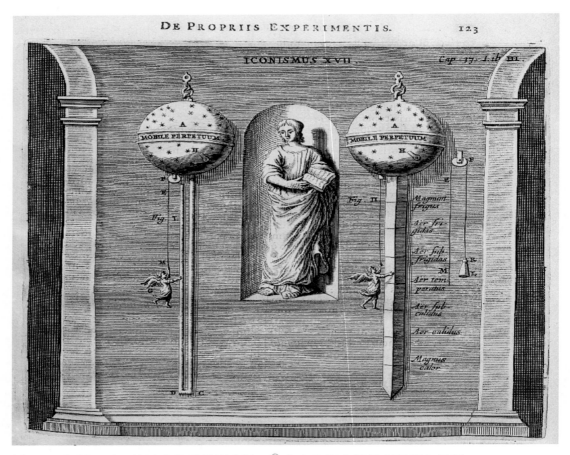

图 6-5　奥托·冯·格里克发明的温度计，[①] 左右分别表示最高温度和最低温度 [②]

———————

　　① Howard F H. The History of Meteorology to 1800[M]. New York: Science History Publications, 1977. Second Printing, Boston: American Meteorological Society, 1983.

　　② 维基百科，https://upload.wikimedia.org.

　　当时很多科学家对温度计进行了改进工作，致使温度计的种类繁多，很少有一个统一的衡量标准。所有科学家希望把温度计标准化、统一化，并且做出了大量工作，但是实际效果并不理想。英国著名物理学家波义耳力求统一标准。他认为，温度计要适应不同的纬度、不同的高度、不同的空气形态，而当时的温度计，在冰冻的情况下，往往测量结果不理想，波义耳试图利用酒精的绝对膨胀性，提高测量精度。但是，实验没有成功。

　　英国的物理学家罗伯特·胡克（Robert Hooke，1635—1703年）在 1665 年前后出版了著名的书籍《显微术》（*Micrographia*）里，提到了温度计的统一标准工作，并且提出了温度的统一换算

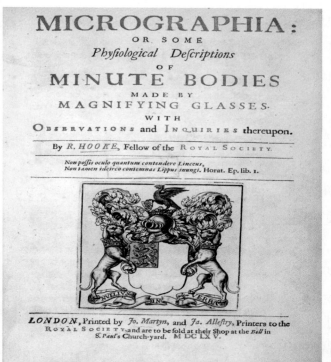

图 6-6　《显微术》（*Micrographia*）[①]
封面

————————
　　① Hooke R. Micrographia, or Some Physiological Descriptions of Minute Bodies Made by Magnifying Glasses, with Observations and Inquiries Thereupon[M]. London, British Library, 1665.

方式，书中还指出大气压力可能随着高度增加而变化。图 6-6 是这个出版物的封面。

温度计的改进工作持续了将近一百年，很多科学家为此付出了很多努力，最终，统一而又标准的温度计于 18 世纪晚期诞生了。这对近代大气科学发展起到积极促进作用。马林·梅森（Marin Mersenne，1588—1648 年）是 17 世纪法国著名的数学家和修道士，也是当时欧洲科学界一位独特的中心人物。当时没有同行的学术刊物进行学术信息和研究论文的传递，学者同行之间需要一个"中间节点"的人物，集聚和散播分散学者的成果。马林·梅森就是这样的人物。他与大科学家伽利略、笛卡尔、费马、帕斯卡、罗伯瓦等都是密友。

梅森致力于宗教，但他却是科学的热心拥护者，传播了很多当时最新科学发现，为科学事业做了很多工作。其中包括他在温度计的推广工作上做出了突出贡献。

2. 湿度计雏形

1450 年，德国人尼古拉斯·德·库萨（Nicholas de Cusa，1401—1464 年）提出空气湿度测量技术。尼古拉斯·德·库萨是西方哲学史上的一位重要哲学家，对一些自然科学问题作了哲学分析。他利用一团羊毛球的重量随空气湿度的大小而变化的规律，发明了简单的湿度测定器，在平衡工具的两端各挂上重量相等的石块和羊毛球，当空气湿度增加时，则羊毛球吸收湿气，重量变重，空气湿度减少时，水分蒸发，羊毛的重量较轻，如果空气湿度无变化，则石块和羊毛球的重量还是保持平衡状态。[①] 这可能是西方最早从事空气湿度观测的仪器。

文艺复兴时期出现了著名的画家达·芬奇（Leonardo da Vinci，1452—1519 年），根据科技史研究，学界多数认为他也是

---

① 刘昭民. 西洋气象学史 [M]. 台北：中国文化大学出版部，1981.

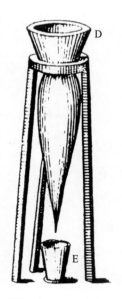

图 6-7 1655 年左右的冷凝原理湿度计[①]

图 6-8 英国最早雨量测量装置，可以测量降水量

一个伟大的科学家，他的一生有很多发明创造，很多思想今天看来也很有价值。

在 1500 年左右达·芬奇发明了雏形的湿度表，达·芬奇当时已经知道，干燥空气和潮湿空气中所含水分（水汽）的重量是不同的。因此，他设想用干棉花吸入空气中的水分，然后根据它的重量来测量湿度，据此发明了湿度装置。小木棍的两端各挂上重量相同的小球，分别涂上蜡和沾上棉花，棉花在潮湿的空气因吸进水分而变重，横杆下降倾斜角度可以推出表示湿度的程度。

随着物理学等自然科学的发展，近代气象学不断吸收当时最新科学成果，促进气象仪器的发展。在温度计不断改进的进程中，湿度计也发明并逐步完善起来。从 17 世纪开始，人们开始改进湿度计，开始结果不理想。直到 18 世纪才出现了比较完善的湿度计。图 6-7 是利用冷凝原理发明的湿度计。

3. 量雨器具

关于雨量计的发明有不同观点，有人认为起源于公元 4 世纪的古印度。后来普遍证实古印度的雨量计只是收集降水的工具，而不是用来测量降水的深度、强度等，不能算作真正意义上的雨量计。在古代中国也产生了量雨的器具，并且出现在古代算术书籍中，可见在中国古代比较普遍，这也导致中国古代的"报雨泽"制度比较完整。

韩国气象研究协会气象专家 Dr.Y.Wada 提出，真正的雨量计出现在 1441—1442 年的韩国世宗时期，并且提出一些事实证据。但是，后期的研究发现，即便韩国是最

① Middleton W E K. Invention of the Meteorological Instruments[M]. Baltimore: The Johns Hopkins. University Press, 1969.

早发明雨量计的，但是雨量计的发明以及改进、使用最为典型的看来在欧洲，特别是英国。图 6-8 是英国最早的雨量计，主要记录降水量的多少。[①]

4. 风速计量

除以上气象仪器外，风速计发明和改善也是近代气象学发展的重要标识。有关风速的生活式记录可以追溯到 2000 年以前，但是风速计的真正发明与使用主要在最近几百年。欧洲早期的风速仪多为压板气速计和压管风速计，目前已知最早的压板风速计大概是在 1450 年前后，意大利艺术建筑师莱昂·巴蒂斯塔·阿尔贝蒂（Leon Battista Alberti，1404—1472 年）（图 6-9）发明了第一台机械动力的风速计。这个仪器由一个垂直于风的圆盘组成。风的力量转动圆盘，从盘的倾斜的角度来显示风瞬间力量。

这种风速计的发明主要来源于衣服晾干在风中摆动以及动物

图 6-9 Leon Battista
Alberti，（1404—
1472）

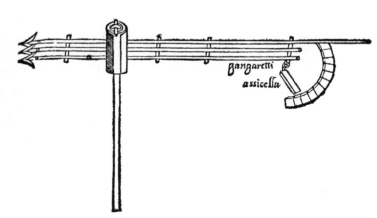

图 6-10 1450 年风速仪，可记录某些时段的主导风向[②]

---

① 引自英国皇家学会档案。

② Middleton W E K. Invention of the Meteorological Instruments[M], Baltimore: The Johns Hopkins University Press, 1969.

在空中飞翔摆动的羽翼的灵感，制作一个摆动版面向风，从而利用齿轮转动的多少来记录风速（图 6-10）。

同样类型的风速表后来被英国人罗伯特·胡克（Robert Hooke，1635—1703 年）重新发明，所以胡克经常被错误地认为是第一个风速表的发明者。这个原理大概很多学者都可能想到，近代历史上还有几位学者也独立发明类似风速仪，这种情况在近代自然科学史上可能比较常见。

文艺复兴中气象学仪器的出现与发展在很大程度上打破了 15 世纪以来气象学发展的瓶颈，促进了气象学的革新与发展。前面述及温度、湿度、雨量、风压等气象学仪器的出现和不断完善，把大气科学的观察、数据、理论等各个方面紧密地联系在了一起，使这些方面相互联系、相互促进，为形成一个逐渐综合而又完整的近代气象学体系奠定基础，这样就促使大气科学逐渐形成一门综合性的科学。

第七章 中国古代气象学肇始与积聚

要研究气象历史，分析气象记录是一种合理的途径，气象记录可以追溯到远古时期。中国古代由于人们对科学知识的缺乏，对大自然充满敬畏与惧怕，自然而然认为天气都是由神仙掌控的，这些记录包含在古代的祭祀活动中，比如有了向上天求雨等情节。随着社会的发展，人类逐渐有了适应自然和改造自然的能力，部分智者就开始记录一些天气现象，尤其是一些不好的天气现象以及认为带有预兆性的天气现象。不少记录往往是宗教人员进行记录的，逐渐在中国古代文学中出现，比如中国《诗经》中很多与天气相关的记录等，在不少地方成为构成这个国家和地区文化组成部分。特别是在中国，气象是形成中华传统文明乃至华夏民族精神的重要组成部分。

中国作为一个有着悠久历史的文明古国，在气象科学技术史上也有着灿烂辉煌的历史。中国古代先民对于天文和气象学的认识，它的萌芽要追溯到遥远的旧新石器时代。当我们的祖先还在采集果实、进行渔猎的时候，已对自然界简单的气象现象有了一定的认识。当社会经济进入农牧业生产为主的时期，人们就需要掌握农时，对于气温、霜期、雨露就有了初步的认识。

古代中国人很重视对气象的观察，中国是世界上天文气象观测记录持续时间最长的国家，也是保存天文记录资料最丰富的国家。著名科技史学家李约瑟在《中国科学技术史》中指出，中国人在阿拉伯人之前，是全世界最坚毅、最精确的天文观测者，这些天象记录以其丰富、系统和延续时间长在科学上显示出重要价值。比如在中国古代文献中记有日食 1000 多次、月食 900 多次、太阳黑子约 100 次、彗星 500 多次、流星雨约 180 次、新星和超新星约 90 次、五星联珠 10 多次。

据最新考古发现，山西襄汾陶寺古观象台遗址，经考古学确定年代为公元前 21 世纪左右，这是迄今发现中国最早的古观象台遗址之一，考古发现陶寺第三层台基夯土柱可能是用于观日出定节气，可能还有观测其他天体现象的功能。李约瑟指出，历史上很长一段时间（约自公元前 5 世纪至公元 10 世纪），中国的天文记事在现代天文学许多场合（例如对彗星，特别是哈雷彗星重复出现的记载），仍然有很大参考价值。[①]

中国古时天文与气象研究往往融于一体，这和当时的思想认识有关。因为古代天文学是以天体为研究对象，就自然会研究人类赖以生存的地球，这其中就可能会涉及天气现象。同样古代气象学在观察风霜雨露、电闪雷鸣同时往往臆测天文上的动因。即便今天，天文学和气象学是分工不同却关系密切的两个学科。比如现代气象学研究范围已从地球转向整个太空，而人造卫星、遥感等航天高新技术的应用也使得气象研究更为便利。不少新气象现象的出现可能是受天文因素而生，空间天气学的出现和发展也能说明天文和气象的天然渊源。

中国天文气象科学萌芽很早，近年来许多考古发现将中国天文气象学的发现推到 8000 多年以前。例如河南濮阳古墓中发现的蚌壳拼北斗龙虎天象图，就是重要证据，反映当时已认识到众星拱极的天体周日视运动，并用龙与虎分别表示春夏与秋冬的季节变化。[②] 在中国河南舞阳贾湖裴李岗文化遗址出土的龟甲残片

---

① 李约瑟.中国科学技术史 [M].汪受琪，等，译.北京：科学出版社，2008.

② 李学勤.西水坡"龙虎墓"与四象起源 [J].中国社会科学院研究生院学报，1988（5）:75-78.

中有"日"字，从一个侧面说明当时远古先民观察到太阳出没时云层围绕的现象记录。[①]在我国古代，观测天文气象，最明确的用途是为了安排农事生产、祭祀及其他活动。

卜辞中还反映出人们已经有预知天气状况的要求，这些都是和当时农业生产的需要相适应的。以后随着生产的发展，有关气象的知识不断积累和丰富。至明朝末期，中国古代气象事业已初具规模。我国古代关于天气现象形成的理论较多，但都受到"阴阳学说"的深刻影响。如西汉董仲舒在《雨雹对》中这样写道："攒聚相合，其体稍重，故雨乘虚而坠"，他认为雨滴是因小云滴受风影响，合并变重下降形成的。[②]

中国气象学的历史发展与世界气象学发展既有共同处，更有自己的独特地位。一方面中国相对封闭的独特的地理环境使得中国古代气象学的地域特色比较明显；另一方面，中国传统文化强大的影响力，使得中国古代气象学带有比较明显的中国传统文化特色，就是重视从生产实践和日常生活中积累气象知识，形成完整知识体系后，非常重视气象知识的实际运用，包括二十四节气在内的气象学知识既有地域特色，又有文化特征。

这一方面形成大量的中国古代历史上的气象和气候记录文献，包括不计其数的历史气象灾害、特别是旱涝灾害的文献与记录，成为当代气象科学发展的不可或缺的宝贵历史资料；另一方面，由于重视气象知识的实际应用，比如对农学的应用，对航海的应用，对军事和日常生活的应用等等，这使得古代士大夫阶层对于气象学的理论探索不够积极，最终未能形成建立在数理体系上的近现代大气科学。

本篇分成三章论述中国古代气象学，阐述中国传统古代气象

① 张弛.论贾湖一期文化遗存 [J].文物，2011(3): 46-53.
② 查庆玲，罗嘉.《天经或问》中的气象学知识解析 [J].黑龙江史志，2014(9): 91-92.

学是传统四大学科——天学、算学、农学、中医学之外的第五大
传统学科。中国气象学历史的分期，到 17 世纪乃至 18 世纪以前
是古代气象学，新中国成立后是当代气象学，在此中间为近现代
气象学。

第一节　中国古代气象思想的启蒙

中国古代先民气象思想或是气象理念经历长期发展过程，与
我国古代的天文思想相互包容共同发展。在一些传说故事中，就
体现出一些端倪。比如《淮南子·本经训》中关于后羿射日的传
说。可以理解为，在某种大气条件下复杂日晕所出现的很多幻
日，这种天象在高纬度地区将更加多种多样。东汉王冲在《论
衡》中也多次论及这个神话。

1. "天""气"同源

在中国古代传统文化中，空气中的事情与天上的事情是对应
联系的，所以可以理解为"天"与"气"同源。这与西方传入的
气象还是有差别的。因为在传统文化中，天象包含天空中发生的
现象，就是气象，所以古代大范围的气象现象，比如下雪、冰
雹、大旱等等，都理解为带有上天的寓意，或是嘉赏，或是天
谴，人间必当对应。这个思想与中国传统文化天人合一是一致
的，并且流传至今。比如当今社会，也有人诅咒被雷击中等。

中国古代"天"与"气"同源，使得古代钦天监中有观察气
象的任务和官职，对应今天来讲，其社会地位是不低的，甚至高
于今天气象工作者在社会中的地位。"天""气"同源使得中国传
统古代气象学发展一开始就带有中国传统文化特色，与西方同时
期的从哲学思想出发的西方气象学走上不一样的发展路径。中国
古代气象学的文化和地域特色一直构成古代 4000 多年的中国古

代气象史的基调。二十四节气既有天文含义又有气象含义，流传千年，也成了文化载体。

公元前 5300 年，出现中国长江中下游的河姆渡文化，在先民使用的匕首、象牙雕片和陶土盘上绘有太阳及四鸟合璧的图像。这里鸟可能作为太阳的象征，并且有指定方位和指示时间的寓意。[①] 约公元前 4000 年的大汶口文化遗址，在陶器上出现一些图像的文字。据推测是可能包含先民观察太阳和云的记载。

在中国山西襄汾有距今 4000～5000 年的陶寺古观象台遗址，这是迄今发现的中国最早遗存的古观象台遗址。研究认为这个古观象台用于比较准确的观象授时的功能。在直径约 50 米的半圆形建筑内，从西向东方向呈扇状排列着 13 个土坑和 13 根土柱。

先民利用两根土柱之间的缝隙观察太阳升起的位置，从而推测季节变化和节气。从目前文献分析来看，陶寺古观象台比著名的英国巨石阵观象台（约公元前 1680 年）还要早 500 多年。

2. 古文化蕴含的气象学萌芽

红山文化以辽河流域中部为中心，分布面积达 20 万平方千米，距今 5000～6000 年，延续两千年之久。红山文化的社会经济形态以农业为主，并有牧、渔、猎业。有独具特征的彩陶与新石器时代文化特征。红山文化盛极一时，对其周围考古学文化产生过强烈影响。在仰韶阶段向西传播到内蒙古中南部地区，玉龙是红山文化祭祀重器，龙的起源与原始农业密切相关，[②] 对龙的崇拜表明与农业有关，祈祷风调雨顺等（图 7-1）。

红山文化已具备一套用于快速清理土地、深翻耕地、高效收割和加工的精良农业石质工具，已经脱离了初级刀耕火种阶段，

---

① 黄厚明. 河姆渡文化鸟纹及相关图像辩证 [J]. 南方文物，2005（4）:31-36.

② 孙守道，郭大顺. 论辽河流域的原始文明与龙的起源 [J]. 文物，1984（6）:11-17.

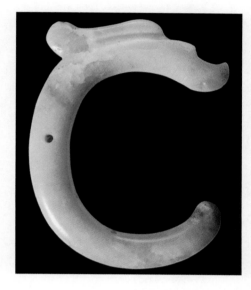

图 7-1 红山文化玉龙

进入到高级的锄耕刀耕火种阶段。②

此外，从一些原始社会人类遗迹的选址、布局等可以发现，中国原始社会人类能够克服各种灾害性天气，适应气候变化。例如，通过对"仰韶文化"遗迹的发掘发现，该时期的居室营造、门窗大小和开启的方向，甚至灶坑与存放火种的位置，无一不与气象条件有关。③ 比如房屋门多朝南开。

在中国古代神话传说中，也可以寻觅到气象踪迹。在《左传》记载"共工以水纪"，《尸子》中记载"神农理天下，欲雨则雨"等等。在中国一些原始宗教图腾中也有气象的反映。④ 国外原始气象可能也有类似情况（需要进一步考证）。从这个角度，中国古代气象史不止 4000 年，或许可以上溯到 5000 年，甚至更

---

① 引自中国社会科学院考古研究所网站，http://chinesearchaeology.net.cn/html/cn/tonggaolan/2014/0606/46437.html.

② 索秀芬，李少兵 . 红山文化研究 [J]. 考古学报，2011(3): 301-326.

③ 我国气象发展史资料题要 [J]. 气象科技，1974(7): 62-63.

④ 谢世俊 . 中国古代气象史稿 [M]. 武汉：武汉大学出版社，2016.

早，这点与西方同期古代气象学相比，有过之而无不及。

3.《黄帝调历》和二十四节气的萌芽

中国古代文明历史源远流长，大概在黄帝时代统一各个部落，出现一些带有管理各个部落的机构和官职。在天文历法上也不断取得进展。黄帝时期逐渐出现了比较统一的初步历法，公元前 5000 年左右，"命羲和占日，常仪占月，臾区占星气，伶伦造律吕，大挠造甲子，隶首作算数，容成综斯六术，考定气象，建五行，察发效，起消息，芷闰余，述而著焉，谓之调历。"[①]

值得注意的是，我国古代的天文历法不同于今天使用天文学和射电观测设备，即便"推步"这样比较科学的运算方法也经历较长的发展过程。当时更多从日常生活经验和对地球乃至宇宙的哲学反思中推演天体变化，因此更多是"观象授时"，观象包括观察天象，就是日月星辰的起落规律；观察物象，就是花鸟鱼虫的作息出没，按照今天观点就是博物学的做法；观察气象，包括风雨雷电、彩虹等等；观察人象，考虑人类对天地万物的反映等。黄帝时代的历法，可以统称为《黄帝调历》。

《黄帝调历》是当时天文、气象、算术等领域所取得科学技术成果的体现与总结，特别是对农业生产方面有一定的促进作用。可以看成汉朝初年流传的几种古历之一的《黄帝历》之滥觞。黄帝时代逐渐出现一些比较专门的观象人员，其中包括观察气象方面的人员，传说观象人员称之为"六师"，其中"臾区"专管观测气象。大概在公元前 2000 多年尧帝时代，设立了掌管天文和气象的官职，专门负责天文观测并制定历法，这样可以保证历法的专业性，并更加科学。到《夏历》时就比较精确了。

在上古时期，先人在生活经验中逐渐发现节气在一年中的循环变化，提出一些节气概念，很多名称与今天不同，比如："日

---

① 蒋南华 . 光辉灿烂的古代天文历法 [J]. 贵州社会科学，2001(1): 79-85.

中、日永、宵中、日短、分、至、启、闭、日夜分、春分、秋分、冬日至、夏日至、夏至"等，[①]有的就慢慢消失了。目前关于节气的最早记载见于《尚书·尧典》，其中包括"日中、日永、宵中、日短"这几个词，这可能是目前所知最早的节气词。

黄帝时代的气象知识是包括在天文历法里面的，因为与生产生活关系密切，受到高度的重视。很多古文献对此有记载，比如"黄帝臾区占星气"。《山海经》对华夏始祖之间的战争记载"黄帝令应龙攻蚩尤。蚩尤请风伯、雨师以从，大风雨。雨止，遂杀蚩尤。"这实际上反映出战争中，黄帝能充分地利用天气状况来决定进攻或退守。

由于天气预报和观测天象、望云占雨在中国古代的重要性，观察天象包括气象的工作逐渐演变为专职工作，并且礼遇较高，后世形成一些官职，虽然级别不是非常高，但有很大的影响。

春秋战国时期，节气名词更加丰富，从周代开始，逐渐有了比较一致的二十四节气概念。夏历和二十四节气科学性很强，有很大的促进农业活动价值，2000 多年来，一直被广泛应用直到今天，并成为中国传统文化的基础之一。

4.《夏小正》蕴含的物候知识

《夏小正》是中国现存较早的科学文献之一，也是中国现存最早的一部记述天象和物候的著作。原为《大戴礼记》中的第 47 篇，全文近 400 字，唐宋时期散佚，现存的《夏小正》为宋朝傅嵩卿所著《夏小正传》，由当时所藏的两个版本《夏小正》文稿汇集而成。《夏小正》这篇文献反映了夏代的一些物候和天象知

---

① 梅晶.上古节气词的演变及二十四节气名的形成 [J].怀化学院学报，2011，30（3）：9-11.

识，其中包括记录了 7 条气象现象。① 夏代有文字，自然要把历来口口相传的知识经验中重要的部分记载下来。《夏小正》应该就是这样的记录，《夏小正》由"经"和"传"两部分组成。它的内容是按一年十二个月，分别记载每月的物候、气象、星象和有关重大政事，特别是生产方面的大事。

《夏小正》记载了夏初的大量物候现象。据统计，书中记述起物候作用的植物有 17 种（其中草本植物 11 种，木本植物 6 种），有植物物候 18 条；记述起物候作用的动物有虫、鱼、鸟、兽四大类数十种，有动物物候 37 条；共有 55 条物候记录。这可能是目前已知文献中最早关于物候的记录，也带有一定气候知识的萌芽。

对于《夏小正》功能是什么，学界有很多争论，但多数赞成带有天文历法思想，可能是阐述彝族的历法，来自彝族十月历法。② 但在那遥远的时代，古埃及、古巴比伦、古印度等文明的发祥地，都不曾有中国古代这样辉煌的人文发现。随着夏墟的发掘，夏代的历史已成为一部信史。③

总体判断，《夏小正》可能是现存中国最早的历书，民间用农历有时会叫"夏历"，某种程度可能受到这部历书的影响。比如《夏小正》记录"正月，鞠则见，初昏参中，斗柄悬在下。"就是根据天象对应历法。④

书中很多记录实际上反映了我国夏朝时天象（图 7-2），具有较高的天文和历法研究价值，其中一些名词逐渐吸收到二十四节气中。

　　① 方益昉，江晓原.通天免酒祭神忙—《夏小正》思想年代探析 [J].上海交通大学学报（哲学社会科学版），2009，17（5）：43-49.
　　② 朱尧伦.《夏小正》分句语译注释 [J]，农业考古，2003(3): 266-270.
　　③ 王安安.《夏小正》经文时代考 [D]，西安：西北大学，2004.
　　④ 罗树元，黄道芳.论《夏小正》的天象和年代 [J].湖南师范大学自然科学学报，1985, 8(4): 82-92.

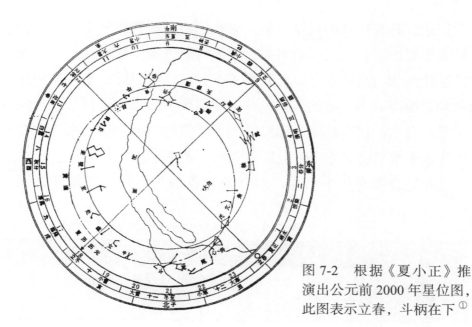

图 7-2　根据《夏小正》推演出公元前 2000 年星位图，此图表示立春，斗柄在下 ①

中国夏朝时，就设立掌管天文和气象官职，他们制定了最早的历法，包括在当时比较精确的《夏历》。

5. 殷商丰富的气象资料记录

在生产力不够发达的殷商时期，气象变化对农业的影响十分大，而且气象变化还直接影响着殷人的祭祀、涉猎、征伐等社会活动。因此，在商代殷人对自然界的各种天气现象及其程度差异观察特别仔细，并在甲骨卜辞中进行了细致的气象记录，这种详细的气象记录一直延续到殷末。商代的天文气象史资料比夏代成倍增长，根据考古发现河南安阳殷墟出土的甲骨文表明，殷商时代的甲骨文中有记录丰富的气象记录，从某种角度讲气象已进入社会生活。

在甲骨卜辞中的气象记录，是世界上最早的也是最完整的气

---

① 罗树元，黄道芳. 论《夏小正》的天象和年代 [J]. 湖南师范大学自然科学学报，1985, 8(4)：82-92.

象记录，具有很高的科学价值，为我们研究殷代的气象学发展提供了重要的资料。在殷商时期，殷人对于气象变化的观察和记录已经达到相当高的水平，已积累了丰富的气象经验，对气象变化的经验规律有了一定的认识，甚至能以预卜的形式进行某些气象预报。总之，在商代殷人已经掌握了丰富的气象知识，商代的古代气象学水平已居于当时世界最前列（表7-1）。

可见殷商时代中国先民对气象现象的观察相当仔细并且深

表 7-1 甲骨文气象部分字表 [1]

殷商甲骨文	可能的天气现象	记载范例
𤔥	风	卜辞中表示风，例如：甲寅大启（晴）；乙卯，大风自北。
𠄢	云	表示和雨关系，如：贞：兹云其有降，其雨。东云自南雨。
𩂣	雨	卜辞：大方伐口二十邑，庚寅雨自南
𩆜	雪	卜辞：己未卜，贞曰，雪
𩄡	雹	甲骨文预卜：丙午卜，韦贞：生十月，不其佳雹雨。
𩃀	雾	辛丑卜，争，翌壬寅易曰（晴时多云）。壬寅雾。
𩅕	霾	贞：兹雨不佳霾，雨佳霾。
𩃐	霓虹	王占曰：有祟，八日庚戌，有各云自东冒母（地名），昃（午后），亦有出虹自北饮于河，在十二月。
𠂹	雷电	贞：生一月，帝其弘令雷

① 温少峰，袁庭栋. 殷墟卜辞研究 科学技术篇 [M]. 成都：四川省社会科学院出版社, 1983:160-163.

入。通过对史料的考察研究发现，殷人还保存有某些完整的逐日逐旬连续记载的珍贵气象资料。这些气象记录是全世界最早的完整气象记录，反映当时殷商时代农业和手工业已具有较高的发展水平。比如甲骨文中有关一日内的气象记录，如[1]：……己巳，明（天明）雨，伐既，雨。咸伐，亦雨。施，卯，鸟星（倏晴）。这是记载己巳日祭祀过程中，天明暗下雨，到了"伐既""咸伐"阶段时，亦继续下雨，到了"施卯"阶段，就突然放晴，这是一则由雨转晴的气象记录。还比如：……辛末，大采落云自北。雷，延，大风自西，刺云率雨，允，眳日……这是由上午八时左右（大采）到午饭前后半天之气象记录。先是"落云自北"然后是持续的雷电，以后又有"大风自西"，最后，大风吹走了云，雨即结束了。下午的记录残缺。

殷商时代，我国先民有"卜旬"之习，预测下旬是否平安幸福，有无灾祸，并加以核验，这其中包含气象的内容。因此，殷商时代有详细而连续一旬的气象记录。如[2]：癸巳卜，王：旬？二月。三日丙申昃，雨自东，小采，既。丁酉，雨至东。旬八日庚子，雨自西，小，夕既。这是记录癸巳日后一旬中的气象变化：丙申日昃时，有雨自东，到了小采时（傍晚六时左右），雨停。第二天（丁酉），又继续下雨，雨逐渐移向东了。第八天（庚子），有雨来自西方，并逐渐小下来，到了晚上，雨就停止了。还比如：乙丑……雨，七日壬申，雷；辛巳，雨，壬午亦雨。此辞记乙丑日下雨；过了七天后的壬申日有雷雨；其后的辛巳日下雨。从乙丑到壬午共有十八日，此辞记录了十八天的气象变化情况。[3]

---

① 温少峰，袁庭栋. 殷墟卜辞研究 科学技术篇 [M]. 成都：四川省社会科学院出版社，1983：160-163.
② 董作宾. 殷庚丁时卜辞中一旬间之气象记录 [J]. 气象学报，1943，17(1).
③ 董作宾. 殷庚丁时卜辞中一旬间之气象记录 [J]. 气象学报，1943，17(1).

第二节　西周时期气象知识积累

中国古代文献浩如烟海，其中很多涉及大气现象的观察和推测，其中不乏很多科学道理和很有价值的原始记录，限于篇幅，本书选择若干书籍和人物进行阐述，试图展示出一个脉络，对中国古代气象科学技术体系发展过程做出概要的描述。中国古代气象思想是一座宝库，未来需要专门的鸿篇大著。

西周期间，铁器农具的使用和耕牛的推广，生产力得到更大发展，使得一些贵族有条件资助专门做学问的人，他们努力探索自然界寒暑变化的原因，在农历节气、博物观测、哲学思辨等方面开始形成了某种系统知识。

从中央周天子到诸侯国的国君，都设有观象台，并任命一大批官员观测天象，以改善历法，掌握农事生产。如《周礼》有记载观测天气现象的官职，比如"天官冢宰"类似于今天国家首相或首辅大臣，其职责中包括对天（气）的观察和预测。[①] 这个比今天气象部门在国家行政系统中地位要高很多。此外，古代流传的很多古文献上或多或少可以发掘出对气象或气候的记载与反思。

1. 传统经典文献中的气象知识积累

《易经》对我国古代文化的人文思想的形成与发展有深远影响，重视对天地变化规律的探索和总结，其中天气的韵律变化与《易经》的"自然生化、反复无穷"的思想契合，卦辞中也有很多关于风雨雷电的描述，比如"履霜坚冰，阴始凝也；驯致其道，至坚冰也"，指出现霜冻，阴气开始凝聚，冰雪季节将会到来。

《山海经》是我国古代比较特殊的文献，有点类似于今天百

---

① 谢世俊.中国古代气象史稿 [M].武汉：武汉大学出版社，2016.

科全书，在 3 万字的书中，记载了约 40 个国名，550 座山，300 条河流，100 多个历史人物，特别是记载 400 多神怪奇兽。①《山海经》集地理、方物（矿产、动植物）、民族、民俗等于一身，又保存了大量的原始神话。②全书现存 18 卷，③前五卷为山经，中八卷为海经，后四卷为大荒经，最后一卷为海内经。在描述各国风土人情时，《山海经》同时记载了其自然气候与生存环境。

在《大荒北经》写道"有神，人面蛇身而赤，直目正乘，其瞑乃晦，其视乃明，不食不寝不息，风雨是谒。"可能描述一种海洋性气候。④《大荒西经》记载"寿麻正立无影景，疾呼无响。爰有大暑，不可以往"，大概记载在赤道地区的气候情况，太阳直射没有影子。从某种角度讲，《山海经》记录古代中国对世界其他国家的博物性质的记录，有很多潜在价值值得进一步发掘，特别是当时的气候状况。这也是一部反映古代文化的文献。

《尚书》是中国现存最早多体裁文献汇编，从今天观点看相当于古典文集。记录了夏、商、周很多的政治活动、军国大政以及司法刑法方面的内容，相传为孔子整理。《尚书》中记载有和气象与气候相关内容，比如其中《虞书·尧典》记载"日中，星鸟，以殷仲春；日永，星火，以正仲夏；宵中，星虚，以殷仲秋；日短，星昴，以正仲冬。"这里面反映了春夏秋冬的节令。《尚书》中洪范篇记载"星有好风，星有好雨，日月之行，则有冬有夏，月之从星则以风雨。"这说明周朝时代，人们对日月星辰和风雨之间的关系已经有较深刻的认识和考察。

《尔雅》是我国最早的一部解释词义的专著，相当于古代的

---

① 山海经，文渊阁四库全书。

② 孙玉珍.《山海经》研究综述 [J]. 山东理工大学学报（社会科学版），2003，19（1）：209-112.

③ 美国国会图书馆藏有古版山海经。

④ 方牧.《山海经》与海洋文化 [J]. 浙江海洋学院学报（人文科学版），2003，20（2）：18-25.

词典，是儒家的经典之一，对中国古代文化的形成和演变影响较大。《尔雅》释天篇对一些天气现象加以记录和阐释，特别是"风雨"部分，记载：

"南风谓之凯风，东风谓之谷风，北风谓之凉风，西风谓之泰风。

焚轮谓之颓，扶摇谓之猋，风与火为庵，回风为飘。

日出而风为暴。风而雨土为霾。阴而风为曀。

天气下，地不应曰雺，地气发，天不应曰雾。雾谓之晦。

蝃蝀谓之雩，蝃蝀，虹也。霓为挈贰。

弇日为蔽云。

疾雷为霆霓。

雨為霄雪。

暴雨谓之涷，小雨谓之霡霂，久雨谓之淫，淫谓之霖，济谓之霽。"

从这些记载看，成书于战国至秦汉之间的《尚书》及其他传统经典文献对于天气现象已经有较为完整的记录，对其解释也比较科学，表明中国古代气象科学在这个历史时期已经有较高的起点。

2. 日常生活中的气象知识积累

《诗经》是我国第一部诗歌总集，记载周朝的社会生活，同时记录了一些天气现象，涉及气象学识方面约有十则诗歌之多。《诗经》卷一《邶风·终风》记载"终风且暴，顾我则笑，谑浪笑敖，中心是悼。终风且霾，惠然肯来，莫往莫来，悠悠我思。终风且曀，不日有曀，寤言不寐，愿言则嚏。曀曀其阴，虺虺其雷，寤言不寐，愿言则怀。"其中有"终风且霾"，邶是周代诸侯国名，今在河南省汤阴县附近，可见当时该地已经有风沙，容易形成霾。《诗经》卷一《谷风篇》记载："习习谷风，以阴以雨。"表明当东风吹得很急时，可能气旋风暴已至，容易形成阴雨天气。

《诗经》中《小雅》记载"如彼雨雪，先集为霰"，就是说下雪先下的霰。这是中国北方冬季常见情形。《诗经》还记载"月离于毕，俾滂沱矣！"诗意为月亮接近毕宿星座的位置时，天将大雨倾盆。这表明当时人们已经可以从天象和气象经验性的观察中提炼出规律，这是很了不起的，对于今天研究天体与地球气象关系也是启发。

《诗经》的《小雅》记载"上天同云，雨雪雰雰。""同云"时雨雪就会很大。《诗经》中《召南·殷其雷》记载"殷其雷，在南山之阳；殷其雷，在南山之侧；殷其雷，在南山之下。"表明古人对于雷雨、特别是山地雷雨已经有比较初步的观察和认识。

古代文献中对霾有不少记录，比如《释名》记载："霾，晦也，如物尘晦之色也。"《尔雅》也记载："风而雨土为霾。"《佩文韵府》中有解释"霾，莫皆切，风而雨土也。"从现代大气科学定义来看，雾与霾是有区别的，古人对此似乎认识比较清楚，可以想见，在中国古代雾和霾可能对日常生产生活都有些影响。严重的霾在古代还与灾异事件联系起来。[1]

以上只是对周朝时浩瀚的古代文献中一些最有代表性的集中古文献的气象记录进行了概要论述。意图从一个侧面，管中窥豹，大体可以想见，在我国古代气象记录非常丰富。

先民的气象观察非常仔细和全面，一方面说明气象在古代社会生活中的重要地位，在各方面都有所体现；另一方面说明此时中国古代气象知识处于积累中，对气象和气候的理解多以经验和思辨的猜测为主，其中某些记载和阐释对于今天大气科学发展仍有启发意义。

---

① 卜风贤.雾霾的历史观照与现实关注[M]// 气象科学技术的历史探索，许小峰主编.北京：气象出版社，2017：117-121.

第三节　春秋战国时期古代气象体系的蕴蓄

春秋战国时期，生产力得到较大发展，也是中国历史上思想大解放的时期，百家争鸣、诸子蜂起，包括：道、墨、儒、法、名、阴阳、纵横、农、杂等多家出现，各家学派一般都注意对天文与气象现象的观察，作为本派论点的一种支持证据。这个时期出现的一些古代哲学家，用朴素的哲学思想解释风雨雷电等自然现象，我国古代的气象体系进一步发展。

春秋时期气候变化的幅度较大，旱涝比较频繁，当时气象灾害对人们生活和生产产生许多影响，被记载到各种文献中。比如鲁国是当时一个农业诸侯国，虫害较多，多发生在春、秋时节，伴随旱灾，经常引起饥荒。《春秋》是我国第一部编年体史书，其中记载与气象相关的灾异记录，包括"大雨、不雨、雨雪、雨冰、雨雹、晦、霜、冰、旱雩、大旱、大水"。[①] 还有学者认为黄河中下游的气候特点为虫害发生提供了可能条件。[②]

在《中国三千年气象记录总集》中，关于春秋气象记录有 87 条，其中记载气象灾害的有 28 条，多数影响人民生活，甚至影响战争和政权稳固，比如《左传·襄公十八年》记载公元前 555 年冬，楚公子午帅师伐郑"甚雨及之，楚师多冻，役徒几尽"。[③] 这些表明春秋时期气象条件对于社会的影响引起统治集团的重视，但如何避免似乎没有办法。

1. 对云、风、雨的观察与记载

关于云的分类方面，《吕氏春秋》卷十三《名超篇》将云分成

---

① 刘少虎. 离舍与回归：王闿运解说《春秋》灾异的两难 [J]. 中山大学学报（社会科学版），2007, 47（1）：51-56.

② 王惠苑. 试论春秋时期鲁国的虫灾 [J]. 兰台世界，2009（10）：59-60.

③ 张德二. 中国三千年气象记录总集（一）[M]. 南京：江苏教育出版社，2004.

四类，文曰："山云草莽，水云鱼鳞，旱云烟火，雨云水波。"按今天理解，山云是指积雨云及积云，外形好像草莽。水云是指鱼鳞状的卷积云，表示天气将转阴雨之兆。旱云指的是晴天卷云如同烟火一样，故名旱云。云雨表示碎层云和层积云像水波，能够降水。这是中国历史上最早的云状分类法，同时或许也是世界上最早的云分类法。

《吕氏春秋》还记载"春之德风，风不信，则花布成。"就是说春天应吹暖和的东风和东南季风，此风若不来，那么花将不会开，这是古人对东南季风的最初始认识，有比较重要的科技史意义，也体现了对气候变化的朴素认识，这种规律有"信"与"不信"的区分。信，是指正常气候变化，不信，是指异常的气候变化，会造成气象灾害或人间大事变异等。

《战国策》中记载"千乘、博昌间方数百里，雨血沾衣。……"这里记载雨血，可能是下的雨中都有血，以此表示战争残酷和上天示警，另一方面可能可以看作中国历史上最早的红雨记录，我国古代史书有关红雨的记录较多。

《左传》又称《左氏春秋》，实质上是一部独立撰写的史书，以记述春秋时期的具体史实来说明《春秋》的纲目，是儒家重要经典之一。《左传·僖公·僖公五年》中记载"五年春，王正月辛亥朔，日南至。公既视朔，遂登观台以望。而书，礼也。凡分、至、启、闭，必书云物，为备故也。"也就是说在僖公五年的春季，正月左右，鲁僖公在太庙听政以后，就登上观台眺望周围并记载，这符合礼数，凡是春分秋分、夏至冬至、立春立夏、立秋立冬等时节，必定要记载云彩等气象现象，这是为灾荒做准备。这些表明，当时统治者有意把所观察的云物以及天象情况记载下来，这可以看作是中国古代一种有记载气象观测之的发端。《左传》还对云的观察和云雨之间关系及风的成因有记载和阐述。

殷商时代，中国先民就将风分为东西南北四种，到了战国时代，中国先民对风的观测更加细密，所以《左转》上屡次谈到八风，如：

"稳五年，……夫舞以节八音，而行八风。昭二十年，……五声六律，七音八风。"《国语》卷三《周语篇》又谈到风："锼之舍，磨之石，系之丝木，越之匏竹，节之鼓而行之，以遂八风。"

上述的两种古籍虽然多次谈到八风，但都没有加以命名。直到战国末年，《吕氏春秋》才加以命名，对八风指出"何谓八风？东北曰炎风，东方曰滔风，东南曰熏风，南方曰巨风，西南曰凄风，西方曰飂风，西北曰厉风，北方曰寒风。"对于八风具体命名，后世也有不同理解和阐释。

在《左传隐公·隐公五年》记载"夫舞所以节八音而行八风，故自八以下。"其译为用来调节八种材料所制乐器的乐音而传播八方之风。所以人数在八行以下。关于八风，我国数种古代文献都有记载，比如《吕氏春秋》《内经》等，具体八风名称有不同理解，不过可以肯定，此时比对四方风向的理解已经前进一步。

2. 重要思想家对气象的认识

管子又名管仲（约公元前723—前645年），齐相，是我国古代重要的政治家、军事家、道法家。管仲在天文、气象、地理、经济、农业等方面有丰富的学识。管仲其实对气象也特别重视，特别是关于黄河流域的气象知识。比如他懂得天气气候对于农耕文明时期的重要性。

管仲包括丰富的气象知识在内的政治和学术思想集中体现于《管子》，是研究中国先秦学术文化思想的重要典籍，其中的气象与农业等各项科学知识对今天也有启发。比如《管子》论述云型与降雨的关系："云平而雨不甚。无委云，雨则遬已。"就是说云块如果比较平坦时，则雨不会下得很大，如果没有不断聚集的云，则雨很快就会停止。这表明当时先人对云和降雨的关系已初步认识。

《管子》中提出"不知四时，乃失国之基"。表明了当时社会上层对气象等季节因素的重视及应用。《管子》中记载了诸多节气系统和其他气象相关知识。如《管子·轻重》与《管子·幼官》中都阐述了当时的节气系统,《管子·轻重》里的节气系统每个节气为 15 天,一年也就成了 368 天,比回归年天数多,是二十四节气早期的形态。^①《管子·幼官》中的三十节气系统,划分给春秋两季各 8 节,冬夏两季各 7 节。每个节气 12 天。《管子·君臣下》中说:"圣人能辅时,不能违时""审天时,物地宜,禁淫务,劝农功,以职其典事。"意思是说人类只有认识了天地间万千气象的规律,才能够不违背这种规律并服务好农业生产。所以在《管子·七法》中说:"审于地图,谋于日官,量蓄积,有风雨之行,水旱之功,故能攻国拔邑也。"这是把气象规律应用于军事战争,从气象方面推进了齐国霸业。

老子,约生活于公元前 571 年至前 471 年之间。是我国古代伟大的哲学家和思想家、道家学派创始人,在中国古代文化和思想体系中占有崇高地位。存世的《道德经》(又称《老子》),具有初步朴素的辩证法,特别主张无为而治、道法自然,其学说对中国哲学发展具有深刻影响。老子主张"人法地、地法天、天法道,道法自然。"道是客观的自然规律。它"独立不改,周行而不殆"。

老子重视研究自然规律,从而提出哲理,因此常引用一些自然、气象现象或规律来阐明自己的观点,如:

"希言自然,故飘风不终朝,骤雨不终日,敦为此者,天地。天地尚不能久矣,而况于人乎?"(《老子》第二十三章)这里含义是大风 / 飓风不能长久,暴雨不能下很长时间,这是自然界的规律,以此证明他的哲学思想。老子还认为,雨露是天地间阴

---

① 张富祥.《管子》书中的"幼官"和有关节气问题 [J]. 民俗研究,2012(5):33-40.

阳之气相合而成。《老子》中有"天地相合，降以甘露"（《老子》第三十二章）。从今天观点看，下雨是自然界的运气的结果。老子用气象学知识来阐述其哲学道理，提出"躁胜寒，静胜热，清净为天下正"（《老子》第四十五章），其意为：疾走能战胜寒冷，安静能克服暑热，清净无为可以为天下领袖。这些都说明老子具有朴素的唯物辩证思想，强调并重视自然规律。

孔子（公元前 551 年—前 479 年），名丘，字仲尼，春秋时期鲁国人，被称作中国著名的大思想家、大教育家、政治家。孔子开创了私人讲学的风气，是儒家学派的创始人。孔子关于天气的论述不太明显，可能和其学说关注人而非自然有关。孔子在《论语》认为："天何言哉，四时行焉，百物生焉，天何言哉！"这是孔子对其徒弟子贡讲的，就是说天不用说话，而是用四季气候变化、万物生长发育等方式来表达天意。孔子重"礼"，用自然界的现象来支持礼数，所以他鼓励感兴趣的弟子学习天文和气象知识。

孙武（约公元前 545 年—前 470 年），春秋时期著名的军事家、政治家，后人尊称其为孙子。孙武的军事思想中，十分重视运用气象，掌握天时。他可能是历史上最早较系统地把气象条件用于军事战争的思想家之一。《孙子兵法》总结了春秋以前的军事经验，揭示了战争的一些重要规律，例如，《孙子兵法》中的五事七计、所谓"五事"，是指五种直接影响到战争胜负的基本因素，"一曰道，二曰天，三曰地，四曰将，五曰法"，又有"天者，阴阳、寒暑、时制也。"

孙子用"火攻"指出："发火有时，起火有日，时者，天之燥也，日者，月在箕、壁、翼、轸也，凡此四宿者，风起之日也"。这里详细阐述了起火的气象与气候条件和时机问题。[1] 这也

---

① 孙锦龙.孙子"火攻"中的天文、气象问题[J].许昌师专学报，2001，20（5）：15-18.

表明孙子的军事思想中，对气象因素的考虑是比较到位的，气象因素在战争中重要程度可想而知。

　　此外，春秋时期医生已经注意到天气因素与疾病的关系。在《黄帝内经·素问》中，对气候和季节与养生和疾病及治疗间的关系有详细阐述。到战国时期，已经重视气象条件在作战中的运用。

第八章 中国古代气象学发展与成型

中国古代气象学有其内在的发展逻辑，作为农业大国，气象对农业和日常生产与生活的作用逐渐得到重视，逐渐形成有中国区域特色的二十四节气，这也是中国文化的一部分。对于下雨的观察、测量和预测以及对古代气象灾害的记录等成为古代气象学的重要内容之一。

第一节　秦汉古代气象发展时期

1. 二十四节气逐渐成形

中国古代二十四节气经历了漫长的发展完善过程。早在春秋战国时期，中国古代利用土圭实测日晷（即在平面上竖一根杆子来测量正午太阳影子的长短），以确定冬至、夏至、春分、秋分四个节气。《淮南子》是西汉初年淮南王刘安召集门客撰写，《淮南子》中的二十四节气记载了我国黄河中下游地区的物候变化，有学者认为中心是寿春地区。[①]

《淮南子》原书内篇二十一卷，中篇八卷，外篇三十三卷，至今存世的只有内篇，这部书的思想内容以道家思想为主，同时夹杂着先秦各家的学说。书中有许多有关自然现象的论述，

---

① 张中平. 淮南子气象观的现代解读 [M]. 北京：气象出版社，2014.

特别是对古代气象学上的贡献较多，它首先完成二十四个节气的论述，首创风及湿度的观测，解释水文循环原理、云雨的关系和雷电的起因，区分一年中的季风，建立占候法等。二十四节气经历了数千年的发展，到公元前 2 世纪西汉时代，《淮南子·天文训》篇中出现了中国最早最完整的二十四节气记载。[①]

《淮南子》卷三天文训详细阐释了二十四节气：

"冬至，音比黄钟。加十五日指癸则小寒，……加十五日指丑是大寒，……加十五日……而立春，加十五日指寅则雨水，加十五日指甲则雷惊蛰，……加十五日指指卯中绳，放日春分则雷行，……加十五日指乙则清明风至，……加十五日指辰则谷雨，……加十五日指常羊之维则春分尽，……而立夏，加十五日指已则小满，……加十五日指丙则芒种，……加十五日，……而夏至，……加十五日指丁则小暑，……加十五日指未则大暑，……加十五日指背阳之维则夏分尽，……而立秋，凉风至，加十五日指申则处暑，……加十五日指庚则白露降，……加十五日指西中绳……故曰秋分，……加十五日指辛则寒露，……加十五日指戍则霜降，……则加十五日指蹄通之维则秋分尽……而立冬，加十五日指亥则小雪，……加十五日指壬则大雪。"

二十四节气，既是古代天文、气候、物候重要研究成就，也是气候预测重要依据，后世逐渐形成通俗的二十四节气歌、易懂的二十四节气图表等，流传非常广泛。二十四个节气对于后世历书制作影响很大，深刻印刻到中国经济、生产和社会生活乃至战争中，一直为后人沿用至今，两千多年来没有改变，是中国古典气象的核心理论之一，逐渐成为我国古代传统文化精髓的一部分。比如西汉的《太初历》是中国古代第一部比较完整的汉族历法，也是当时世界上最先进的历法，把二十四节气编入历法，对

---

① 席泽宗 . "淮南子·天文训" 述略 [J]. 科学通报，1962(6)：35-39.

指导农业及畜牧业生产与生活带来极大方便。太初历还以无中气的月份为闰月，比此前的年终置闰法更为合理。

在二十四节气逐渐出现后，更加具体的七十二候与之对应，主要通过综合天文、气象、物候知识指导农业生产。即是五天一候，一年三百六十天为七十二候，三候为一节气。

此外，《淮南子》卷三天文训中对雷电原因进行推测："阴阳相薄，感而为雷，激而为霆，乱而为雾。阳气胜则散而为雨露，阴气胜则凝而为霜雪。"从今天的大气科学角度来看，是大气中的正电荷（即所谓阳电）负电荷（阴电）相接触放出电成为雷电。在西汉时代用自然界中有"阴""阳"来解释雷电原因是比较科学的，表明当时中国人对大气现象的认识有了初步的机理考察。中国古代文献有很多气象事件的记载，比如在《汉书》和《吕氏春秋》中都有当时大旱和大雨的记载。

秦朝已经逐渐出现有关的律令，各地州县向中央朝廷上报雨情，包括出现气象灾害的时间与农田面积及如何应对。这个被称作报雨泽，历朝历代都比较重视这个问题，是中国古代社会比较特殊和系统的历史气象灾害的记录，为现代气象学研究留下宝贵财富。

2. 降雨的理论推测

按照现代气象科学理论，下雨和空气湿度有很大关系。汉朝时代已能运用类似天平之衡重工具来测定空气的湿度，在衡重工具的两端悬挂羽毛和富吸湿性的木炭等，权其轻重，以测验空气中所含水汽的多寡（后来的人们据此作降雨的预测）。其依据在于炭富吸湿性，故空气干燥，即炭轻，空气潮湿，则炭重。两端悬挂羽毛和焦炭，足以测验空气的干燥或潮湿，而西方人到明景宗景泰元年（1450 年）才有类似的观测，意大利人达·芬奇（Leonardo da Vinci，1452—1519 年）设计的天平式湿度计，比中国人晚了一千多年。

董仲舒（公元前 179 年—前 104 年），是汉代重要的思想家。董仲舒政治思想认为，天命的政治秩序和政治思想都应该是统一的，即形成"天人感应"，社会上特别是政治行为会对自然界造成一些影响和反映，同样自然界一些现象也会反射到政治生活中，这其中就会包括气象现象。比如董仲舒对火灾、水灾、旱灾等解释成人君、大臣行为引起的，符合董仲舒"因恶夫推灾异之像于前，然后图祸福于后者，非《春秋》之所甚贵"的精神。[①]

董仲舒元光元年（公元前 134），鲍敞问起雨雹的问题，他作了《雨雹对》。不久他又作了《止雨祝》。在《雨雹对》中，对于雹为何物，何气生之的问题，董仲舒认为"阴德用事，则和气皆阴，建亥之月是也。故谓之正阴之月…以此推移，无有差慝，运动抑扬，更相动薄，则熏蒿欲蒸，而风雨云雾，雷电雪雹生焉。气上薄为雨，不薄为雾，风其噫也，云其气也。雷其相击之声也，电其相击之光也。二气之初蒸也，若有若无，若实若虚，若方若圆，攒聚相合，其体稍重，故雨乘虚而坠。风多则合速，故雨大而疏。风少则合迟，故雨细而密。其寒月则雨凝於上，体尚轻微，而因风相袭，故成雪焉。寒有高下，上暖下寒，则上合为大雨，下凝为冰，霰雪是也。雹霰之至也，阴气暴上，雨则凝结成雹焉。"[②]

董仲舒对于雨和雹的生成演变做了比较科学的推测，并认为冰雹是阴气协阳气造成的，用阴阳二气之间的推移、运动、切薄等各种转换解释天气现象，涉及对风的形成、雷电产生等天气现象的阐述，仔细分析，有些推测很有科学道理，比如他认为"寒有高下"，可能他认为温度的垂直分布是不均匀的，所以导致雨、雪、雹、霰等的不同，在今天看来也有一定合理处。

[①] 江新.《汉书·五行志》所载董仲舒说灾异八十三事考论 [J]. 衡水学院学报，2012，12（2）：1-5.

[②] 董仲舒.雨雹对 [C].董仲舒思想学术研讨会专刊，2004：96-97.

其实中国古代文献中对于降雨的预报和预测是比较多的，一方面与生产实践和日常生活密切相关，另一方面也体现了先人对"天地阴阳相生"的降雨的关注和理论探索，这比国外同期气象学要有特色。

3. 气象的朴素唯物认识

中国古代，学者们倾向于把气象和天象结合起来，背后有某种不可知力量控制。也有学者从唯物主义角度对气象现象作出解释。王充（27—约97年）是个典型代表，东汉思想家。他曾做过几任州、县官吏，嫉恶如仇，反对"天人感应"和谶纬迷信。他逐渐形成批评迷信的思想体系。王充擅于从具体自然现象入手，以观察事实为武器进行批判，他认为云、雾、露、霜、雨、雪等都是自然界现象，与人间和君王作为无关。

潮汐现象也不是鬼神驱使的，而是同月亮盈亏联系起来的自然现象。在《论衡·变动篇》他指出"灾异之至，殆人君以政动天，天动气以应之"是错误观念，他用"夫风至而树枝动，树枝不能致风"来反驳天人感应。

王充指出"寒谷复温，则能使气温，亦能使气复寒"。在明雩篇中指出，"十日者一雨，五日者一风，雨颇留，湛之兆也，旸颇久，旱之渐也"，这些与君臣不道德并无关系。《论衡》还包含对云和降水的关系、雷电起因、霜等天气现象的解释与理解。

在汉朝当时社会生产力比较地下，科学技术水平也不高的情况下，人们对自然有恐惧心理，统治阶级和董仲舒等正统儒家学派希望借助风雨等自然现象警戒社会秩序，王充却从科学道理解释大气现象，这是很了不起的。王充也没有因为离经叛道的言论而受灭门的惨祸，也与汉初封建王朝处于上升期，思想上没有完全禁锢有关。

4. 对风的观察与测风仪器

汉代对风向区分的方法延续先秦时期做法，也是八个风向，比如《淮南子》中："何谓八风？东北曰炎风，东方曰条风，东南曰景风，南方曰巨风，西南曰凉风，西方曰飂风，西北曰丽风，北方曰寒风。"这说明汉代初期对风向的区分和先秦时代末期《吕氏春秋》上的分法一样，但是一些风向名称发生了变化。

我国古代风向器的发明很早。在西汉武帝时代，在《淮南子》卷十一《齐俗训》记载："譬倪之见风，无须臾之间定矣"这其中"倪"有点类似于飘扬之旗幡，可以看出风向变化。

汉代劳动人民在实践中除了通过旗幡测风，还逐渐做出专门的测风仪器，后世称作"铜凤凰"和"相风铜乌"两种。铜凤凰大约在汉武帝时期装在长安建章宫上的候风仪器，相传《三辅黄图》古书记载，在汉武帝的建章宫宫墙上安装有铜凤凰，铜凤凰高五尺，下面并有转枢，风来时，铜凤凰的头向着风，有些类似今天的风向标，[①] 这比西方古代的候风鸡要早一千多年。

到了东汉时期，我国先民又创制了另一种测风仪器——相风铜乌。它是被装设在长安西北郊的"灵台"上，也有称作相风鸟或相风乌等。[②]《古今图书集成》中《历象汇编·乾象典》上有载："东汉张衡制相风铜乌，置于长安宫南灵台之上，通风乃动。"[③]

唐代李淳风总结并借鉴了前人关于相风器物的制作知识，在其占卜性著作《乙巳占》中记述了候风羽葆、相风乌[④] 这两种风向仪的制作方法，并对相风鸟适用场合及观测场地做了记载，对

①　李芝兰，杜文福，晁开芳.古代的气象观测 [J].陕西气象，2002（3）：13.

②　周京平，陈正洪.中国古代天文气象风向仪器：相风鸟——起源、文化历史及哲学思想探析 [J].气象科技进展，2012，2（6）：55-59.

③　洪世年，刘昭民.中国气象史（近代前）[M].北京：中国科学技术出版社，2006：21-22.

④　有人认为相风乌是相风鸟的鸟字中间点显示不出所致，这种解释有些牵强。需要进一步考证，作者注.

后世产生了一些影响。^①需要说明的是，古代文献中相风乌和相风鸟都有，具体用时要借鉴前人文献。

1971 年，考古学家在河北发掘东汉墓，在墓中发现一幅大型壁画，在该壁画上可以见到建筑物后面的一座钟鼓楼上，设有相风乌和测风旗，这可能是迄目前为止我国所能见到的最早的相风乌图形，非常珍贵，从一个角度证明前述文献记载的正确性。

我国古代制作出各种相风鸟，图 8-1 是辽金时代的鸾凤风向器，用黑铁铸成，鸾凤的两只脚立在圆盘之上，有风来时，圆盘和鸾凤一起转动，可以测出风向。

图 8-1 辽金时代的鸾凤风向器（陈正洪摄于北极阁）

① 姬永亮. 李淳风对相风器物的贡献 [R]. 全球视野中的中国科学史国际学术研讨会 / 第七届青年科学技术史学术研讨会暨上海交通大学科学史与科学哲学系十周年庆祝大会会议论文，2009.

5. 史书中的气象知识

汉代记载气象现象并对其做出解释和推测的古文典籍较多，比如《汉书》和《续汉书》中的《天文志》《律历志》《五行志》等都记载了当时和更早的气象知识，许多地方为论述某些观点引用对气象现象的记载。

司马迁所著的《史记》，是中国历史上第一部纪传体通史，记载了从黄帝到汉武帝太初年间三千多年的历史。书中许多记载对于研究我国古代气象历史有很重要的价值。例如，《史记》的《天官书》记载的云气占中，有关于"云"的描述和占断，还有关于"气"的颜色、形状、高度的解释和占卜等。值得注意的是，我国古代对于"气"的理解和今天对于大气的理解不一样。中国古代哲学家，把"气"当作一种解释宇宙根源和万事变化的概念，[①]这逐渐成为中华文化的组成部分，比如"气贯长虹""精气神"等。

东晋时期，僧人法显（334—420 年）从长安出发，前往天竺求法。途径敦煌、于阗到达中印度、加尔各答、锡兰等地，学习佛法，最后经由苏门答腊岛回国。他历时 14 年，途径三十多个国家，在《佛国记》中对沿途各地气候情况进行记载。如记载了沙河中的"恶鬼热风"，即黑风暴，可能是气象史上对这种沙尘暴天气最早的描绘。小雪山极度严寒，同行的僧人慧景就被冻死在那里。其记载"南度小雪山。雪山冬夏积雪，山北阴中遇寒风暴起，人皆噤战。慧景一人不堪复进，口出白沫，语法显云：'我亦不复活，便可时去，勿得俱死。'于是遂终。"记载狮子国斯里兰卡的气候"无冬夏之异，草木常茂，田种随人，无有时节"，天竺诸国"寒暑调和，无霜雪"等等。

有文献记载东晋的姜岌发现，贴近地面的游动空气能使星间

---

① 赵继宁.《史记·天官书》云气占考释 [J]. 南京师范大学文学院学报，2015(2)：146-151.

视距变小，他通过长期观测可能发现了地球大气层对天体光线的折射所引发的视觉差，姜岌认为天体的视亮度的变化是由于"游气"的影响，这种影响在地平线时最大，在天顶附近时影响最小。这与现代大气消光理论有些类似。这个发现比西方类似思想早 1000 多年。[①]

6. 中国特色气象观测的逐渐出现

中国古人在日常生产生活中积累了丰富的气象观测知识。在《史记·天官书》中记载"冬至短极，县土炭，炭动，鹿解角，兰根出，泉水跃"，意思为：冬至这一天白昼非常短，可以把黄土和木炭分别悬挂在一个平衡木的两端，观察如果悬挂木炭的一端开始仰起，这表明空气干燥，此后小鹿换新角，兰根发芽，泉水涌出，便能约略判定冬至这一天是否到来。

这个记载很有力地证明了至少汉代或之前中国人已经知道空气湿度的问题，这种类似天平式湿度计是世界上最早的湿度计，这个成果和思想比欧洲制造的类似的湿度计要早 1600 多年，这是我国古代气象科学技术一个突出成就。

《天官书》中有不少内容涉及气象知识，比如还有类似现在气候预测方面的记载和尝试，其中记载"或从正月旦比数雨。率日食一升，至七升而极；过之，不占。数至十二日，日直其月，占水旱。为其环千里内占，则为天下候，竟正月。月所离列宿，日、风、云，占其国。然必察太岁所在。在金，穰；水，毁；木，饥；火，旱。此其大经也。"这段话大体含义指：可以从农历正月初一日开始依次观察雨量多少，来预测今年农业收成好坏。方法是如果初一下雨，当年老百姓每人每天可收获一升的口粮，如果初二日也有雨，当年每人每天有两升的口粮，一直观察到初七就是有七升粮食为止。初八日以后，用不着占卜了。如果

___
① 这点需要进一步论证，作者注。

从初一占不到十二日，方法就不同，每日与月相对应，可以占卜水旱灾情。这种方法是为区域小国可用。

　　所占卜的地区如果扩大到方圆千里，由于地域广大，应该按占卜天下的方法，对整个正月进行观察，在正月内，月在周天绕行，经过某宿时是否有太阳、有风、有云等，由此判定对应地区的年景好坏吉凶。但是，必须同时观察太岁的位置。太岁在金位，当年就会丰收；在水位，庄稼受毁损，收成不好；在木位，有饥荒；在火位，岁旱少雨。以上是进行气象观测大致情形。这些方法虽不完全可靠，但在汉代是很大的进步，不仅可以粗略判断一年农业生产光景，还表明人们相信气象在内的自然界是可以进行判断和推测的，对于神秘论是种否定。

　　此外，《史记》中其他地方也有记载气象和风雨雷电现象，记载的现象和预测方法由一定的支撑案例归结而成，不是完全没有道理，这也说明我国古代典籍中有许多气象科学技术的萌芽。这些气象观测思想和方法汉朝之后继续流传，向前发展。

　　西汉时我国先民发明的测风仪器相风铜乌和铜凤凰，汉代张衡制造候风铜乌，比西方有文献记载早一千年。后因为用铜铸成，过于笨重，不太方便，所以到了三国时便改用木乌代替铜乌，这样仪器比较轻便。《晋书·志·十九章》有这样的记载："魏明帝景初中，洛阳城东桥，城西洛水浮桥桓被，同日三处俱时震，寻又震西城上候风木乌……时劳役大起，帝寻曼驾"这是指曹魏时期，洛阳西城上的候风木乌被雷击震坏了的记载。可见三国时期已有相风木乌，而且已被普遍使用。

　　竺可桢先生认为，从汉代以后，中国气象科学技术向三个方向发展：观测范围不断扩大，气象仪器得到创造和应用，出现对大气现象的理论解释。[①]汉代以后各种文献中对气象和气候的记

---

①　竺可桢.中国过去在气象上的成就 [J].科学通报，1951，22（1）：7-10.

载更加丰富。特别各种地方志中记载天气和气候现象，比其他国家要丰富。比如在大气理论上，宋代沈括解释"虹，雨中日影也，日照雨即有之"。[①] 中国汉朝基本已经出现与现代名称相同的二十四节气，有学者认识到雨滴的大小与风的吹动力度有关，对于雷电起因进行探索，甚至提出梅雨、信风等名称。

第二节 三国南北朝气象的进一步发展

1. 南京古观象台

中国古代气象学体系中有个鲜明特色，就是观天象和观气象并不分开，中国古代天文学家在观象台从事天象观测时，对风雨雷电等天气现象也进行观测。观象台在古代名称包括灵台、观象台、钦天台、司天台等。据文献研究，目前南京古观象台可能是世界上最早的气象观象台之一。"上古观象仪器与观象台址，迄今已渺不可考，其自中古以降，有典籍可借，基址可按，绵延相续，在世界天文气象学史上有卓绝之价值者，莫过于金陵钦天山之观象台。"[②]

对于南京古观象台（在今北极阁）最早建成年代，学术界有不同看法。刘昭民认为，北极阁观象台是祖冲之在 437 年建成，为世界上最早的观象台。[③] 王鹏飞则认为北极阁是南朝的日观台，不同于观象台，观象台可能起源更早。[④]

① 竺可桢 . 中国过去在气象上的成就 [J]. 科学通报，1951，22(1): 7-10.

② 胡焕庸 . 钦天山观象台故址重建气象台记 [M]// 中国气象史研究文集 . 北京：气象出版社，2003.

③ 刘昭民 . 中华气象学史 [M]. 台北：台北商务印书馆，1980.

④ 王鹏飞 . 南朝观象台在今南京大行宫考 [J]. 台北：东南文化，2007，199(5): 39-48.

对于涉及气象的古观象台考证和研究需要多种史料支撑，目前对于古观象台的考证和挖掘有待学界进一步探讨。大概可以认为，北极阁古观象台是目前文献所知最早的流传至今的一个古观象台。

不过这也说明，中国古代气象科学技术体系当中确实有对于气象这类天象的观测，古观象台把中国古代气象科学技术体系推向更加牢固的地位。这也是研究中国古代气象科技史的一种方法。

2.《齐民要术》中气象知识

我国古代科学技术体系中有大量农学著作和指导农业生产的书籍，其中不乏大量记载气象知识的书籍。

北魏末期，贾思勰的著作《齐民要术》记载周朝到北魏农业与生产的知识集成。全书共 10 卷，92 篇，10 多万字，引用书籍 156 种，是现存内容较为完整的农学著作。

书中提到"耕—耙—劳"耕作技术体系，这对于防旱保墒有重要意义。[①]

作者讨论了各地区的气候条件，结合各种农事，提出具体进行农事活动的时间。

比如《齐民要术》提出："春多风旱，非畦不得""春雨难期，必须借泽，蹉跎失机，则不得矣""四月亢旱，不浇则不长。有雨则不须，四月以前虽旱，亦不须浇，地实保泽，雪势未尽故也""六月连雨，拔载之"等等。这些表明当时农业对于气象条件有比较深入的认识，并且借助气象因素促进农事。

《齐民要术》还记载了寒潮："天雨新晴，北风寒切，有夜必霜。"这是因为寒潮的前锋到达时，一般先有云雨，然后干燥的冷空气逼近，天气变冷，白天晴朗无云，有寒冷彻骨的北风吹

---

① 李润生.《齐民要术》"耙""劳"关系考——《齐民要术》"耕—耙—劳"耕作技术体系申论 [J]. 古今农业，2014(2)：12-20.

来，入夜时分地面热量大量散发，天气特别寒冷，就会形成霜冻。《齐民要术》还充分探讨了气象对农业的影响，并提出了用熏烟防霜及用积雪杀虫保墒的办法。之后不少农业著作以这部著作为范本，有的在此基础上进行农事著述。包括《王祯农书》《农桑辑要》《玉烛宝典》等。

3. 观云认雨

陈寿所著《蜀志》中曾有记载："齐备为儿，戏於桑树下，上有云覆，童童如车盖。"这里面"上有云覆，如车盖"有可能就是今天意义上的积雨云。

《汉书·地理志》中也有记载写道：下邳县西，有葛峄山，古之峄阳下邳者是矣。关西西风则雨，东风则晴，皆以为常候。夫九州之地，洛阳为土中，风雨之所交也。今关西西风则雨，关东东风则雨，是风气各自其方而来，交于土中，阴阳和则雨成。

这表明在两汉时期，人们可能已经注意到局部区域的风向常常和当地的晴雨有极密切的关系，并且做出细致的观察，尝试解释其中的关系，这对于今天气象科学中的降雨研究仍然有启示意义。

4. 关于飓风的记载

从目前文献研究来看，我国关于早期台风"飓风"一词较早出现可能是在魏晋南北朝时期的《南越志》中。书中记述了"熙安间多飓风。飓者，其四方之风也，一日飓风，言怖惧也，常以六七月兴。未至时，三日鸡犬为之不鸣，大者或至七日，小者一二日。"如图 8-2。这表明当时我国东南沿海地区多有台风登陆，并且台风过程已经被大体认识。

书中指出强台风来时，其过程可达 7 天，小台风 1～2 天就结束。这表明由于飓风对生产生活影响很大，自然也会在文学作品中体现，比如唐朝文学家韩愈（768—824 年）在《赠别元十八协律六首》中写道：

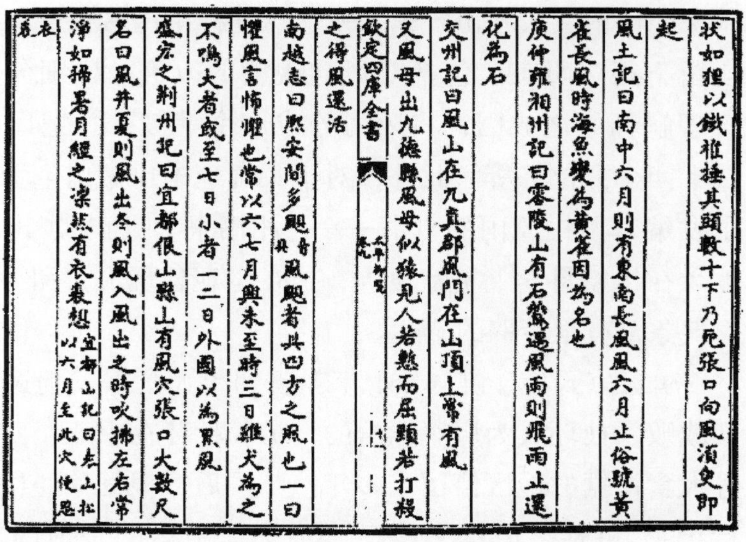
狀如狸以鐵椎搥其頭數十下乃死張口向風須臾即
起
風土記曰南中六月則有東南長風風六月止俗號黃
雀長風時海魚變為黃雀因為名也
庚仲雍湘州記曰零陵山有石鷰遇風雨則飛雨止還
化為石
交州記曰風山在九真郡風門在山頂上常有風
又風母出九德縣風母似猿見人若慙而屈頸若打殺
欽定四庫全書　太平御覽卷九
之得風還活
南越志曰熙安間多颶（音具）颶者具四方之風也一曰
懼風言怖懼也常以六七月興未至時三日雞犬為之
不鳴大者或至七日小者一二日外國以為黒風
盛宏之荊州記曰宜都佷山縣山有風穴張口大數尺
名曰風井夏則風出冬則風入風出之時吹拂左右常
淨如拂箒月經之潔然有衣裳想（宜都山記曰秦山松以六月至此穴使思
衣著）

图 8-2 《南越志》所记载飓风内容①

峡山逢飓风，雷电助撞捽。

乘潮簸扶胥，近岸指一发。

两岩虽云牢，水石互飞发。

屯门虽云高，亦映波浪没。

这里面对于飓风推浪的威力描述很传神，也说明当时人们对这类气象现象已经关注，在诗词中记载。

第三节　隋唐时期气象知识体系的成型

隋唐时期，中国封建社会持续发展，国家相对稳定，经济也比较发达，唐朝统治者比较开明，科学技术和文化发展达到较高

① Louie K S and Liu K B. Earliest historical records of typhoon in China[J]. Journal of Historical Geography, 2003, 29(3): 299-316.

水平，可谓文人辈出、学术发达。同样中国古代气象学 ① 在此阶段留下很多贡献。包括对风向观测的改进，详细分析日晕，并合理解释虹之成因，将风力分成十个等级，并把风向区分成为二十四个方位等等。此外，对于天气理论也做出宝贵的探索，黄子发编著预报风雨的专书——《相雨书》。唐朝杰出的科学家李淳风在气象科学上贡献较大，他在《观象玩占》和《己巳占》中对气象都有很精辟的论述。

唐玄宗天宝十年（751 年）唐朝跟大食爆发怛逻斯之战，唐朝战败，杜环成为唐军俘虏的一员。杜环在中亚、西亚及地中海等大食占据的地区停留十多年。归国后，根据其经历撰写了《经行记》。可惜，原本书籍已经遗失。幸运的是他的族叔杜佑在《通典》及《西戎总序》中曾经引述部分内容。其中，记载亚俱罗（古城名，故址在今伊拉克巴格达南幼发拉底河西岸的库法）"其气候温，土地无冰雪，人多疟痢，一年之内，十中五死。"这些记载非常宝贵，反映了当时的一些气候状况。

总体来讲汉唐时期和后世宋元时期是中国古代气象史上比较辉煌的时代。

1. 风的观测盛行及方法

我国唐朝国力昌盛，军事力量强大，因此军队注意到对外征战和防御作战气象因素的重要性，当时主要军事武器之一就是弓箭。从现代力学可以得知，弓箭飞出距离和落点准确度与当地风速与风向密切相关，因此大唐军队比较重视风向风速的观测与应用。有些地方官吏也盛行用风向旗测风，例如唐代诗人李颀 ② 的

---

① 对于古希腊气象学，本书称之为古典气象学，中国古代气象学，本书称之为古代气象学，一方面便于区分，另一方面，从世界史意义上讲，古希腊气象学在探索真实气象自然方面可能比中国古代气象学更为经典一些。作者注

② 李颀（690—751 年），汉族，唐代诗人。少年时曾寓居河南登封。开元十三年中进士，做过县级小官，诗以写边塞题材为主，风格豪放，慷慨悲凉。

《送刘昱》中写道："八月寒苇花，秋江浪头白，北风吹五两，谁是浔阳客。"其中五两即是用五两（也有八两）羽毛做成的风向器，可见当时风向观测已经非常普通。

相风木乌的使用在唐代更加普遍。《唐书·艺文志》中有《炙毂子》记载："舟船于樯上刻木作乌，衔幡以候四方之风，名五两竿。军行以鹅毛为之。亦曰相风乌。"其中五两竿就是风向仪器，根据五两飘动的方向和幅度的大小，可知风向和风力。

五代时王仁裕撰写了《开元天宝遗事》的笔记体小说，这本书展示了唐玄宗时代社会政治生活的历史画卷，反映了盛唐时期宫廷生活和社会的各个侧面。[①]其中有记载："各于庭中竖长竿，挂五色旌于竿头。旌之四录缀以小金铃。之所向，可以知四方之风候"。[②]如图8-3。

图 8-3　唐玄宗时所使用的相风旌（风向旗）[③]

---

① 杨文新，王仁裕.《开元天宝遗事》思想艺术初探 [J]. 西北民族大学学报（哲学社会科学版），2010（1）：135-139.

② 洪世年，刘昭民. 中国气象史—近代前 [M]. 北京：中国科学技术出版社，2006：37.

③ 洪世年，刘昭民. 中国气象史—近代前 [M]. 北京：中国科学技术出版社，2006：37.

唐朝军事中测风技术流传后世。在宋代，军队中往往配备观测风向、风力的候风竿杖等，《武经总要》中记载"凡候风之法：选高迥之地，立五丈竿，首作木盘，书八卦，分四维十二辰，上安三足木鸟，机关转运，使鸟口衔花，视花摇动，即占之。"还有简化的占风竿，从"以鸡羽八两为葆，系于竿首，候羽葆平直即占之"[①] 中可以看出不仅可以判断风向，还能大体判断风力大小。

2. 预测下雨和《相雨书》

隋唐时期对于天气，人们有着朴素的预报的愿望，古人观测到云和雨关系密切，古代典籍中对于云和雨的关系观察比较仔细，记载也很丰富，各种文献乃至诗歌中都有对云形状和雨变化的描述，比如甲骨文"密云不雨"，《诗经》中"上天同云，雨雪纷纷"，《论衡》中记载"云雾，雨之征也"。

《晋书·天文志》记载浓积云和积雨云出现时，即将下暴雨，并记载"云气如乱穰，大风将至"。至唐宋之后，记载云和雨的文献更多。在佛教文献中，也记载有风、云、雨、雷等气象知识。[②]

唐朝时房玄龄（579—648 年），曾是中国唐朝时的宰相，主编了二十四史中的《晋书》。

在《晋书·天文志》记载："云甚润而厚大，必暴雨。"这里面"云甚润而厚大"可能指今天气象意义上的浓积云及积雨云，然后出现大暴雨。这部文献中还对日晕进行了记载，比如"在日西方为提，青赤气横在日上下为格。气如半晕，在日下为承……日抱且两珥，一虹贯抱至日，顺虹击者胜，杀将。日抱两珥且璚，二虹贯抱至日，顺虹击者胜。日重抱，内有璚，顺抱击者

---

① （宋）曾公亮，丁度.武经总要·后集 [M].卷 17，风角占：875-876.

② 王雅克.汉译《阿含经》中的气象学 [J].自然辩证法通讯，2016，38（3）：78-83.

胜。亦曰，军内有欲反者。日重抱，左右二珥，有白虹贯抱，顺抱击胜，得二将。有三虹，得三将……日旁有气，员而周匝，内赤外青，名为晕。日晕者，军营之象。周环匝日，无厚薄，敌与军势齐等。若无军在外，天子失御，民多叛。日晕有五色，有喜；不得五色者有忧"。[①] 这段记载与军事有关，但却比较好地记载了日晕前后及可能降雨的相关景象，对于今天科学研究有参考价值。

相比与欧洲科学家 1630 年左右对罗马日晕作详细的观测和分析，[②] 中国对日晕的详细记载比欧洲人早一千年。但这还需要进一步论证。

唐代时出现了观云预测风雨的预报专书——《相雨书》。这本书是唐朝黄子发撰写，可能是中国现存最早的预报下雨的文献。见图 8-4。

从现存文献看，预报降雨的方法有五项，包括利用云预报，从云的形状、颜色、所处的地理位置和行速来预报下雨的时间及雨量大小；根据候气法进行预报；根据看虹预报；根据看雾

图 8-4　民国浙西村舍业刊《相雨书》内页 [③]

---

① （唐）房玄龄，等. 晋书 天文志 [M]. 北京：中华书局，1974.

② René Descartes. 笛卡尔论气象 [M]. 陈正洪，叶梦姝，贾宁，译. 北京：气象出版社，2016，142-156.

③ 孔夫子旧书网 http://www.kongfz.cn.

预报；根据观察生物及周围环境预报。据元朝大德八年（1304年）刊本记载《相雨书》原有 10 篇，"候气者三十，观云者五十有二，察日月并宿星者三十有一，会风者四，详声者七，推时者十二，杂观者十四，候雨止天晴者七，祷雨者三，祈晴者九，共为百六十有九，皆有准验。"[①] 现存的相雨书存在遗漏。

这本文献主要是关于降雨和相关天气现象的观测和经验记载，具有较高的学术价值和史料价值，根据这本书内容，择要述录。

在《候气篇》中，对自然界的"大气光象"进行了归纳记载，包括对大气中水汽凝结与降水、雷电等现象的记录和解释。[②]

（1）凡有珥者，狂风迅起。在日为风，在月有雨。五纬生珥，大雨滂沛者二十日。

（2）候申后日有珥者，雨在次后一日。

（3）候日晕。午刻前晕者，风起正北方。午刻后晕者，有大风发屋拔木。风从晕门处来。

（4）视日出气正白、日入气正赤者，皆走石飞沙。

（5）日入有光烛天者，昼夜连阴二十日。

（6）日入返照有黄光者，次后一日大风。

（7）晚有断虹者，半夜有雨达日中。

（8）日已射庐，犹有雾者，细雨两日。

（9）三日有雾蒙蒙者，狂飚大起。

（10）白虹降，恶雾遂散。

（11）电光出西北方，雨注倾壁也。

（12）辰刻电，大风吹树，至暮遂雨。

（13）电光与星同耀者，有烈风暴雨。

① 门岿，张燕瑾.中华国粹大辞典 [M].北京：国际文化出版公司 .1997: 397.

② 马孝文，陈翀.《相雨书》气象预报方法及思想探析 [J].黑龙江史志，2014（5）：167-168.

（14）日始出，南方有雾者，辰刻雨。

（15）日出，无风而热者，至日中，则云雷作、风雨兴也。

（16）视黑气于日下如覆船者，立时遂雨。

（17）气从下上于云汉者，雨数日。

（18）凡黄雾四塞者，日晴则雨，日雨则晴，不雨不晴，则民扰乱。

（19）日没有黑虹，次后一日雨。

（20）月中生长虹，首南北贯月者小雾，三日大雾，五日，十二日后大雨雹。

（21）西北闻雷，雨至之候也。次后二日复来。

（22）既雨且雾，次复二日后大雨。

（23）雨前雾者，至夕颓壁也。

（24）雨后雾者，城陷之候。

（25）远观十里外有青黑气者，大雨将至。

（26）午刻日色赤者，次后一日雨。申刻日色赤，次后二日雨。

（27）日入光赤，七日后雨。日始出色赤，即日雨。

从上面可以看出，对于大气中降雨现象及雨前雨后等现象的阐述非常仔细，包括各种可能出现的情景，说明当时劳动人民对于下雨已经有相当仔细的观察。

在《观云篇》中，对云和雨之间的关系做了详细描述，记载了不同状态的云，根据云不同状态预报降雨情况，反映出当时社会对云观察非常仔细。但似乎没有进行云形分类的想法。

（1）候日始出，日正中，有云覆日，而四方亦有云。黑者大雨，青者小雨。

（2）日入方雨时，观云有五色，黑赤并见者，雨即止。黄白者风多雨少。青黑杂者，雨随之，必滂沛流潦。

（3）常以戊申日，候日欲入时，日上有别云，不论大小，视四方黑者大雨，青者小雨。

（4）以丙丁辰之日，四方无云，唯汉中有云者，六中日风雨如常。

（5）以六甲日、平旦清明，东向望日始出时，如日上有直云大小贯日中，青者以甲乙日雨，赤者以丙丁日雨。

（6）白者以庚辛日雨，黑者以壬癸日雨，黄者以戊己日雨。

（7）六甲日四方云皆合者，即雨。

（8）四方有跃鱼云游疾者，即日雨；游迟者，雨少难至。

（9）四方有云如羊猪者，雨立至。

（10）四方北斗中有云，后五日大雨。

（11）四方北斗中无云，唯河中有云，三枚相连，状如浴猪，后三日大雨。

（12）日入时有黑云相接于日，雨注即倾滴也。

（13）日没时云暗红者，或风或雨。

（14）午刻有云蔽日者，夜中大雨。

（15）日始出，东南有黑云，巳刻雨。

（16）日入西北，有黑云覆日，夜半雨。

（17）清晨云如海涛者，即时风雨兴也。

（18）云逆风行者，即雨也。

（19）日已出，卯刻有大云，浑者天阴，清者天雨。

（20）云在山下布满者，连宵细雨数日。

（21）云若鱼鳞，次日风最大。

（22）夜雨达旦、盈盈不尽者，细雨还大也。

（23）天中有云乱扰者，风雨最多也。

（24）日出红云见，申刻有雨。

（25）雨随风乱飞无力者，霎时大雾天黯也。

（26）日没红云见，次日雨。

（27）凡秋冬以东风、南风有雨，春夏以西风、北风有雨。

（28）讯头风不长，过后风雨愈毒也。

（29）夏日雨过，东风起，迟暮越大，将拔屋。

（30）凡候雨，以晦朔弦望、云汉四塞者，皆当雨。

（31）云如斗牛巍者，当雨。

（32）暴有异云如水牛者，不三日大雨。

（33）黑云如羊群，奔如飞鸟，五日必大雨。

（34）云如覆船者，皆雨。

（35）北斗独有云，不五日大雨。

（36）四望见青白云，名曰天寒之云，雨征。

（37）苍云黑色，细如枅柚，蔽日月者，五日必雨。

（38）云如两人提鼓持桴者，皆为大暴雨也。

（39）日入时，云皆如乱草者，次日雨。

（40）朝辨雨法：有黑云如一匹皂于日中，即一日大雨；二匹，二日大雨；三匹，十日大雨也。

（41）青白赤黑云，在东西南北，名曰四塞之云，见即有雨也。

（42）日午刻有风乱动帏幕者，立时雨至也。

（43）日出，其下有云如散泉者，即雨。或次日雨。

（44）日中，南方有云如散泉者，申刻雨。

（45）日入，日上有云如散泉者，或在日下，皆夜中雨也。

（46）月下有黑云如龟者，次日有雨。

这些阐述尽管多为日常生产和生活观察的经验性描述，并没有涉及理论层面，而且在一地观测结果未必在其他地方能够应验。不过其中很多记载很有价值，从一个侧面反映了我国江南区域在唐朝时期的气候状况。

除以上内容外，这本书还包括"观日月并星宿、会风详声、推时、相草木虫鱼玉石、候雨止天晴"等。虽然都是谚语性质的记录，少数记录不具备普遍性和代表性，因为天气现象和局地因素关系密切。

但是总体来讲，这本文献有其独特价值，不仅在于记录非常丰富的风雨雷电等气象现象，而且从一个侧面呈现了唐朝江南区域丰富的生产和市井生活，只有达到一定的生活水平，才会出现如此详细的相雨记录。这种"倒推文献"的研究方法也适用于其他古代气象文献。

3. 对气候的初步认识

唐朝还有学者对气候带进行了划分。唐医学家王冰（图 8-5）根据地域对中国的气候进行了区域划分，他是世界上最早提出气温水平梯度概念的学者。在《黄帝内经素问·五常政大论》中记载"是以地有高下，气有温凉，高者气寒，下者气热，故适寒凉者胀，之温热者疮，下之则胀已，汗之则疮已，此腠理开闭之常，太少之异耳"。对此王冰做了详细注解，他认为"中原地形，西高北高，东下南下。今百川满湊，东之沧海，则东南西北高下可知……中华之地，凡有

图 8-5　王冰像

高下之大者，东西、南北各三分也。其一者自汉蜀江南至海也，二者自汉江北至平遥县也，三者自平遥北山北至蕃界北海也。故南分大热，中分寒热兼半，北分大寒。南北分外，寒热尤极。"[①]

从这里可以看出，王冰对当时中国进行了气候带划分，从北至南大体分为寒带—温带—热带。这在当时是很了不起的成就，比西方相同气候带思想早 1000 年。

王冰（约 710—804 年），号启玄子。一生潜心研究医学，特别是多年研究《素问》，著成《补注黄帝内经素问》24 卷 81 篇，担任过唐朝太仆令。

① 李俊龙，李燕. 对全国范围内五运六气布点观察的思考—王冰选点划线分九域的启示 [J]. 中国中医基础医学杂志，2011，17（9）：1018-1019.

唐高祖时代，令狐德棻[1]在其著作《周书》指出："小暑之日温风至，立秋之日凉风至""惊蛰，二月节，桃始华。清明之日桐始华"等。

这记载了唐初节气和物候的情况，今天许多气象学家和气候学家根据这个记载和其他文献认为唐朝时黄河流域的气候比较暖和。

明朝李泰撰写了《四时气候集解》，[2]记载了当时的气候状况和一年四季不同的气候表现。

4. 风力分级表

李淳风（602—670年），是唐初著名天文学家，担任过太史令。李淳风也许可以算得上是唐朝一位学问集成者，他的研究涉及天文、数学、历法、占星、气象、仪器制造等各个方面。比如他对浑仪作出重大改革；编制《麟德历》，主持编定与注释十部算经，撰写了《典章文物志》《乙巳占》《秘阁录》《法象志》《乾坤变异录》等著作。其中包含有不少的气象知识，比如在其著作中记有候风法，包括对测风环境的要求和不同情况下测风工具的选择及具体方法，这可能是世界上最早认识到安装测风仪器要注意高度和环境的因素。更加重要的是李淳风对风力大小景象进行记载和描述，类似于风力等级，这比英国费朗西斯·蒲福1805年左右制定的蒲福风力等级早1000多年。

李淳风在《观象玩占》中记载候风法："候风之法，凡候风必于高平远畅之地，立五丈竿。以鸡羽八两位葆，属竿上。候风吹葆平直，则占。或于竿首作槃，上作三足乌；两足连上外立，一足系下内转。风来则鸟转回首向之。鸟口衔花，花施则占

---

① 令狐德棻（583-666年），宜州华原（今陕西省铜川市耀州区）人，唐朝史学家和政治家。

② （明）李泰．四时气候集解．1455年刻本。

之。羽必用鸡，收取属异而能知时，羽重八两，以象八风，竿长五丈，以法五音，风为其首也。占书云：立三丈五尺竿于四方，以鸡羽五两系其端，羽平则占之，然则长短轻重惟适宜，不在过泥。但须出外，不被隐蔽，有风即动，直而不激，便可占候。羽毛须五两以上，八两以下，盖羽重则难举，长三四尺许，属竿上，其独鹿扶摇四转五复之风，各以行状占之。"

这里面比较详细地记载了安置风向风速器时注意事项，包括所要选择的地点，把相风鸟安置在固定的地点，军队中使用构造简单的风向器。

在中国古代，先民对风的观测较为详细，从东西南北4个方向的风发展到了8个方位，称之为八风，在《淮南子·天文训》中即：不周风（西北）、广莫风（北）、条风（东北）、明庶风（东）、清明风（东南）、暴风（南）、凉风（西南）、阊阖风（西）。

《观象玩占》进一步对风向方位进行了论述，"凡候风须知八卦，审定干支，或上或下，或高或卑，俱无乖越，然后可验，若失之毫厘，差之千里，不可不慎。今先定八干罗，十二支辰，总二十四分，递相冲破，即知风所止。风从戌来，须辰；自辛至。必至乙，二十四方位先定其冲（去向），则来处明白，辰卦既明，白无失误。……令其四远无隐，则远近皆知，期不爽。"这其中规定可二十四方位，包括乾（西北）、离（东北），巽（东南）、艮（西南）及甲、乙、丙、丁、庚、辛、壬、子、丑、寅、卯、辰、巳、午、未、申、酉、戌、亥等所组成。

李淳风对气象学的贡献，更重要的表现在对风的观测和阐述方面。《观象玩占》非常详细记载了风力不同，景象不同："凡风发初迟后疾者，其来远；切急后缓者，其来近。动叶十里，鸣条百里，摇枝二百里。落叶三百里，折小枝四百里，折大枝五百里，飞沙走石千里，拔大根三千里。凡鸣条以上，皆白（百）里风也。"这个解释是根据树木受风影响而带来的变化和损坏程度，因

表 8-1　李淳风风力等级表

风力级别	描述
1 级	静风
2 级	和风
3 级	动叶十里
4 级	鸣条百里
5 级	摇枝二百里
6 级	落叶三百里
7 级	折小枝四百里
8 级	折大枝五百里
9 级	飞沙走石千里
10 级	拔大根三千里

此李淳风创造了八级风力标准，即："动叶，鸣条，摇枝，堕叶，折小枝，折大枝，折木飞砂石，拔大树和根。"此外，书中还记载了静风及和风，这样一共将陆上风力分成十个等级（如表 8-1）。

　　大约一千多年以后，英国人蒲福以类似方法定义了 1～12 级风。今天气象学中风力分级更加细致科学，但是李淳风的风力分级描述的方法成为基础，这也是中国人对世界气象科学的重要贡献之一。

　　5. 天文学著作中的气象学知识

　　"开元占经"全名《大唐开元占经》，作者是瞿昙悉达，[①] 是中

---

　　① 中国唐代天文学家，世居长安。生于唐高宗时代（公元 7 世纪下半叶），卒于唐玄宗年间（公元 8 世纪上半叶）。1977 年 5 月西安市文物管理处发掘瞿昙墓所获墓志铭，从中得知瞿昙氏家族"世为京兆人"，即长安 (今陕西西安) 人。瞿昙悉达的父亲是瞿昙罗，祖名瞿昙逸。据《通志》及《姓纂》称，瞿昙氏为西域国家的姓，墓志铭称瞿昙逸"高道不仕"。从这两点和这一家族熟谙印度天文历法等来判断，其先世当系由天竺国移居中国的。这一家族从瞿昙罗至瞿昙晏，四代供职国家天文机构。

国古代天文学著作之一。这本书大概在 718—726 年完成。《开元占经》曾经一度失传，所幸明末在佛像腹中被人发现，重新得以流传。全书共 120 卷，保存了唐以前大量的天文、历法资料，是中国天文史上非常重要的一部文献。

对于中国古代气象知识来说，这部文献保存了大量有关各种气象的星占术文献，这也再次说明，我国传统气象从属于天文学，直到明朝左右在地理学重要文献《广舆图》中出现成体系的气象知识，表明古代气象转到地学中，后文还有论述。

在《开元占经》（图 8-6）从 90 卷到 102 卷包含对各种气象现象的认识，包括风占篇、雨占、霜占、雷占篇等，在风占中，记载候风法：凡候风，必于高平畅达之地，立五丈竿，以鸡羽八两为葆，属竿上，候风吹羽葆平直则占。亦可竿首作盘，作三足乌于盘上，两足连上而外立，一足系下而内转，风来则乌转，回首向之，鸟口衔花，花旋则占之。羽必用鸡，取其属巽而能知时；羽重八两，以相八风；竿长五丈，以法五音；乌者，日中之精，巢居知风鸟，为其首也。今按古书云：立三丈五尺竿，以鸡羽五两系其端，羽平则占。然则长短轻重，惟其适宜，不在过泥，但须出众中不被隐蔽，有风即动，直而不激，便可占候。羽毛必须五两以上，八两以下，盖羽重则难举，轻则易平，时常占候，必须用鸟，行车权设，取便用羽。作葆之法，取鸡羽，中破之，取其毛多处，以细绳紧缚，内中灸之，长三四尺许，属竿上，其触鹿扶摇，四转五复之风，各以形状占之。[①]

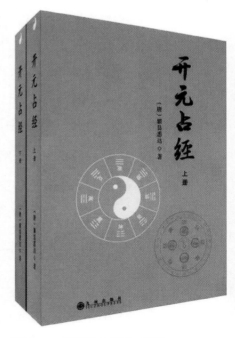

图 8-6 《开元占经》书影

① （唐）瞿昙悉达．开元占经 [M]．北京：九州出版社，2011.

这段文字非常详细地论述了古代对于风向风力等的认识和观测。不仅有定性的认识，而且有一定的定量测量，表明了中国古代风力观测的水平较高。这里记载候风法与前面李淳风候风法基本一样，可能是当时已经比较常见的测风方法。

风占中还包括风名状及其诸例。雨占中记载"雨占，雨者，阴阳和而天地气交之所为也。太清之世，十日一雨，雨不破块。"京房曰："太平之时，一岁三十六雨，是为休征，时若之应，凡雨三日以上，为霖，久雨谓霪。"随后是有关从正月到十二月雨情和灾害影响等记载，在干支占雨中记载：春雨甲子，六十日旱；夏雨甲子，四十日旱；秋雨甲子，四十日涝；冬雨甲子，二十七日寒雪。天镜占和东方朔占分别论述了不同雨情和不同时日的雨情。

在九十三卷中有候星善恶云气占，即有关物候乃至气候的一些知识，比如八节日气候中记载：立春正月节，其日晴明少云，岁熟；阴则旱，虫伤禾豆。值得关注的是在七十二候当候不候中详细记载了正月到十二月的物候，比如正月，是月也，东风解冻，蛰虫始振，鱼陟负冰，獭祭鱼，候雁北，草木萌动。孟春行夏令，则雨水不时，草木早落，国时有恐；行秋令，则其民大疫，焱风暴雨总至，藜莠蓬蒿并兴；行冬令，则水潦为败，雪霜大挚，首种不入。详细记载了南方的节气中物候变化。这表明唐朝时期我国二十四节气已经相当完善。

《开元占经》的一百零一卷，霜占，对唐朝以前文献有关霜的理解进行了梳理，《元命包》曰："阴阳凝为霜。"《易·坤卦》曰："初六，履霜坚水至。象曰：履霜坚水，阴始凝也。驯致其道，至坚水也。"《礼记·月令》曰："季秋之月，霜始降，百工休。孟冬行秋令，则雪霜不时。"《考异邮》曰："霜者阴精，冬令也。四时相代，以霜收杀，霜之为言亡也，物以终也。"曾子曰："阴气胜，凝为霜。"《地镜》曰："视屋上瓦，独无霜者，其下有宝藏。"《援神契》曰："霜挫物。"京房曰："凡候霜下早晚，若正月一日雷，知七月一日霜下；若二月一日雷，即知八月一日霜下。"这里面霜的形成带有天文学的知识背景，并在某种程度有一定暗示天象的含义，所以与今天的霜的理解不同。

其后，古人对于雪、雹、冰、寒、雾、露、霾、霰、霁、蒙等天气现象进行了总结和阐述，其中包含大量的古代气象知识，如对雹，《考异邮》记载："阴阳专精，凝合生雹。雹之言合也。"董仲舒记载："雹者，阴气胁阳也。"雾，《元命包》记载："阴阳乱为雾。"《庄子》记载："腾水上溢，故为雾。"《尔雅》记载："地气发，天不应，曰雾。"露，《元命包》记载："阴阳散为露。"曾子记载："阳胜则散为露。"蔡氏《月令》记载："露者，阴液也，曋为露。"《论衡》记载："露，秋气所生也。"《易·通卦验》记载："立秋，白露下。"霾，《尔雅》记载："风而雨土，为霾。"等等，从今天大气科学来看，多数解释和理解很有道理，其名称也沿用至今。可见《开元占经》一定程度记载了前朝的气象知识并在此基础上进一步发展，是后世研究中国传统气象的一个重要文献之一。

6. 古代云图

中国古代对于天象比较关注，云浮在空中，显然离天较近，因此关于云和云图常在一些天文占卜类书籍出现。

最早云图是马王堆三号墓出土的《天文气象杂占》（西汉帛书），如图 8-7 所示。

敦煌出土唐天宝初年的《占云气书》，前 28 条文字叙述云，及其色彩和形状，用以占卜军队吉凶。[①]

在敦煌藏书中有一些关于古代云图的文献，其中值得一提的是《占云气书》，科学史界前辈何丙郁先生有专著论述此文献。拟人化的云气图像和天文有关，似乎也占示人间祸福吉凶。见图 8-8 所示。

---

① 何丙郁，台建群. 一份遗失的占星术著作—敦煌残卷占云气书 [J]. 敦煌研究，1992（2）：85-88.

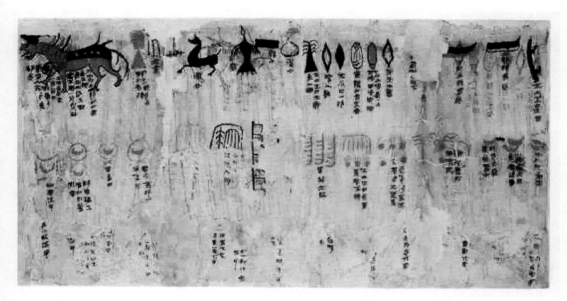

图 8-7　《天文气象杂占》（西汉帛书）

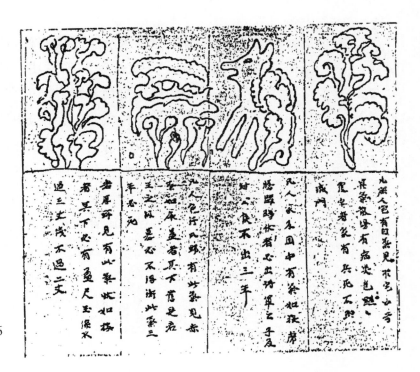

图 8-8　敦煌卷 S3326
的其中四幅占气图[1]

——————
①　何丙郁，何冠彪．敦煌残卷占云气书研究 [M]．台北：艺文印书馆，1986.

中国古代气象学成熟与实用

中国古代气象学有着浓厚的为生产生活服务的色彩和博物特征，在中国古代文献中有比较系统的出现和论述，反映出其对日常生活的影响不断增加。

第一节　宋元时期的气象学成熟

宋代是我国科学技术发展曲线的高峰阶段，出现了活字版印刷术、霹雳炮、突火枪等多项发明，航海技术取得较大进展，数学家杨辉的杨辉三角和秦九韶的高次方程解法展示了中国数学的光辉成就。在气象学上，宋元时期有很多的成就和贡献。例如对虹、梅雨成因等解释、对海市蜃楼现象的记载和解释，特别是首创雨量和雪量的观测技术和计算方法等。

宋代蔡卞在《毛诗名物解》卷二专门"释天"，对"虹、雾、露、霜、冰"等做出解释，提出雾与云是同一类物质，"地气发，天不应，曰雾。雾，云之类也。"[1]这个见解比西方气象学类似观点要早数百年。

本章继续阐述中国传统气象学是传统天学、农学、算学、

---

[1]　（宋）蔡卞.毛诗名物解（卷一）[M].//钦定四库全书.经部.影印文渊阁本，四库全书馆，1868.

中医药学之外的第五大传统学科。

1. 地理志中的气象记载

金元时期的游记中也记录了塞外、域外的气候。如李志常（1193—1256 年）撰写的长春真人丘处机西行经过的著作《长春真人西游记》两卷，其中就对蒙古高原和中亚细亚地区的地理气候有着详细的记载。例如，其上卷中详细地记载了蒙古国杭爱山一带夏季山地寒冷气候，诸如"六月十三日，至长松岭（今蒙古人民共和国杭爱山一带）后宿。松桧森森，干云蔽日，多生山阴涧道间，山阳极少。十四日过山，渡浅河。天极寒，虽壮者不可当。是夕宿平地。十五日晓起，环帐皆薄冰。十七日宿岭西。时初伏矣，朝暮亦有冰，霜已三降，河水有澌，冷如严冬。土人云：'常年五、六月有雪。今岁幸晴暖。'师易其名曰'大寒岭'。凡遇雨多雹。"

元代耶律楚材撰有《西游录》。耶律楚材为元代著名政治家和学者。《西游录》中记载了所经历的地方的重要事件，其中就包括自然气象的情况。如上篇"黑色印度城"（大约今天印度和巴基斯坦北部一带）条记载当地炎热气候情况："土人不识雪。岁二种麦。盛夏置锡器于沙中，寻即镕铄。马粪坠地为之沸溢，月光射人如中原之夏日，遇夜人辄避暑于月之阴。"

周达观（约 1266—1346 年）的《真腊风土记》描述了柬埔寨盆地的热带季风气候。周达观自元贞元年（1295 年）由温州港出发，奉命随元使赴真腊（今柬埔寨）访问，次年至该国，居住一年许，至大德元年（1297 年）返回中国，据所见闻，撰成《真腊风土记》一卷。书中记录其山川草木、城郭宫室、风俗信仰及工农业贸易等，所记之都城，即今柬埔寨吴哥窟，是珍贵的国际历史文献。他在"耕种"条中记载："大抵一岁中，可三四番收种。盖四时常如五六月天，且不识霜雪故也。其地半年有雨，半年绝无，自四月至九月，每日下雨，午后方下……十月至三月，点雨皆无。"柬埔寨位于中南半岛，属于热带季风气候，降雨主要靠西南季风，雨季开始于五月，到十月底结束，午后多雷阵雨。从十一月到次年四月为旱季，干燥少雨。

温暖的气候使丝绸之路上的交易更加活跃。在日本人田家康所著的《气候文明史——改变世界的8万年气候变迁》中写道"在中国，从西汉武帝开始加大经营西域的力度，到东汉之后，连接长安和罗马的商路变得更加完善。商路的活跃不仅是因为东西两个大国之间的物资输送量变大，还因为中亚地区的降水量增加、游牧民族生活水平提高，作为中转站的各个绿洲城市发展壮大起来等原因。丝绸之路的交易在公元前150年左右到公元300年，活跃的时间达到了400年以上。其后，在气候寒冷化、内陆地区发生干旱的时期衰退了。"

中国古代有关梅雨的记载很多，到了元代，中国人对梅雨的特性、体验更多。元朝高德基撰写《平江记事》，其中对梅雨有比较详细的记载："吴俗以芒种节气后，遇壬为入梅，凡十五日；夏至中气后，遇庚为出梅。入时三时，亦十五日：前五日为上时，中五日为中时，后五日为末时。入梅有雨为梅雨，暑气郁蒸而雨沾，衣多腐烂。故三月雨为迎梅，五月为送梅。夏至前半月为梅雨，后半月为时雨。遇雷电谓之断梅。入梅须防蒸湿，入时宜合酱、造醋之事。梅雨之际，必有大风连昼夜，踰旬而止，谓舶棹风。以此自海外来舶，船上祷而得之者，岁以为常。乡氓不知，讹此为白草风，又曰拔草风云。"这里记载的很多梅雨的词汇，包括所称"入梅""出梅""迎梅""送梅"等，这说明在元朝前后，当时对梅雨季节的风雨特性和物候学知识已有相当仔细的观察，按照当时的季节，其中记载的大风，可能是指梅雨期间的东南季风。

2. 秦九韶与测雨术

南宋时秦九韶（1202—1261年）是中国古代杰出的数学家，他的多项数学成就在当时领先世界。其成果集中体现在1247年

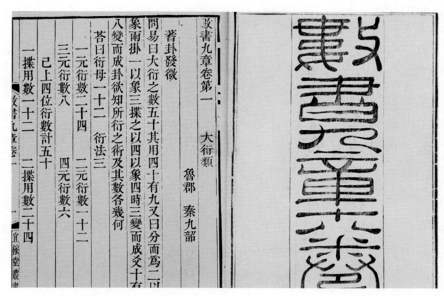

图 9-1 《数书九章》中一页

的《数书九章》（如图 9-1），共有 81 个数学问题，分成九类，除了数学，还有当时的社会生产和一些自然现象，内容包括（1）大衍类：涉及一次同余式组解法；（2）天时类：涉及历法计算、降水量；（3）田域类：主要是计算土地面积；（4）测望类：涉及对勾股、重差等认识；（5）赋役类：涉及均输、税收计算；（6）钱谷类：计算粮谷转运、仓窖容积；（7）营建类：对建筑、施工的计算问题；（8）军族类：主要是营盘布置、军需供应问题；（9）市物类：计算交易、利息等。不仅解决很多实际应用数学问题，而且有一定的哲学思考。[1]

秦九韶在浙江湖州居住时，比较关心农业生产和民众生活，比如在《数书九章》中设计了"围田先计"题，表明湖州生活对他撰书有很多影响。[2] 在书中还有关于气象相关的数学问题和计算，包括算雨量、雨水深以及雪量、雪深等。他在《数书九章》

① 查有梁. 秦九韶数学思想方法 [J]. 自然辩证法研究，2003，19（1）：87-92.

② 韩祥临. 试论秦九韶与湖州的关系 [J]. 中国科技史料，2002，23（1）：38-46.

的序文中，曾经明确地指出农业生产与雨量或雪量的关系，

　　三农务穑，厥施自天。

　　以滋以生，雨膏雪零。

　　司牧闵焉，尺寸验之。

　　积以器移，忧喜皆非。

翻译成："平原山川的农民耕种收获，全靠大自然的风调雨顺，阳光雨露庄稼滋生，雨水淋淋、雪水润润，农业官员忧心着气象天文，下了多少雨？用器皿测量，积满了水再换上一个器皿，有时测之忧，有时测之喜"。[1]

书中数学问题和气象知识相关的包括天池测雨、圆罂测雨、峻积验雪、竹器验雪等降水量测量和计算问题，表明当时对于量度降雨量已经有比较系统的思考。

书中有"天池盆测雨"问题，"问今州郡都有天池盆，以测雨水。但知以盆中之水为得雨之数，不知器形不同，则受雨多少亦异，未可以所测，便为平地得雨之数。假令盆口径二尺八寸，底径一尺二寸，深一尺八寸，接雨水深九寸。欲求平地雨降几何？"[2]这个"天池盆测雨"题，用现代语言描述就是，在下雨时，用一个圆台形的天池盆接雨水，天池盆盆口直径为二尺八寸，盆底直径为一尺二寸，盆深一尺八寸。若盆中积水深九寸，则平地降雨量是多少寸？据记载，秦九韶的测雨方法和思路比国外同样思路要早出几百年。

这里面天池盆可以看作雨量器，有学者认为这是世界上最早的雨量器。[3]能进入到当时著作中，可见测雨仪器已经比较普遍。《数书九章》中还有天文历法方面的问题，涉及二十四节气的推算，"推气治历"题："问太史测验无道。庆元四年戊午岁冬

① 查有梁.《数书九章·序》今译 [J]. 中华文化论坛，2005（1）：35-39.

② （宋）秦九韶著，王守义新释. 数书九章 [M]. 合肥：安徽科学技术出版社，1992.

③ 曾雄生.《数书九章》与农学 [J]. 自然科学史研究，1996，15（3）：207-218.

至三十九日九十二刻四十五分，绍定三年庚寅岁冬至三十二日九十四刻一十二分。欲求中间嘉泰甲子岁气骨、岁余、斗分各得几何？"这其中的"气骨"就是指冬至时刻。[①]

对于冬至时刻的细致推算，有利于安排来年的农业生产。由于中国幅员辽阔，不同地方的冬至具体时刻有所差异，南宋朝廷南迁后，冬至的日影长度就与中原地区有区别。秦九韶的书中对此有体现。"揆日究微"中讲到这点，题目是"问历代测景，惟唐大衍历最密。本朝崇天历，阳城冬至景一丈二尺七寸一分五十秒，夏至景一尺四寸七分七十九秒，系与大衍历同。今开禧历，临安府冬至景一丈八寸二分二十五秒，夏至景九寸一分，欲求临安府夏至后，差几日而景与阳城夏至日等，较以大衍历暑景所差尺寸，各几何？"这道题要求计算出临安府，就是今天杭州市，在夏至后多少日的日影长度与阳城（今河南登封）夏至日的日影长度相等。[②]显然纬度不同，日影长是不同的。

测雨器与我国报雨泽制度相联系，逐渐发展成为比较标准化的气象测量器皿，这或许是我国古代气象科技中最接近于标准化测量的仪器，因为各地要按统一的格式和器皿测得数据向朝廷汇报。在朝鲜发现过测雨器，竺可桢先生认为来自于中国，[③]但也有学者认为是朝鲜自己创造的。[④]朝鲜《文献备考》记载朝鲜雨量器始于李朝宗七年，即明仁宗洪熙元年（1425年）。当时的雨量计长一尺五寸，圆径七寸，与现代所使用之雨量筒比较相似。明太祖和明仁宗既然极重视雨量之观测工作，可以推断当时朝鲜的雨量器可能从中国传播过去，可惜中国境内迄今尚未发现明代的雨量计。

① 曾雄生.《数书九章》与农学 [J]. 自然科学史研究，1996，15（3）：207-218.
② 曾雄生.《数书九章》与农学 [J]. 自然科学史研究，1996，15（3）：207-218.
③ 竺可桢. 中国过去在气象上的成就 [J]. 科学通报，1951，22(1)：7-10.
④ 王鹏飞. 中国和朝鲜测雨器的考据 [J]. 自然科学史研究，1985，4（3）：237-246.

这有待气象科学技术史学者进一步考证，不过可以说明到 15 世纪，在中国测雨技术和仪器已经比较成熟，标准化程度较高。同时这也涉及中国古代量雨器的发明和发展问题。因为中国封建社会是农业社会，降雨是对农业生产和日常生活影响很大的一个因素。测雨和测雨器自然是重要的气象内容（图 9-2）。

图 9-2　北极阁科普馆中的测雨台

关于测雨和量雨器，有学者指出韩国人更早发明测雨台，与中国并无直接关系等。实际上本书认为秦九韶题目中的量雨器严格来说是一种量雨方法，古代称为测雨术，不能算是当今气象意义上严格的测雨器皿，没有明确的分级刻表，很难把一次整体计算的结果当做量雨器计量的结果。

本书暂时不想分辨这类争论，但上述论述也表明测雨和量雨器对于东亚地区古代生活的影响比较广泛（图 9-3）。

3. 宋代测风与祈风

位于泉州市区西郊南安境内的九日山祈风石刻，是宋代举行

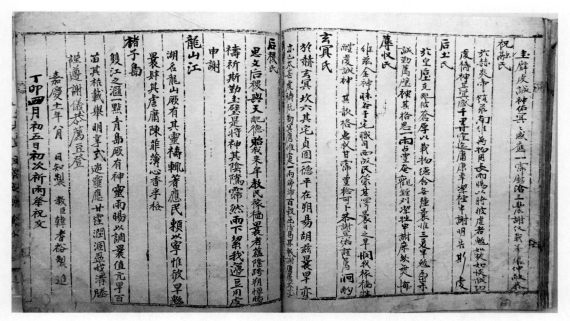

图 9-3　韩国文献中关于 1832 年祈雨文献（韩国学研究院张文博士提供）

海舶祈风典礼的铭记。祈风石刻中较早者为南宋淳熙元年（1174年）虞仲房石刻，记载有"淳熙元年，岁在甲午季冬朔，吴人虞仲房帅幕属洪子用、朱彦钦、赵德季、赵致孚，祈风于延福寺通远王祠下，修岁祀也。"可以看出清楚记述祈风时间、地点、参加者等。南宋时远洋航行专靠信风驱动，夏季随着西南风而来，冬季随着东北风而去。

广州番禺怀圣塔有测风金鸡。自北宋初（971年）在建怀圣塔时塔顶装了金鸡后，到南宋（1192年前），在二百二十一年左右时间内，塔顶保留有两只脚的大金鸡做成的风信器。自南宋初到明初（1387年），约二百年时间内，塔顶为仅有一只脚的金鸡。自明初到明嘉靖年间（1562年），在一百七十五年左右时间内，塔顶无鸡。自嘉靖到万历年间（1600年），此三十八年内光塔上为铜鸡，自明万历到清康熙（1669年），这六十九年内光塔顶上装有铜葫芦。民国以后才在塔顶装三叉形避雷针，以防雷雨时闪电打击塔顶。可见金鸡在光塔顶转了四个多世纪，铜鸡在光塔顶转了约四十年。总计光塔顶有"风信鸡"的时间，约达四个半世纪（跨宋、元、明三个朝代）。

广州怀圣塔"风信鸡"是迄今我国不多的有详细沿革可考的禽鸟形风信器，至少自北宋初建立，迄今已有一千多年的历史，是珍贵的文物，不仅有文物史的意义，而且有科学史的意义，说明我国兄弟民族对祖国气象史的重要贡献，也是中国与阿拉伯在古代密切交往的重要见证。①

4. 宋词中的气象学

北宋大诗人苏轼在的《飓风赋》中对飓风的描写虽是文学作品，却对飓风生成发展及其破坏力有着形象刻画，是难得的古代飓风的记录。

"海气甚恶，非祲非祥。断霓饮海而北指，赤云夹日而南翔。此飓风之渐也，子盍备之？"语未卒，庭户肃然，槁叶蓪蓪。惊鸟疾呼，怖兽辟易。忽野马之决骤，矫退飞之六鹢。袭土囊而暴怒，掠众窍之叱吸。予乃入室而坐，敛衽变色。客曰："未也，此飓之先驱尔。"少焉，排户破牖，殒瓦擗屋。礧击巨石，揉拔乔木。势翻渤澥，响振坤轴。疑屏翳之赫怒，执阳侯而将戮。鼓千尺之涛澜，襄百仞之陵谷。吞泥沙于一卷，落崩崖于再触。列万马而并鹜，会千车而争逐。虎豹慑骇，鲸鲵犇蹙。类钜鹿之战，殷声呼之动地；似昆阳之役，举百万于一覆。予亦为之股栗毛耸，索气侧足。夜挢榻而九徙，昼命龟而三卜。盖三日而后息也。父老来唁，酒浆罗列，劳来僮仆，惧定而说。理草木之既偃，辑轩槛之已折。补茅屋之罅漏，塞墙醒垣之隤缺。已而山林寂然，海波不兴，动者自止，鸣者自停。湛天宇之苍苍，流孤月之荧荧。

---

① 王鹏飞. 王鹏飞气象史文选：庆祝王鹏飞教授众事气象教学 57 周年暨八秩华诞 [M]. 北京：气象出版社，2001: 262-275.

这是苏轼晚年谪居海南，与家人同往海边，观海风海浪有感而作，所以有较大真实性。

宋代政府已经把飓风作为自然灾害记录并上报，在《五行志》中也有记载，不仅记录飓风过程，还要记载对生产生活造成的损失。

宋代诗词当中包含大量气象因素记录，《全宋诗》收录大概近30万首诗词，[①] 数千万字，其中有大量古代气象知识记载。

5.《梦溪笔谈》中的气象学知识

沈括（1031—1095年）是中国北宋科学家，总结了前朝不同科学家的知识，并在自己亲身对各种自然现象做深入细致的观察基础上，对数学、天文、物理、生物、地质乃至气象等多个领域提出卓越见解。沈括著作《梦溪笔谈》是中国古代科学史上重要文献之一，受到李约瑟的称赞。对于气象问题，沈括对虹霓、雷击、蜃气等大气现象作了科学解释，他用观察到的不同地域动植物化石说明沧海桑田的地理变化，间接推断气候变化。他发现，月令和物候有古今差异、区域差异等不同。这可能也是世界最早的记录。

中国古代文献中有很多关于雷电的记载。在《梦溪笔谈》中对雷电现象的描述和解释，记载有这样的有趣故事："李舜举家曾谓雷暴所震，其堂之西室雷火自窗间出，赫然出檐，人以为堂屋已焚，皆出而避之。及雷止，其舍宛然。墙壁窗纸皆黔。有一木格，其中杂贮储器，其漆器银扣者，银悉熔注于地，漆器曾不焦灼，有一宝刀极坚钢，就刀室中熔为汁，而室亦俨然。人必谓火当先焚草木然后流金石。今乃金石皆铄，而草木无一毁者，非人情所测也。佛书言'龙火得水而炽，人火得水而灭'此理信然。人但知人境中事耳，人境之外，事何有限？欲以区区世智情识，穷测至理，不其难哉。"

---

① 赵超.宋代气象灾害史料[M].北京：科学出版社，2016.

这些记载显然比之前文献中雷电记载更为详细，表明沈括经过仔细的观测。这样翔实客观的雷电击中家居的观测和记载为今天雷击研究提供了较早的历史材料。

沈括曾出使契丹，可能在今甘肃省境内的途中看到虹现象，仔细观察。《梦溪笔谈》详细记载对虹的描述及合理的解释："世传虹能入溪涧饮水，信然，熙宁三年，予使契丹，至其极北黑水境永安山下卓帐，是时，新雨霁，见虹下帐前涧中，予与同职扣涧观之。虹两头皆垂涧中。使人过涧，隔虹对立，相去数丈，中间如隔绡縠，自西望东则见（盖夕虹也）。立涧之东西望，则为日所烁，都无所睹。久之，稍稍正东，逾山而去，次日行一程，又复见之，孙彦先云：'虹乃雨中日影也，日照雨则有之'。"

沈括不仅记载虹的现象，而且做分析，在今天来看也是基本正确的，这比前朝记录更加详细科学。

《梦溪笔谈》还记载物候和其垂直差异及对物候的变化情况，比如"北方有白雁，似雁而小，色白，秋深则来。白雁至则霜降，河北人谓之'霜信'。杜甫诗云：'故国霜前白雁来。'即此也。"这实际上是说若有白雁从北方飞来时，则当地天气将转寒，并将开始降霜。

沈括还详细记载和论述了地势高低对物候的影响，比如"缘土气有早晚，天时有愆伏。如平地三月花者，深山中则四月花。白乐天《游大林寺》诗云：'人间四月芳菲尽，山寺桃花始盛开。'盖常理也。此地势高下之不同也，如笙竹笋，有二月生者，有三四月生者，有五月方生者谓之'晚笙'；稻有七月熟者，有八九月熟者，有十月熟者谓之'晚稻'。一物同一畦之间，自有早晚，此物性之不同也。岭峤微草，凌冬不凋；并汾乔木，望秋先陨；诸越则桃李冬实，朔漠则桃李夏荣。此地气之不同也。"按照现代大气科学观点来看，地形地势，特别是垂直高度对于物候反映是不一样的。沈括不仅观测仔细，而且描述出物候与时间、地点的关系，物候与高度、纬度、植物品种皆有极为密切的关系等。此处的"地气"概念不仅指物候表现，还可能包含地下水气蒸发的理解。

中国古代气象知识体系发展到宋朝，已经开始有一定的气候方面的观察与思考，沈括善于思考气象与气候变化问题。《梦溪笔谈》记载了成功的一次天气预报。"虽数里之间，但气候不同，而所应全异，岂可胶于一证。熙宁中，京师久旱，祈祷备至，连日重阴，人谓必雨。一日骤晴。炎日赫然。余时因事入对，上问雨期，余对曰：'雨候已见，期在明日。'众以谓频日晦溽，尚且不雨，如此旸燥，岂复有望？次日，果大雨。是时湿土用事，连日阴者，从气已效，但为厥阴所胜，未能成雨。后日骤晴者，燥金入候，厥有当折，则太阴得伸，明日运气皆顺，以是知其必雨。此亦当处所占也。若他处候别，所占迹异。其造微之妙，间不容发。推此而求，自臻至理。"

这段记载相当有趣，第一句出现"气候"二字，显然与今天气候的含义有差别，更多带有"地气之候"的含义，但值得进一步推荐这个词考据意义，面对询问何时下雨，沈括竟然准确预报出第二天要下雨，根据不是今天常用的数值预报，而是用对于气与候的观察和判断，这在当时相当了不起，也算是有记载的最早正确天气预报之一。按现在天气学预报理论解释，前几天连阴不雨，是因为风吹散了水汽，没有降雨条件，当天气突然放晴后，没有流动的风，水汽逐渐聚集，同时增温也有利于空气对流，把水汽送到高空，必然会较快达到降雨条件，所以就预报下雨。沈括对于水汽的理解令人赞叹。

6. 农学与《田家五行》

中国古代农业发达，与对天气的把握有直接关系，农作时观察天气的经验非常丰富，形成简短实用的语言来表达这些丰富的经验。天气谚语就是其中一种。元末明初娄元礼《田家五行》集中了很多谚语，主要是当时流行在太湖流域的天气经验的专集①（图9-4），反映了南方当时的气象条件和气候状况，也反映了当时社会生产和文化发展。

这本书影响很大，成为当地农村和周边地区流传很广的农业气象书籍。此书共分上中下三卷，上卷包括正月类、到十二月类当地常规的天气状况谚语；中卷包括天文类、理类、草木类、鸟兽类、鲮鱼类；下卷包括三旬类、六甲类、气候类、涓吉类、祥瑞类等。后世有一些不同的流传版本，科学史界对其做过一些讨论。②

图 9-4　田家五行古书封面

在这本书的天文类中包括论日月、论星、论风、论雨、论云、论霞、论虹、论雷、论电、论冰、论霜、论雪等，把长期观察的天气情况以谚语形式记录下来。比如"日晕则雨。谚云：月晕主风、日晕主雨。春南夏北，有风必雨。冬天南风，三两日内必有雪"等等。

在其气候类中，记载如"春寒多雨水，元宵前后必有料峭之风，谓之元宵风。"这反映了江南地区的天气和气候状况，对今天有一定的借鉴意义。

第二节　明朝气象学的应用发展

1. 小说文学作品中气象描述

我国古代文学作品中从来不缺乏对气象的记载和描述，如

---

①　元代，娄元礼，明朝刻本。

②　訾威，杜正乾. 近四十年来《田家五行》研究综述 [J]. 农业考古,2014（6）: 286-291.

《全唐诗》中诗歌有七千多处描写了"雨"。在宋元明时期，我国文学体裁不断发生变化，小说逐渐成为一种重要文学艺术形式，气象和气象现象成为惯用的描述景色手法，也反映出当时对气象知识理解的程度。如明朝罗贯中的《三国演义》第四十六回《用奇谋孔明借箭 献密计黄盖受刑》中，诸葛亮草船借箭，书中有《大雾垂江赋》来表现这场罕见的大雾：

"初若溟蒙，才隐南山之豹；渐而充塞，欲迷北海之鲲。然后上接高天，下垂厚地；渺乎苍茫，浩乎无际。鲸鲵出水而腾波，蛟龙潜渊而吐气，又如梅霖收溽，春阴酿寒；溟溟漠漠，浩浩漫漫。"

再如《水浒传》的第十五回《杨志押送金银担 吴用智取生辰纲》，用气象因素烘托场景，"赤日炎炎似火烧，野田禾稻半枯焦。农夫心内如汤煮，公子王孙把扇摇。"[1]

明朝凌濛初《初刻拍案惊奇》卷二十二《钱多处白丁横带运退时刺史当梢》对风的描写："黄昏左侧，只听得树梢呼呼的风响。须臾之间，天昏地黑，风雨大作。封姨逞势，巽二施威。空中如万马奔腾，树抄似千军拥沓。浪涛澎湃，分明战鼓齐鸣；圩岸倾颓，恍惚轰雷骤震。山中猛虎喘，水底老龙惊。尽知巨树可维舟，谁道大风能拔木！"[2]

从以上可以看出，宋元明小说中气象因素已被运用到较为纯熟的地步，对于烘托主题、表现人物都起到重要作用，也说明当时气象知识已经积累很多，成为普通民众日常生活的经验常识，对于古代气象科学技术起到传播和科普的作用，在更广层面促进了气象学科的发展。

---

① 陈曦钟.《水浒传会评本》(上下)[M]. 北京：北京大学出版社，1981.
② 凌濛初. 拍案惊奇(上下)[M]. 上海：上海古籍出版社，1982.

2. 航海气象的发展

唐宋以来，我国的航海事业非常发达，除了要具备优异的航海技术外，还要有非常丰富的气象知识和天气预报经验，才能顺利地完成航海任务。明初，郑和和他领导的庞大船队七下西洋，保证郑和巨大船队多次平安远航的先进传统科学技术水平之一，就是传统的海洋占候技术。

《西洋番国志》中说："始则子行福建广浙，选取驾船民中梢有经惯下海者称为火长，用作船师"，说明郑和航海的占候技术是广大渔民、水手中长期广为流传的天气谚语。这些谚语源远流长。比如宋代吴自牧的《梦粱录》卷十二（江海船舰）和元代朱思本《广舆图》卷二《占验篇》等等。《星槎胜览》《西洋番国志》《瀛涯胜览》是一组最早记录郑和下西洋的相关文献。

著名的中国科技史研究专家、英国李约瑟博士在自己的巨著《中国科学技术史》中，还提及这段明代中国的航海史。特别是在《中国科学技术史》第 4 卷《物理学及相关技术》第 3 分册《土木工程与航海技术》中，绘制了一幅"15 世纪中国人和葡萄牙人航海探险的气象和海洋条件地图"，该图基本覆盖了太平洋、印度洋和大西洋等几大洋上的冬、夏季风和洋流的分布情况，具有重要的价值。[1]

明代，海洋占候谚语已被汇编起来好几种书，比如明初无名氏所撰的《海道经》将所收集的谚语分成占天门、占云门、占日月门、占虹门、占雾门、占电门等。这些郑和航行可能使用过。以后流传中又可能有所补充的《顺风相送》，其收集的谚语分编于"逐月恶风法""论四季电歌""四方电候歌""定风用针法"等条目中。明神宗 1618 年成书的《东西洋考》所收集的谚语分

---

　　① 李约瑟. 中国科学技术史 (第 4 卷): 物理学及相关技术第 3 分册 : 土木工程与航海技术 [M]. 汪受琪，等，译. 北京 : 科学出版社，2008.

编于"占验"和"逐月定日恶风"两部分中，并且流传至清代。

　　由于我国先民对海市蜃楼出现的观察逐渐增多而细致，其描述记载也更加详细。故到了明代，人们便开始对海市蜃楼出现的原因、出现的气象条件等问题进行了探讨。

　　元明两代由于航海进步和沿海海洋贸易的开展，出现了有关海上天气预报的书籍。比较有影响的包括《东西洋考》，这本书由明代张燮撰写，如图9-5。

　　张燮（1574—1640年）字绍和，自号海滨逸史。张燮20岁中举后，无心仕途，1617年写成《东西洋考》。当时以婆罗洲（今加里曼丹岛（Kalimantan Island），是世界第三大岛）为界，婆罗洲以西称西洋，婆罗洲以东称东洋。这本书分十二卷，卷一至四记载西洋列国考，包括交阯、占城、下港、麻六甲、哑齐、彭亨、柔佛、思吉港、文郎马神、迟闷等国的地理、历史、气候、名胜、物产。卷五、卷六记载东洋列国考、外纪考记叙吕宋、苏禄、猫里务、美洛居、文莱、日本、红毛番等国的地理、历史、气候、名胜、物产。卷七至卷十二记叙各国饷税、税珰、舟师、艺文和逸事等项目。

　　《东西洋考》是一本重要的关于海洋贸易的古籍，对于今天

图9-5 《东西洋考》，明万历间刻清初印本

全球化时代有特殊意义，反映了先人对于海洋的关注和海洋气象的探索。例如书中记载："乌云接日，雨即倾滴""迎云对风行，风雨转时辰""断虹晚见，不明天变；断虹早挂，有风不怕"等等。这些是当时宝贵的海洋气象的记录。

图 9-6　郑和下西洋纪念邮票

我国在明代时航海能力就比较强，对于海洋气象学的知识也有一定积累，特别是 1405—1433 年，明代郑和（1371—1435 年）七次下西洋时（图 9-6）所绘制的"航海图"中包括几幅"过洋牵星图"，这是我国古代航海天文学的宝贵资料。其中用到"牵星术"，就是观测星辰（主要是北极星）的海平高度（仰角）来确定海上船舶在南北纬度上所处位置的一种方法。

《郑和航海图》见于明代茅元仪编辑的《武备志》一书。[①] 从"牵星术"和航海图分析，可以看出郑和下西洋使用观测指角数据非常准确，几个星辰并用的方法和过洋牵星仪器的应用都超过当时世界各国的水平，站在世界的前列。[②] 这是相当了不起的。

3. 比较规范完整的报雨泽

报雨泽是中国古代气象科学技术史上非常独特的制度，这是我国古代记录当地晴雨状况并报告上级机构的制度。我国是农业大国，农业生产离不开降水，旱涝灾害与雨水多少直接相关，从早期文明中就可以看出对降雨的关注，比如甲骨文中就有很多记

①　刘南威，李竞，等. 记载郑和下西洋使用牵星术的海图 [J]. 地理科学，2005，25（6）：748-753.

②　刘南威，李竞，等. 记载郑和下西洋使用牵星术的海图 [J]. 地理科学，2005，25（6）：748-753.

载，历代统治阶级比较自觉地重视各地降水情况。

　　早在春秋战国时，官府就有规定。战国时秦的《田律》规定：地方官须及时上报雨量及受益、受害农田面积。从考古和文献研究来看，奏报雨泽从秦汉以来就已形成惯例。在湖北云梦县睡虎地十一号出土的《秦律十八种·田律》中已有"上雨泽"的规定。[①] 东汉进一步出现明确规定："立夏之日，夜漏未尽五刻，京都百官皆衣赤，至季夏衣黄，郊。"。[②] 以后汉、唐、宋各代均有类似规定。明清时期更为健全。[③]

　　汉朝《后汉书·礼仪志》中有记载：自立春志立夏尽立秋，郡国上雨泽。若少，郡县各扫除社稷；其旱也，公卿官长以次行雩礼求雨。[④]

　　唐朝根据雨雪记录调整政策，"诸道各置知院官，每旬月具州县雨雪丰歉之状白使司，丰则贵籴，歉则见粜"。[⑤] 我国历史上一些少数民族建立的政权也报雨泽，比如 1193 年金政权记载有"谕左司遍谕诸路，月具雨泽田禾分数以闻"。[⑥] 其后宋朝沿用了上雨泽的做法和传统，从下级政区逐级向高层政区递报。宋朝对程序和格式都有比较统一的要求，但是实际操作，呈现时紧时松、地方虚报的情况。[⑦] 元朝有申报雨泽分数的规定，1264 年元世祖诏令，雨泽分数每月一次奏报。明朝为规范地方雨泽奏报，还制定了雨泽奏本的格式。元代统一全国后，非常重视农业和社会稳定，注重雨泽的奏报和勘验，比如有文献记载"既报雨泽水旱，

① 睡虎地秦墓竹简整理小组，睡虎地秦墓竹简 [M]. 北京：文物出版社，1978.

② （汉）班固 . 后汉书 [M]. 北京：中华书局，1965.

③ 郑天挺，吴泽，杨志玖 . 中国历史大辞典·上卷 [M]. 上海：上海辞书出版社，2000.

④ 《后汉书·礼仪志第五》. 北京：中华书局，1965.

⑤ 《资治通鉴》卷 226，中国基本古籍数据库四部丛刊景宋刻本，第 2548 页。

⑥ 《金史》，第 10 卷，《章宗纪》. 北京：中华书局，1995.

⑦ 刘炳涛 . 宋代的雨泽奏报制度及其评估 [J]. 兰台世界，2015（36）：22-24.

月申，随即合行检路"。① 明朝开国皇帝朱元璋出身平民，而且生长在灾荒较多的淮北凤阳地区，对雨量与农业发展的密切关系非常了解。因此，他在建立明朝后，便令各州县长吏要月奏雨泽。古文献记载"洪武中，令天下州县长吏，月奏雨泽。盖古者龙见而罕，春秋三书，不雨之意也。承平日久，率视为不急之务，永乐二十二年十月，仁宗即位，通政司请以四方雨泽奏章类送给事中收贮。"② 并且逐步统一格式，随着皇帝重视程度，报雨泽情况有起伏，但总体上明代比较完整地做这项工作。③

在明代就有文献记载表明，记录雨雪分寸比较规范细致，包括什么时段下雨，降雨量（入土几分）等，④ 表明雨泽在当时的重要性。后来的明仁宗也将测雨命令颁行天下。明仁宗："自今四方所奏雨泽至，即封进朕亲阅也"。可见明仁宗是相当重视全国各地之雨量观测工作。

既然报雨泽在明代形成比较完整的制度，必然有机构支持，中央层面，当时负责接受和向皇帝呈报奏折的机构是通政司，通政司把各地上报军情、灾异等情况汇总，其中包括各地雨泽奏疏，然后报给皇帝阅览。具体承办部门是户科。在地方上，一般由官府开办学校的阴阳生负责具体的雨泽观测和申报，在广大乡村，一般由乡村里老等协助观测和上报。上报的具体内容一般包括"雨雪分寸"，比如"广德州建平县知县何弘仁申称，七月六日亲诣龙潭，竭诚祷请，即于是日得雨，查得各乡村雨泽分寸，

① 胡祗遹.紫山大全集（第21卷）：景印文渊阁四库全书[M].上海：上海古籍出版社，1987，第1196册，371.

② 顾炎武，黄汝成.日知录集释（卷12）：雨泽[M].石家庄：花山文艺出版社，1990：568.

③ 刘炳涛.明代雨泽奏报制度的实施[J].历史档案，2015，（4）：115-118.

④ 刘炳涛.明代三则雨泽奏疏浅析[J].历史档案，2013，（4）：118-120.

多寡不一……崇祯十一年八月二十日具题"。[①]

4. 地学中的气象知识

《广舆图》是我国地图史中一个里程碑，这是明朝著名地图学家罗洪先（1504—1564 年）根据元朝朱思本（1273—1333 年）的《舆地图》制作而成。罗洪先擅长天文、地理、水利、军事和数学知识。他运用中国传统的测量方法"计里画方"投影法绘制地图，制成地图集。这本地图集包含明朝中叶整个国家的地图，具有极高的实用价值。卷一为全国的"舆地总图"，分 3 册装订。卷二则为"九边总图"，总计 27 幅图，一共 106 页，亦分 3 册装订。

地图除了中国版图还有朝鲜、中国东南方及西南方国家，乃至琉球群岛和日本等。地图集真实地展现了明朝中期整个中国的情况，国内外均有深远的影响，直至 17 世纪末，欧洲出版的中国地图，基本都是以其为基础来制作。

在《广舆图》中有占验记录（图 9-7），今天看来就是天气谚语。这些谚语总结了当时对天气知识的理解，摘录内容如下。

占天：

朝看东南黑，势急午前雨。

暮看西北黑，半夜看风雨。

占云：

天顶早无云，日出将渐明。

暮看西无云，明日便晴明。

游丝天外飞，久晴便可期。

清朝起海云，风雨霎时辰。

风静蔚然热，云雷必震烈。

---

① 张国维.《抚吴疏草》中《旱蝗分数》,《四库禁毁书丛刊》, 史部, 第 39 册, 北京：北京出版社, 1997：575-581.

东风云过门，雨下不移时。

东风卯没云，雨下巳时辰。

云起南山暗，风雨辰时见。

日出卯遇云，无雨必天阴。

云随风雨疾，风雨霎时息。

迎云自风行，肢雨转时辰。

日没黑云接，丰脲不可说。

云布满山底，连宵雨乱飞。

云从龙门起，飓风连急内，

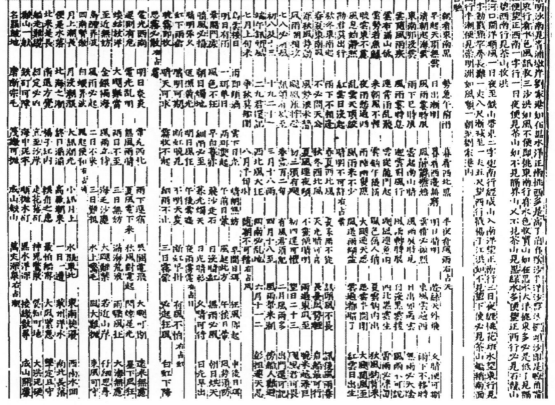

图 9-7 《广舆图》中占验谚语的书页[1]

---

① 续修四库全书，史部地理类—广舆图 [M]. 上海：上海古籍出版社，2002.

西北黑云生，雷雨必声訇。

云势若鱼鳞，来朝风不轻。

云钩午饭后，风色属人猜。

夏云钩内出，秋风钩背来。

晓云东不虑，夜雨愁过西。

雨阵两双煎，大飓连天恶。

恶云半开闭，大飓随风至。

风息始静然，乱云天顶绞。

风雨来不少，风送雨倾盆。

云过都晴了，红云日出生。

劝君莫出行，红云日没起。

晴明不可许。

占风：

秋冬东南起，雨下不相逢。

春夏西北风，夏来雨不从。

断头风不长，汛后风雨毒。

春夏东南风，不必问天公。

秋冬西北风，天光晴可喜。

长夏风势轻，舟船最可行。

深秋风势劲，风势浪未静。

夏风连夜雨，不尽便晴明。

雨过东风至，晚来越添巨。

风雨朝相攻，飓风难将息。

初三头有飓，初四还可惧。

望日二十三，飓风君可畏。

七八必有风，汛头有风至。

春云百二旬，有风君须记。

二月风雨多，出门还可记。

初八及十三，十九二十一。

三月十八雨，四月十八至。

风雨带来潮，傍船人难避。

端午汛头风，二九君还记。

西北风大忙，西南必乱地。

六月十一二，彭祖连天忌。

七月上旬来，争秋莫船开。

八月半旬时，随潮不可移。

占日：

乌云接日，雨即倾滴。

云下日光，晴朗无妨。

早间日珥，狂风开起。

申后日珥，明日有雨。

一珥单日，两珥双起。

午前日晕，风起次方。

午后日晕，风势须防。

晕开门处，风色不在。

早白暮赤，飞沙走石。

日没晴红，无雨必风。

朝日烘天，晴风必扬。

朝日灼地，细雨必至。

暮光灼天，日色阴连。

日光晴彩，久晴可待。

日光早出，晴明不久。

夕照黄光，明日风狂。

午后云起，夜雨滂沱。[①]

---

① 从手抄刊印本摘录，少数地方可能存在难以辨认，需要进一步确定。作者注。

　　从这些谚语来看，当时对天气常识已经有比较系统性的认识，并且可以根据生活经验对未来天气作出有一定道理的预测。谚语适合中国东南地区的天气状况。此外，书中还有占雾、占日、占虹、占海等内容。可以认为在明代，传统气象已经有从钦天监体系向地理体系转变的趋势。古代气象学从成为天学一部分，转向成为地学一部分，表明这门学科知识逐渐接近人们日常生活。这在西方也有类似的发展规律。

　　我国古代气象谚语比较广泛，很多谚语流传至今还在日常生活中出现，显示了中国人民千百年积聚下来的宝贵经验。这些气象谚语很多有一定的科学性，陆游称赞："老农占雨候，速若屈伸臂"，感慨农谚立竿见影的准确。[1] 通俗易懂的气象谚语，大大普及了人民群众的气象知识和气象预报经验。符合当地天气特色的谚语能够一直流传至今，在某种程度上也构成中国传统气象文化的重要组成部分，在生活、生产实践中具有一定的指导意义。当然，气象农谚尽管总结的是规律，但都是经验性的，知其然不知其所以然，[2] 最后没有发展成如西方那样建立在数理体系上的大气科学。

　　明末徐光启（1562—1633 年）在《农政全书》中有《占候》，进一步整理和补充了《田家五行》和其他天气谚语书籍中的传统天气知识，有所凝练和提高。

　　明朝徐霞客（1587—1641 年），今江苏江阴人，明代地理学家，一生进行地理考察，涉及当时中国的 16 个省市，后写作成《徐霞客游记》，[3] 其中也记载了各地物候状况和气象与气候现象。

① 石炳茹. 气象谚语浅谈 [J]. 青年与社会（上），2014（2）：310.
② 程民生. 宋代的气象预报 [J]. 河北大学学报（哲学社会科学版），2014（4）：1-10.
③ （明）徐宏祖. 徐霞客游记. 文渊阁四库全书.

第三节　明末清初气象学的实用

1. 气象学知识的进一步实用化

明末清初，中国传统的气象知识进一步向民间和普通百姓传播。《天经或问》是一本天文科普读物，通过一问一答的形式，向百姓普及天学相关知识，其中也涉及不少气象知识。如图 9-8。

《天经或问》共有四卷。卷一共有二十多幅图，包括黄赤道、南北极图等；卷二包括天体、地体、黄赤道、南北极、子午规、地平规、太阳、太阴、日食、交食、朔望弦晦等知识；卷三包括岁差、经星名位、恒星多寡、大星位分、太阳出入赤道度分、经星东移、觜宿古今测异、七曜各丽天、恒星天等；卷四涉及气象知识，包括年月、历法、霄霞、风云、雨露、雾霜、雪霰、雹、雷电、霾、慧孛、虹、日月晕、日月重见等。如图 9-9。

《天经或问》把当时西方比较先进的天文和气象知识与中国

欽定四庫全書　子部
天經或問　天文算法類 推步之屬
提要
臣等謹案天經或問四卷
國朝游藝撰藝字子六建寧人是書凡前後二
集此其前集也凡天地之象日月星之行薄
蝕朒朓之故與風雲雷電雨露霜霧虹霓之
屬皆設為問答一一闡其所以然頗為明晳

图 9-8 《四库全书—天经或问》刊印本书影

曰霄者天之無雲氣而青碧者也天色在五行之外青
亦非其真體莊生所謂天之蒼蒼其正色耶其遠而無
所至極耶其視下也亦若是則已矣霞者雲正受日光
則透白虛斜相交則起色皆假日之光或成五彩也夫
雲氣至清虛五色非有定質因時之早晚候之寒暑各
借日氣之厚薄掩映入目而成象為五彩成文乃和氣
之所散亦視境之所幻故不關之也
風雲雨露霧霜
欽定四庫全書　天經或問

图 9-9 《天经或问》中关于风云雨露等书页

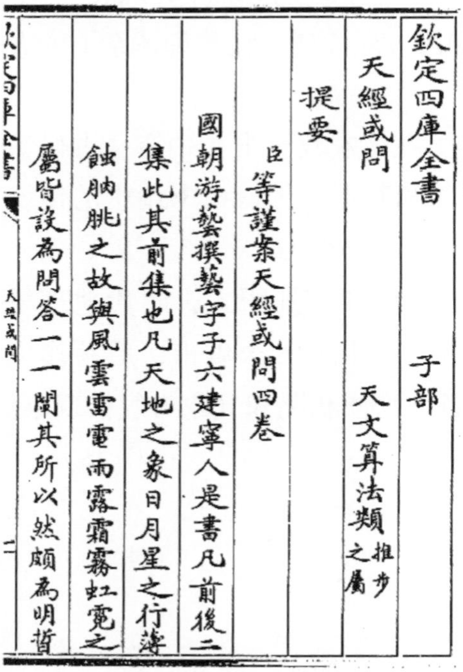

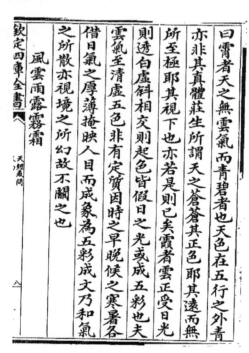

传统天文和气象知识结合，[1]通俗易懂，某种程度也是对西方气象知识的引入和介绍。

我国古代气象学早期与天学密切相关，在明末清初出现从地理学角度论述气象的倾向，《广阳杂记》体现得比较明显。从当代学科分类来看，大气科学属于地球科学，因此从历史角度分析，古代气象学从天学逐渐转向地学是一种进步。

《广阳杂记》是清初刘献廷（1648—1695 年）撰写。他不愿仕途，提倡经世之学，重视实地考察，从地理学角度研究了纬度高低与物候关系、地形与风雨关系等。[2]书中记载"中气与节气，但有半月隔。若要知仔细，两时零五刻"等气象知识及其应用。在《广阳杂记》卷 3 中出现"人工银雨者"，记载了我国用火炮消除冰雹的方法。这可能是世界上最早实践人工消雹的方法。[3]

中国传统气象知识到明清时期积累已经较多，除了出现大量的民间谚语这种形式的气象知识传播，还间或出现了对气象仪器的发明。其中清代黄履庄（1656—？）发明了不少气象仪器。

黄履庄，广陵（今扬州）人。清初制器工艺家、物理学家。创造了"验冷热器"和"验燥湿器"等，著有《奇器图略》，现已节存于《虞初新志》，共有 27 种。据《虞初新志黄履庄传》记载：黄子履庄，少聪颖，读书不数过，即能背诵。尤喜出新意，作诸技巧。七八岁时。尝背塾师，暗窃匠氏刀锥，凿木人长寸许，置案上能自行走，手足皆自动，观者异以为神。记载他发明气象仪器包括：

验冷热器：此器能诊试虚实，分别气候，证诸药之性情。其

---

① 查庆玲，罗嘉.《天经或问》中的气象学知识解析 [J].黑龙江史志，2014（9）：91-92.

② 王祥珩.清初地理学家刘献廷及其学术思想 [J].地理科学，1985（3）.

③ （清）刘献廷.清代史料笔记业刊广阳杂记 [M].汪北平，夏志和，点校.北京：中华书局，1957.

用甚广，另有专书。

验燥湿器：内有一针，能左右旋，燥则左旋，湿则右旋，毫发不爽，并可预证阴晴。[1]

作为中国制造近代科学意义的温度计和湿度计的第一人，黄履庄制造出"验冷热器"意义重大。张潮所编选的《黄履庄小传》称："此器能诊试虚实，分别气候，证诸药之性情，其用甚广"。并且另有专书讲述这件仪器，可惜专书和仪器皆已失传。1683 年黄履庄制做成功了第一架利用弦线吸湿伸缩原理的"验燥湿器"。[2]黄履庄发明的"验燥湿器"有一定的灵敏度，可以"预证阴晴"，具有实用价值。黄履庄生活的扬州是当时的对外通商口岸，他能够比较方便地看到欧洲传教士写的一些科技著作，从中学到了不少几何、代数、物理、机械等方面的知识，这些客观因素对黄履庄的创造发明有较大帮助。

以上两个仪器其实就是类似今天的温度计和湿度计，相比中国古代前朝发明，显然有所进步。他研究这些仪器，有可能受到当时比较有名的传教士南怀仁（Ferdinard Verbiest，1623—1688年）的影响。[3]黄履庄还发明了很多其他仪器，包括验器、光镜、画画仪器、用水动力仪器、工具等等。[4]其发明之多，仪器之灵巧，是当时不可多得的人才。按照今天的说法，属于"创新精神很强的青年学者"。有人认为，他发明如此之多，应看作是中国的"爱迪生"，本书认为，可以进一步挖掘黄履庄的研究和发明，并进行科学史的复原试验，没有证据的"拔高"可能也不妥当。

从目前文献分析来看，中国学者在这个历史阶段的气象仪器

① 张潮.虞初新志黄履庄传(6卷)[M].// 笔记小说大观.扬州：江苏广陵古籍刻印社，1983.

② 清代笔记小说大观[M].上海：上海古籍出版社，2005.

③ 潘吉星.温度计、湿度计发明及其传入中国、日本和朝鲜的历史[J].自然科学史研究，1993，12（3）：249-256.

④ 王锦光.我国17世纪青年科技家黄履庄[J].杭州大学学报，1960（6）.

发明与同期国外学者相比，已经有些落后，处于应用国外的气象原理进行发明，或者在传教士带入仪器基础上进行改进。[①]后文还将对此进行进一步论述。

2. 清朝更严密的报雨泽系统

明清时期，对天气现象的观测记载工作，无论在质和量上都超过以往各代。总体来看，中国传统的历史气象记录，公元之后的记载总体较为系统，距今 1000 年来的数量较多，尤其在距今 500 年间，记录的数量陡增，清朝的 300 年间，有逐月逐日的连续观察记录。[②]

本书前已述及，我国较早就有量雨的记录，雨量器的发明也比较早。历代皇权要求全国州县的负责官吏按月向中央上报雨水情况。这种制度在清代还保持着，因此现在在故宫里还保留明清两代大量的各地上报雨泽的奏折。统治阶级的重视和传教士的贡献，使得大量珍贵的气象档案得以被保存，包括雨量观测记录、雨雪分寸记录档案、晴雨录档册等。

目前可知，清代规定比较详细，从 1736 年到 1911 年，在全国范围内对每次下雪的积雪厚度，或者每次下雨后雨水渗入土壤的深度，均以尺寸（市尺）记录，称雨雪分寸奏报。奏报的详细程度和频繁次数还随朝代的不同而有所差异。现存全国比较完整的雨雪分寸记录是明清的记录，重量达到以万计算。[③]

全国各州县晴雨观测造报晴雨录是从 1685 年开始的，并将观测结果按月报送朝廷。《晴雨录》已包括阴晴、雨雪、雷电、风向等内容，还特别注明下雨和下雪的起止时间和程度，实际上已

---

①　李迪.中国古代关于气象仪器的发明 [J].大气科学，1978，2（1）：85-88.

②　丁海斌，冷静.中国古代气象档案遗存及其科技文化价值研究 [J].辽宁大学学报（哲学社会科学版），2009，37（2）：103-108.

③　丁海斌，冷静.中国古代气象档案遗存及其科技文化价值研究 [J].辽宁大学学报（哲学社会科学版），2009，37（2）：103-108.

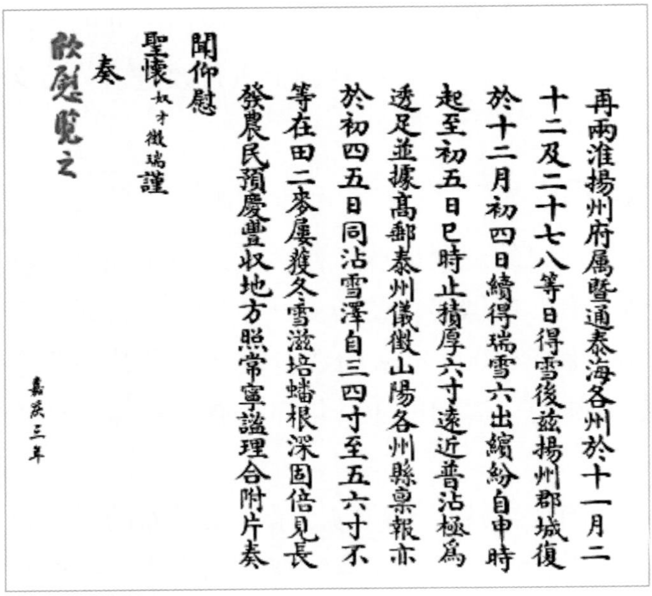
再兩淮揚州府屬暨通泰海各州於十一月二
十二及二十七八等日得雪後茲揚州郡城復
於十二月初四日續得瑞雪六出繽紛自申時
起至初五日巳時止積厚六寸遠近普沾極爲
透足並據高郵泰州儀徵山陽各州縣稟報亦
於初四五日同沾雪澤自三四寸至五六寸不
等在田二麥屢獲冬雪滋培蟠根深固倍見長
發農民預慶豐收地方照常寧謐理合附片奏
聞仰慰
聖懷奴才徵瑞謹
奏
欣慰覽之
嘉慶三年

图 9-10　清朝一份晴雨录奏折

很接近于现代的气象观测记录簿。对于特殊的天气现象如初雷情况等，钦天监要进行详细观测并以“题本”形式奏呈。现在国家第一历史档案馆里还保存有北京、江宁、苏州和杭州等地呈报皇帝的《晴雨录》以及钦天监题本、各地奏折等气象档案。[①] 如图 9-10。

清朝保留了比较完整的雨泽档案，一般分为两类：逐日的晴雨记录，较大的雨雪记录，称作“雨雪分寸”。顺治元年的《大清会典·户部·田土荒政》记载康熙十八年就是 1679 年：恤荒之政，诚为拯民急务。我朝深仁厚泽，立法补……近据四方奏报雨泽沾足，可望有年，恐丰熟之后，百姓仍前不加撙节，妄行耗费。[②]

清朝中央政府负责监管测雨的是钦天监。从文献记录来看，清朝时，钦天监已经大体可以指导观测区域和观测项目的选择，与今天气象观测比较接近，比如中国第一历史档案馆中有 1903

① 丁海斌，冷静．中国古代气象档案遗存及其科技文化价值研究 [J]. 辽宁大学学报（哲学社会科学版），2009，37（2）：103-108.

② 李文海，夏明方，朱浒．中国荒政书集成·第三册 [M]. 天津：天津古籍出版社，2010.

年北京顺义的气象观测记录，其中记载"地别栏"和"月别栏"等，要在"城郊四野"观测，观测项目包括晴、阴、雨、雪，与现代气象观测比较类似。[①]

中国古代的气象记录无疑非常丰富，特别是有关晴雨的记录形成独特传统和制度，是世界其他国家少见的，也为统治阶级的国家治理起到参考作用。清代雨雪折奏制度基于前朝传统，经过不断调整完善而形成的一项重要的规范化的农政信息奏报制度，这种做法比同期欧洲国家治理先进许多。清朝统治者正是抓住了传统社会的立国之本，建立了一种包括雨雪在内的农业信息收集制度，有效地控制和管理庞大的帝国。[②]

此外，现代意义的气球从西方传入中国，在一些文献中有

图 9-11　《点石斋画报》插图"气球破敌"

①　曹冀鲁. 清代光绪年间的顺义县气象报表 [J]. 北京档案，1998（1）：43.
②　穆崟臣. 清代雨雪折奏制度考略 [J]. 社会科学战线，2011（11）：103-110.

所反映，比如 19 世纪末上海的《点石斋画报》
中出现过数次关于气球的新闻。其中有插图用
"气球破敌"，见图 9-11。但是中国的知识界没
有用现代气球探测高空的天气，这方面的意识
还比较弱。

3. 消雹技术与人工降雨

古代劳动人民对于天上的雷电云雨，在敬
畏同时，有希望改变这种状况的思想，并进行
尝试。清代文献中有这样记载。清代初期刘献
廷在《广阳杂记》第三册（图 9-12）中的记载：
"平凉一带，夏五六月间常有暴风起，黄云自山
来，风亦黄色，必有冰雹，大者如拳，小者如

图 9-12　《广阳杂记 第三册》

栗，坏人田苗，此妖也。土人见黄云起，则鸣金鼓，以枪炮向之
施放，即散去。或有中者，必洒血雨，云则渐低而去。"

按现代气象科学观点来看，这是人工防雹。虽然出发点是驱
妖，但是却使用了人工防雹的一些技术。

清代其他文献中也有关于"人工消雹"乃至取得成功的记载。
古人在长期的摸索中，可能多少掌握了一些人工消除冰雹的经验。

但是这些人工防雹或驱散降雨，不能等同于今天的人工降
雨，没有科学理论作为指导，多半夹杂迷信。其记取的事件和历
史材料却可以作为今天研究的素材。

4.《农政全书》中的占候知识

徐光启（1562—1633 年），毕生致力于数学、天文、历法、
水利等方面的研究，与传教士利玛窦等交往很多，直接学习了西
方当时比较先进的自然科学知识，对于中国传统知识体系和西方
知识体系差异有相对深刻的认识。《农政全书》是其一生最重要
的成就，较为完整地总结了我国前朝和明代在农业科学方面的成
就，记载了有中国特色的农业生产经验和农业知识，包括农本、

农事（营治、开垦）、树艺、蚕桑、种植、牧养等。

中国农业与天气气候的变化和农业生产关系密切，《农政全书》中阐述了一些气候知识，在第 11 卷农事占，记载占风、雨、云雾、霞虹、雷、霜、雪等气象现象。

徐光启对于纬度与物候认识，他总结了前人的成果，并有所发展。在《农政全书·农本》中阐述："故书载二十八宿周天经度，甚无谓。吾意欲载南北纬度，如某地北极出地若干度，令知寒暖之宜，以辨土物，以兴树艺庶为得之。"

他认为《王祯农书》根据二十八宿周天历度（经度）、二十四节气来掌握"天时之宜"是不对的。徐光启指出，不同纬度变化，在空间变化中南北气候就会存在差异，根据气候需要改变耕种习惯和制度，这样可以更好地发展农业。这种思想在当时是很先进的，在某种程度上也许可以看成今天我国农业气象学的滥觞。

徐光启对历史上蝗虫灾害总结出三条气象环境规律，中国农业历史上蝗虫造成过很多次蝗灾。徐光启研究古代蝗灾，认为蝗灾与气象条件直接相关。对于防治蝗灾的经验和方法，他特别指出尽早攫取蝗虫卵。

5. 军事著作中的气象学知识

到明代，茅元仪[①]的宏著《武备志》是明代中国最重要的一部军事学文献（图 9-13）。这部巨著 240 卷，洋洋洒洒 200 余万字，比较全面地梳理了明朝以前的各种兵书战法、武器制造及其使用、山川地理、队列阵型、枪棒打法等等，有几百幅图画，形象生动。值得指出的是，巨著中还有琉球群岛的地图，以及四夷地图等，有以夷制夷的思想。不言而喻，其服务明朝战略、保家

---

① 茅元仪（1594—1640 年），归安（今浙江吴兴）人，明朝军事家，曾任副总兵，忠心报国。汇集前朝兵家、术数文献达 2000 余种，经过 15 年研读撰写成巨著《武备志》，对后世军事战术等影响深远。

图9-13 《武备志》某卷

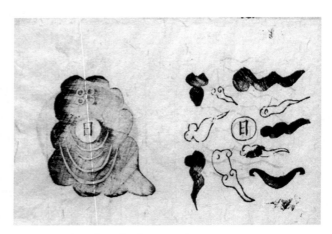

图9-14 《武备志》中的云图一

卫国的实用性非常强。其中的163卷中有占风雨，164卷有占风雨二，叫《玉帝亲机云气占候》，里面有多幅云图。图9-14是两幅云图，中间日表示太阳，周围是云象，如果出现这种云图，不久将会出现倾盆大暴雨。图9-15表示，如果中国南方五六月出现这个云象，半夜银河繁星出现时也没有云层，那么将会出现长久的旱情。

这部著作的165卷和166卷占风，从天文角度论述风对战争的影响等。可以看出，这部著作中有一些系统的气象知识，同时又是服务于战争、国运等特殊目的的气象知识，可谓明朝的应用气象学。

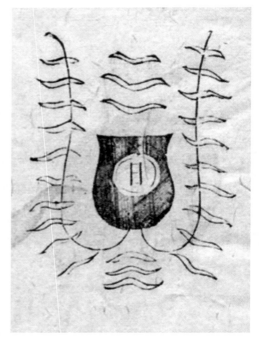

图9-15 《武备志》中的云图二

中国古代战争是基本处于冷兵器时代的战争。因此天气就以寒暑、风向、风力、晴雨等方面影响着作战的双方，这也就使得气象条件成为战场指挥者必须考虑的因素之一。

军事常识中的"天时、地利、人和"，这其中的"天时"就包括一定的气象条件。其在军事中气象预报的应用，一方面促进了战争博弈双方的技术发展，另一方面也提高了古代气象知识的科学性。

此后气象知识仍然不断地在民间发展，包括方氏学派中的气象学知识。特别是方以智[①]在《物理小识》中的气象学知识。在其第二卷中有对风、雷、雨等天气现象的论述，[②]记载了各种下雨征兆和天气变化的情况，可能是以南方的天气变化为主，这与其人生活动轨迹有关。这些记录和论述多少体现了方以智对前朝哲学家的天气和阴阳知识的继承与发展。对于各地风土，该书记载了中国和今东南亚一些地区的气候状况，并认为各地气候不同与地理位置和海拔高度有关，并与太阳远近有些关系，[③]这在当时是很了不起的看法，如图 9-16。方以智生活于明末清初，并经历战乱，使得其思想带有儒释道交融的特色。

值得注意的是，在太平天国时期，竟然也有对于物候的记录和观察，甚至希望进行一些天象的预报活动。[④]这可能是出于太平军打仗的需要，也说明 19 世纪后叶，观测气象已经成为社会

---

① 方以智（1611—1671 年），江南省安庆府桐城县（今安徽桐城）人。明末清初著名思想家、哲学家、科学家。一生著述很多，存世作品数十种，内容广博，包括文、史、哲、地、医药、物理等等。其中最为流行的是《通雅》和《物理小识》，前者是综合性的名词汇编书，后者集中了他的科学见解。他的后期代表作是《药地炮庄》和《东西均》，均为哲学著作，书中提出了一些很重要的哲学命题。

② 钦定四库全书，子部，物理小识，卷二。

③ 张静．方以智《物理小识》中的气象学思想 [J]．安庆师范学院学报（社会科学版），2011，30（3）．

④ 洪世军，陈文言．中国气象史 [M]．北京：农业出版社，1983．

图 9-16 《物理小识》内容截图

中的普遍现象。

6. 明清云图

"白猿经"是流传于中国明、清时期的古云图集类文献，为当时看云测天的参考书，有多种抄本和不同相似的书名。其中《白猿风雨图》比较有价值，[①] 是占雷雨风云的书籍，书中有多幅云图。如图 9-17。

明史艺文志中天文类记载有白猿经一卷。

图 9-18 中的这个云图解释为如果日出有此云气，在午后会有猛雨，并会在不同方位出现雷电。

图 9-19 中的这个云图指"云若鱼鳞主大风七日"，云图中间的黑色圆圈应视作太阳。

图 9-20 中的这个云图指"日初出上有五色云霞"，这样"本日午时猛雨"，如果"次日再见"将会"震雷伤人"。图 9-20 云

① 明朝，刘基，元朝抄本。

图 9-17　《白猿风雨图》（浙江范懋
柱家天一阁藏本）

图 9-18　日出云气云图

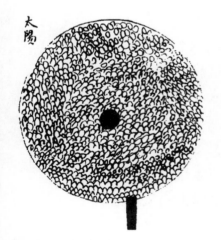

图 9-19　预测大风云图

图 9-20　日上五色云霞云图

　　图中间的黑色圆圈应视作太阳。14 世纪中叶出现的《白猿献三光
图》（还有其他类似名称），假托明代刘基所撰，此书有云图 132
幅，包括日、月、北斗、云气、日食等，每幅云图都有文字解

释，做了形象的描绘并指出气象预报意义。文字虽然显得有些神秘，但具有一定的科学价值。[①]

从这些云图和其下方的原书注解来看，明清之际对于天空的云观测还是比较仔细的，特别是全天象观察，即云图呈现圆形，一方面体现了中国古人"天圆地方"的哲学思想，另一方面说明古代对云图观察和描述是希望全方位地表现出来，可以想见，当时观察还带有一定的抽象和绘图能力。这对于今天云图和天气之间关系的考察仍然具有启发意义。而且这些云图比西方类似云图显然要早几百年，欧洲直到 19 世纪才出现比较明确的云图。

7. 西方气象学的引介

明清之际，随着西方传教士的介入，西方气象学研究成果逐渐进入中国，逐渐与中国古代传统气象学研究开始交融。比较典型的有熊明遇著有《格致草》，根据传教士的西方气象知识，重新辨析了自然界变化与历史上所载的灾异及风、云、雷、雨等气象现象之间的关系，并融进了他自己对大气现象的理解。[②]

熊明遇（1579—1649 年），明末进士，历迁明朝官吏，对西方传教士持开明态度。《格致草》在解释彩虹现象时，接受了 14 世纪西方大气光学研究弗莱贝格（Theodorie of Freiberg）的理论。[③]

明末 1639 年前后，张尔岐撰写了《风角书》，这是一本专论风的书。其中内容包括辨别各种风势、信风与季风、候风法、风名状等，甚至还有关于风的预报的内容，在书中提出八风占法。

① 廖靖萱，麻碧华. 古代浙江人对气象的认识和贡献浅析 [J]. 浙江气象，2017（4）：45-48.

② 徐光台. 明末清初中国士人对四行说的反应——以熊明遇《格致草》为例 [J]. 台湾：汉学研究，1999，17（2）：1-30.

③ 冯锦荣. 明末熊明遇《格致草》内容探析 [J]. 自然科学史研究，1997，16（4）：304-328.

如"岁首占风，正月朔旦风，南来大旱，西南来小旱"。

明清之际，西学东渐趋势明显，西方与中国的贸易往来随着航海技术的进步而逐渐频繁。这就使得西方一些先进的科学理念以及仪器设备传入中国，从而在很大程度上促进了当时中国科技水平的提高。这其中，西方气象科学技术以及相关测量仪器的流入就是典型的例子。

"西学先驱"利玛窦（Matteo Ricci，1552—1610年）在1582年（万历十年）进入中国，并成功与中国士大夫阶层建立良好声誉和关系开始，便开创了此后200多年传教士在中国的基本活动方式：即传播基督教同时传递西方的自然科学知识。这一规则的内容主要包括：第一，将神学理论与中国传统的儒家思想和习俗进行融合，并对后者保持宽容的态度，比如不反对中国的教徒继续传统的祭天、祭祖、敬孔等。第二，用汉语传播教义。第三，以学术传播的名义，翻译、介绍西方科学技术成果。第四，将这些科技成果尽可能用中国的语汇进行表述。利玛窦翻译了《几何原本》《测量法义》《坤舆万国全图》《理法器撮要》。

一批西方传教士以传播教义的名义来到中国，同时也带来了先进的科学理念与仪器设备。明末清初，入华耶稣会传教士积极推动"西学东渐"，中西外交使团以及各种商贸往来也日益增多。随着中西之间的交流，近代气象仪器也随之传入中国。从现有的文献资料看，最早将西方气象仪器传入中国的是比利时籍传教士南怀仁。南怀仁（Ferdinand Verbiest，1623—1688年，见图9-21）出生于天主教家庭，1641年加入耶稣会，1648年在天主教鲁汶大学毕业。[①] 1659年前后南怀仁进入中国传教。

南怀仁学识渊博，对中国近代天文、气象科学发展有贡献，是西方气象观测仪器和观测方法在中国传播的先行者之一。利玛

① 王维.南怀仁学术思想剖析 [J].自然辩证法研究，1989（3）：43-47.

图 9-21　南怀仁（Ferdinand Verbiest，1623—1688 年）

窦、汤若望（Johann Adam Schall von Bell，1592—1666 年）、南怀仁[①] 等早期耶稣会教士通晓古代和近代的观象知识，具有良好的学术素养，成功地将西方宗教及科学技术带进中国。另一方面，一些西方科学书籍流入中国，并被翻译出版，使得西方文化以及科学理论得到宣扬。

中国近代气象科学的发展建立在中西气象科技思想交流的基础上。明末清初，意大利人高一志（Alfonso Vagnone，1566—1640 年）就著有《空际格致》[②] 一书，内容包括天文、地理和气象等知识，将欧洲最早的气象学知识介绍到中国来；书中对各种光象和水象的讨论也相当多，而且比较接近于今日气象学的科学性解释；它还应用光象和水象的各种特征，进行天气预报，与我国唐代的气象学专著《相雨书》极相似。[③] 该书分上下两卷，内容包括天文、气象、地震等学科知识，以气象学内容最多。《空

①　刁培德，王渝生.中国科技教育：从古代到现代 [J].科学学研究，1987（3）：41-49.
②　查庆玲，张军.《空际格致》中的气象科技思想探微[J].兰台世界，2014（30）：9-10.
③　刘昭民.最早传入中国的西方气象学知识 [J].中国科技史料，1993（2）：90-94.

际格致》重点讲述各种气象现象的特征及形成原理，是最早向中国介绍欧洲气象知识的专著。上卷主要介绍西方流行的气象学理论，如四元理论、大气层分层说等，下卷重点探讨多种天气现象和大气光象，并对其成因作出解释，具有较强的科学性。所涉及的内容有风雨、云雾、霜雪、雷电、晕虹、冰雹、霾、露等。[①]

《测候丛谈》，传教士金楷理（Carl T. Kreyer，1839—1914 年）口译，中国晚清学者华蘅芳（1833—1902 年）笔录，1877 年在当时江南制造局出版，并多次再版。原始文献来自 1853—1860 年出版的《不列颠百科全书—气象学（第 8 版）》（*Meteorology in Encyclopedia Britannica*，*8th edition*），作为较早系统介绍西方近代气象学的译著，在我国近代气象学史上有一定影响。

《测候丛谈》介绍了当时西方气象学的一些基本概念和理论，包括热学、云、露、霜、雾、虹、太阳辐射、水汽、海陆风、甚至大气环流及海流等，还对当时世界各地的气象观测试验及数据进行实际分析。《测候丛谈》的翻译，促进了气象学知识在晚清的翻译、传播和影响。[②]

对于传教士把西方气象学的引入和用西方气象科学技术体系在中国进行气象观测等，在本书后文继续阐述。

8. 第五大传统学科

中国传统古代气象学作为中国传统天学、算学、农学、中医学之外存在的第五大学科，显然有资格。第一，与其他四大传统学科一样，都在古代社会生产和日常生活中发挥了重要影响和重要作用。古代观天象的同时包括观察气象，这个社会地位是比较高的，甚至比今天地位还高。在战争中需要考察天时地利，都与

---

① 李平，何三宁 . 历史与人物：中外气象科技与文化交流 [M]. 北京：科学出版社，2015.

② 薄芳珍，仪德刚 . 科学译著《测候丛谈》的名词术语翻译和传播 [J]. 山西大同大学学报（自然科学版），2015，31（1）：93-96.

气象和气候条件密切相关，我国古代战争中借助气象条件改变结果的事例比比皆是。日常生活中，从甲骨文开始，就出现天气占卜，可以看见，古代气象如何多方面影响生活。中国古代气象与文献记载几乎包括了当今大气科学所能研究的绝大部分气象现象和气候变化。本书因为篇幅没有全面、完整、深刻展示所有内容。

第二，留下了非常宝贵和相当丰富的历史文献和记载。与其他四大传统学科一样，古代气象学流传下来非常丰富多样的历史记载和无数文献。从本书前面论述来看，确实如此，限于篇幅，本书对古代文献中气象记载和气象知识阐述，与古代庞大纷杂的传统文献中气象论述相比还是少很多。这方面未来可以专门论述和专门著作。此外，中国古代传统文献还有一个突出特点，就是记载了无数的古代气象灾害记录，这点通过古代气象灾害历史研究可以证明，笔者也初步积累了大量文献和数据。这是世界其他国家可能不具备的传统文献条件和资源。

以《中华大典·地学典·气象分典》为例，大典中收录了近千种挑选过包含记载气象的文献。气象分典包括：天气现象总部（综合部、风部、云部、雨部、露部、霜部、雪部、雹部、雷电部、雾部、光象部、晴阴霾部）；气象观测与仪器总部（观测理论与方法部、观测场所与仪器部、观测记录部）；气象预报总部（综合部、天气预报部、天气谚语部、气候预测部）；气候总部（综合部、季节与节气部、物候部、区域气候部）；应用气象总部（综合部、农事部、军事部、其他应用部）；气象灾害总部（综合部、干旱部、洪涝部、冰雹部、雷电部、霜冻部、冰雪部、连阴雨部、大风部、台风部、其他气象灾害部）；人文总部（综述部、机构建制部、制度部、人物部、事件部、著作部）。[①] 可见我国古

---

① 《气象分典》编纂委员会.中华大典·地学典·气象分典 [M].重庆：重庆出版集团，2014.

代气象文献的博大精深。中国古代气象文献和记载已经成为当代大气科学研究和历史气候变化研究的重要文献支撑之一。

第三，形成了内部有逻辑和比较完善的理论体系。传统古代气象学，不仅观测和记录气象与气候现象，而且有一定的逻辑推理和比较完善的知识体系，并且付诸实践。从哲学或物理学角度，古代哲学家、思想家、气象学家等做出多方面的理论探索，比如雨雹对、相雨书、风力分级、航海气象、报雨泽、物候学等等，形成与西方不一样的气象学发展路径，也形成和当今大气科学不太一样的独特理论体系。服务农业与社会，重视物候、天人和谐、阴阳相调、比物拟人、载于文化等是其特色。有多项古代气象科学成就领先世界很多年。

第四，流传至今，对当今社会还有一定的影响。四大传统学科在西学东渐的历史进程中逐渐或多或少失去原先特色，包括坚持传统特色的中医药学还在处于吸收西医和中医并重的历史进程中。中国古代科学不可避免的"李约瑟难题"在中国气象学中也出现了。然而，中国古代气象学并没有在今天完全消失，比如二十四节气、七十二候为核心的古代气象知识框架依然流行华夏社会，部分影响了汉字文化圈的中国以外地域。华人分布于世界"开花散叶"，二十四节气也成为民族凝聚力的传统文化内核之一。民间气象谚语流传千年，虽有变化，依然口口相传。古代物候知识与研究现在已经成为当代大气科学重要的分支学科，在气候变化研究中占有重要地位。

综上所述，中国传统古代气象学理所当然、自然而然地成为中国传统天学、算学、农学、中医学之外存在的第五大学科。

第二篇
近代气象科学与技术

　　近代气象科学的产生与发展显然需要一个时代背景的进展和介绍。在15世纪开始的"文艺复兴"、17至18世纪的"工业革命"过程中，近代的物理、化学和数学等大气科学发展所必需的学科发展起来了。这些基础学科的蓬勃发展为诸如气象学、地学一类的科学进步奠定了基础。

17 世纪开始，由于航海事业的发达使得各地能够互相交流，人们的眼界和认识问题的眼光开始开阔，气象从"天学"研究范围逐渐进入"地学"领域。欧洲各地开始成立较大规模的科学会社，科学的测量方法开始取代形而上学论思想来解释自然现象，科学研究开始倾向于理性思维，并特别注重观察和实验。

在这样的时代背景下，气象科学及其有关分支学科有了很大的突破，气象仪器的发明如雨后春笋般开展起来，并使得近代气象学开始成为真正符合科学性质的学科。

第一节 近代科学革命的影响

从科学哲学的角度看，文艺复兴对近现代科学和技术发展影响很大。17世纪是西方近代科学的奠基时期，也是理性思潮蓬勃发展的时期，近代革命的推进，对包括大气科学在内的自然科学、社会科学等多个领域都造成了巨大影响。

1.哲学思想的影响

著名哲学家罗素（B.A.W.Russell，1872—1970年）曾经指出："近代世界与先前各世纪的区别，几乎每一点都能归源于科学，科学在17世纪收到了奇伟壮丽的成功。意大利文艺复兴时期虽然不是中古光景，可是也没有近代气象，倒类似希腊的全盛年代。16世纪沉溺在神学里面，中古风比马基雅弗利的世界还重。按思想见解讲，近代从17世纪开始，文艺复兴时期的意大利人，没一个会让柏拉图或亚里士多德感觉不可理解。路德会吓坏托马斯-阿奎那，但是阿奎那要理解路德总不是难事。到17世纪就不同了：柏拉图和亚里士多德、阿奎那和奥卡姆，对牛顿会根本摸不着头脑。"[1] 这也从侧面证明了欧洲文艺复兴运动的巨大影响。

在此背景下，天文学界率先发生了一场理论革命，16世纪

---

[1] 罗素.西方哲学史（下卷)[M].马元德，译.北京：商务印书馆，1996.

初，哥白尼提出了"日心说"，以观测经验为证据和理论构建基础，代替"拯救现象"之类的形而上学天文学，地心说的否定从根本上改变了人们对宇宙结构的看法。17世纪初，德国天文学家开普勒提出了著名的行星运动三定律。

伽利略1632年正式发表了《关于托勒密和哥白尼两种宇宙体系的对话》等。天文学领域的飞速进展使人类告别了古代文明中"天文"和"气象"不分家的时代，为科学地看待天气现象打下了思想和学科基础。

2. 自然科学理论的准备

牛顿的著作《自然哲学之数学原理》建立了经典力学的大厦，运用牛顿定理不断加深对物理世界的认识，并不断发现牛顿

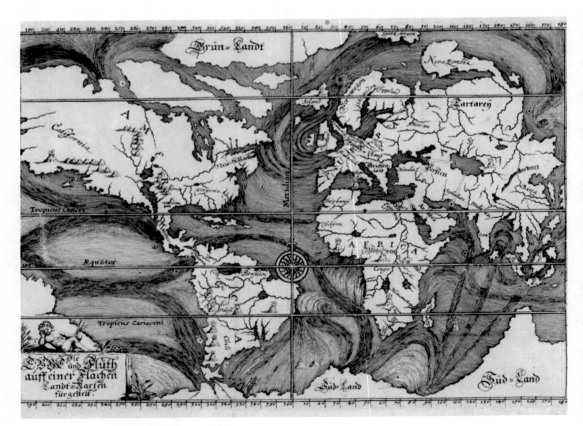

图 10-1 展示 1685 年地球海洋洋流的地图

定理支配的运动形式，使用牛顿理论研究流体乃至气体是自然的趋势（图 10-1 和图 10-2）。流体力学得到发展，间接或直接促进了近代大气科学的发展。"空中气体的运动"成为物理学研究范围。

　　物理学和化学的发展为近代气象学提供了动力分析的思想基础，数学发展就为定量分析天气现象提供了必要工具。特别是微积分和流体方程等为大气科学带来新的数学工具。微分方程、无穷级数、微分几何、变分法、复变函数等数学上新的分支不仅是认识自然和改造自然的工具，而且从有限到无限的思维方式显然对于气象这种非刚体的研究对象很有启发作用。

　　17 世纪前后的科学革命为气象科学的发展提供了必要条件，近代气象相关的科学的轮廓和内容逐渐清晰起来。

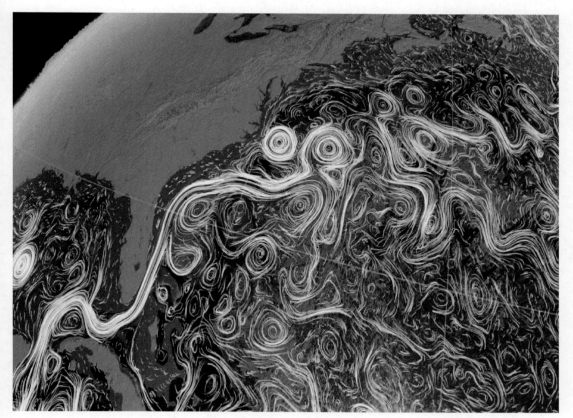

图 10-2　美国宇航局绘制的大西洋洋流（2005—2007 年）

简·巴普蒂斯塔·范·赫尔蒙特（J.Baptista van Helmont，1577—1644 年），比利时的医学家和化学家，明确提出"气体"（gas）概念。[①] 不同气体成分是不一样的。这样从古代哲学家对空气（air）的认识进展到具体门类的气体当中。

第二节　对古典气象学的实践突破

17 世纪以前，气象学较多地受到了亚里士多德《气象通典》（*Meteorologica*）的影响。在 17 世纪前后，近代科学思想逐渐成形，通过很多气象学家的努力，逐渐使当时的气象学摆脱了《气象通典》的束缚，使气象学成为了具有近现代科学性质的学科。其中做出卓越贡献的人物之一就是法国的著名学者笛卡尔。

1. 笛卡尔对气象学论述

勒内·笛卡尔（René Descartes，1596—1650 年，如图 10-3），

图 10-3　笛卡尔

① 吴国盛. 科学的历程 [M]. 长沙：湖南科学技术出版社，2013.

法国著名哲学家、科学家和数学家。

　　1637年，笛卡儿完成了《折光学》《气象学》和《几何学》三篇论文，并为此写了一篇序言《科学中正确运用理性和追求真理的方法论》，哲学史上简称为《方法论》，同年出版，是哲学史上一篇重要文献。笛卡尔用新的理论和方法分析解释天气现象，促使之后的气象学完全摆脱了亚里士多德《气象通典》的束缚，从自然哲学的领域进入了自然科学的范畴内，因此，某种意义上讲，笛卡尔可以被称为近代气象学发展的先驱者。

　　笛卡尔在《气象学》[①]一书中（图10-4），用科学方法来说明他的哲学观点，并用此来解释各种天气现象。在17世纪，笛卡尔天才般地构想出解释气象现象的科学解释，包括对水汽、盐、

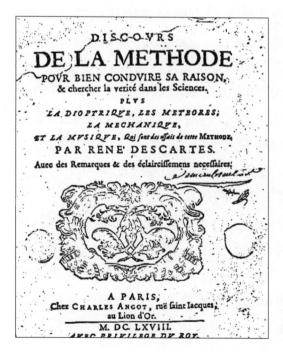

图10-4　笛卡尔的《气象学》法语原著封面[②]

　　① René Descartes. 笛卡尔论气象 [M]. 陈正洪，叶梦姝，贾宁，译. 北京：气象出版社，2016.

　　② Frisinger H H. the history of meteorology to 1800[M].New York: Science History Publications, 1977. Second Printing, Boston: American Meteorological Society, 1983.

风、云、雨、雪、冰雹、闪电、彩虹乃至天体光晕等的阐述，根据他亲自观察和诸多头脑中的"理想实验"，以"微粒"等基本概念阐述了笛卡尔对自己哲学观点和气象现象的认识。

笛卡尔对于气象学的解释与今天大不一样，但对于今天的气象科学技术发展乃至哲学都有很多独特启发。[①]他根据观察阐述了地面上的物质以及上升的水汽性质、云层以及风的成因，讨论了云层化成雨、雹、雪的过程和暴风雨、雷、闪电等的成因以及虹和光现象。

笛卡尔认为水汽是一种很特殊的物质，空气和水以及地面上的物质都是由小而且外形各不相同的均匀质点组成，在这些物质之间充满了"微粒"的物质。比如他假设水质点周围有节理和空隙，水质点本身是长形的光滑的容易分离的东西，各个节理之间互相连接不易分离，而硬物质的小质点则呈交错状结合在一起，且有不规则的形状。如果质点更小，且交错较少，则很容易被搅动呈运动状态，于是便形成了空气或油等其他物质。

笛卡尔提出，风是因为受到好几种物质的影响所产生的现象，认为水汽是日出以后太阳光把地面的物质向上吸引而形成的，云层可以溶解水汽，也会降到较低的地方驱动其下面的空气，因为空气的共鸣作用，就会产生闪电和隆隆的雷声，闪电即为两云层之间火焰似的发散物出现的现象。

笛卡尔的解释比《气象通典》的理论更加有道理，虽然不能拿今天的大气科学理论衡量笛卡尔对雷电现象的解释。在当时他对雷电起因的解释还是非常了不起的，而且当时气压计等仪器尚未全部发明，在对大气和雷电的研究还不能完全摆脱推测的情况下，笛卡尔的研究更显得重要。笛卡尔天才地构想出"微粒"概

---

① René Descartes. 笛卡尔论气象 [M]. 陈正洪，叶梦姝，贾宁，译. 北京：气象出版社，2016.

念解释了很多气象现象。

笛卡尔没有在书中明确写出气象学的什么理论，但是从其对天气现象的分析和阐述来看，实际上带有一定的理论框架。比如在降水方面，笛卡尔提出云层是由小水滴或小冰片组成，这些水滴是由于水汽的微粒形成，除非受到风的影响，他们的形状一般呈圆形，其体积增大到空气托不住时就降落下来成为雨。如图 10-5。

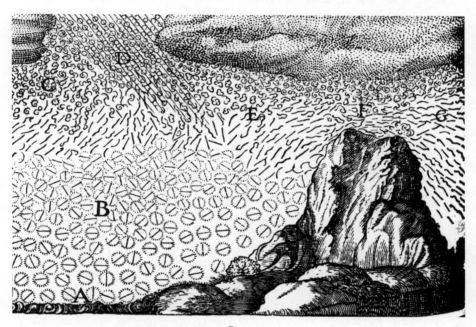

图 10-5 笛卡尔对水汽解释的图示 [①]

如果空气不够暖和，无力溶解这些冻结的水滴时，就变成雪。再进一步，如果雪融化之后遇上足够冻结它们的冷风时，就可能形成雹。这可以看成笛卡尔对雨雪成因的解释基本符合科学道理，当时并没有可能进行这样的实验，天才的科学家想出天才的理想实验结果是对的。

———————
① René Descartes. 笛卡尔论气象 [M]. 陈正洪，叶梦姝，贾宁，译. 北京：气象出版社，2016.

2. 观测实践的突破

笛卡尔对于晕和虹的解释建立在一些直观观察基础上。笛卡尔认为晕是冰晶作用所形成的。他认为虹是水滴内光线反射造成的光现象。在 17 世纪前后，通过光的反射、折射等现象来解释气象现象是个很大进步，这可能与笛卡尔还著有《折光学》有关，他对光线前进道路认识比较深刻。尽管后来科学发展进一步论证了对虹的解释，但是笛卡尔的贡献是重要的。后人为了纪念笛卡尔对虹的研究，将虹的入射光线和反射光线的最小偏差线，称为笛卡尔线。笛卡尔关于虹的阐述可能使牛顿受到启发。

笛卡尔否认真空的存在，他指出在自然界中只有通过物质的接触才能发生作用。笛卡尔对气压有基本正确的认识，并且初步阐述了气压的基本概念，甚至发明了气压计。

显然气象科学发展与气象观测仪器密不可分，尤其是比较核心的观测仪器，比如温压风湿等方面的观测，包括气压计，温度计、湿度计等几种重要的气象观测仪器，而笛卡尔对气压计的发明具有重大的贡献。从目前文献分析来看，在 1643 年左右托里切利发明了气压表，在此之前包括笛卡尔在内的学者可能已经明白了气压的基本原理。笛卡尔在 1647 年给朋友的一封信中，的确提到了使用托里切利真空管刻度的事情。这也说明气压仪器发明和发展有个过程。

笛卡尔对气象学的理解，从实践和哲学上来讲，在某种程度上打破了古希腊以来在自然哲学研究领域占主导地位的亚里士多德主义。相对于亚里士多德更多思辨的哲学论述，笛卡尔提供了更多基于实际观察和定量计算的研究理论，表明了其实证主义原则主导的科学研究，[1] 比如笛卡尔通过透镜实验证实"虹"的形成

---

[1] René Descartes. 笛卡尔论气象 [M]. 陈正洪，叶梦姝，贾宁，译. 北京：气象出版社，2016.

原理。

　　当然，今天看来，笛卡尔也有一定的时代局限，其关注的天气现象如降水、晕、虹等，也是古希腊亚里士多德等人曾经多次讨论的现象，与今天相比还有进一步细致和准确论述的空间。

　　笛卡尔也认为，自己所做的研究价值在于新的方法，而不是新的研究对象。他指出：在气象学中，我曾经揭露出，我所研究的哲学和经院中所教的哲学虽然往往都研究同一题材，可是它们是有很大差异的。①

　　① René Descartes. 笛卡尔论气象 [M]. 陈正洪，叶梦姝，贾宁，译 . 北京：气象出版社，2016.

第十一章 气象观测仪器的勃发与改进

第一节 观测仪器与日俱增

前已述及，笛卡尔属于近代气象科学发展历程中，较早有意识使用气象仪器、从事气象观测的学者之一。而且他已经注意到各个地方进行同时间观测的意义和重要性。最早使用气象观测仪器实施气象观测，并将气象观测记录一直保存下来的地点可能是法国巴黎、法国克莱蒙费朗（Clermont Ferrand）和瑞典斯德哥尔摩等几个地方。[①] 这些观测记录大概处于 1649 年至 1651 年。斯德哥尔摩气象仪器的观测工作首先是由笛卡尔实施的。1653 年，意大利的斐迪南二世（Emperor Ferdinand Ⅱ）在意大利北部佛罗伦萨建立了世界上第一个比较正式的气象观测站，并将上面的站点组织起来。

16 到 17 世纪早期的近代气象学记录有很大进步，比如气象记录人员趋向专业化，大多是一些数学家和天文学家进行气象记录。气象记录开始注重连续性，比如罗伯特·胡克（Robert Hooke，1635—1703 年）提出要以小时为单位记录天气现象；主要是常规性的温度、天气状况的记录。17 世纪中晚期到 18 世纪中期以后，由于气象学仪器的不断发明，气象

---

① 中国古代也有气象观测记录，但与本章阐述的气象记录还有区别，所以这里不做阐述。

记录很大程度上依赖于气象仪器的观测。开始出现气象组织，进行气象学术讨论，比如 1666 年在法国成立的气象学术讨论组织以及后来的英国皇家协会分支气象协会等。气象记录的准确性大大提高，气象记录内容多元化，不仅仅是一些天气状况的常规记录，还包含了气压、湿度等多方面的内容。气象记录的地点仍然分散，没有形成一个网络；记录方式还没有统一的标准，比如气压的记录单位当时还不是帕斯卡，很杂乱。

从 18 世纪中期到 19 世纪初期，很多的科学家努力把气象学记录形成一个完整的体系，在全球建立记录地点，建成一个庞大的网络。这个时期的气象记录呈现新的特点：记录的持续性、连续性更强，开始出现了统一的气象单位——帕，还出现了一些有关大气状况的计算公式，比如约翰·朗博等人提出的高度与温度的换算公式等。

17 世纪时，接近近代气象学意义上的三种气象学基础仪器都被发明出来，包括温度计、湿度计、气压计等。气象学家威廉·纳皮尔·肖（Sir William Napier Shaw，1854—1945 年）爵士认为温度计和气压计的发明，标志着大气物理学的开端。[①]

经过 16 世纪、17 世纪、18 世纪三个世纪的不断改进和发展，19 世纪各种气象观测仪器已经有相当大的进步，近代各国气象台和测候所使用的气象观测器，有很多是 19 世纪发明的。

1. 雨量计

近代雨量计的发明以及改进、使用最为典型的当属英国。意大利数学家卡斯特里（Benedetto Castelli，1578–1643 年，如图 11-1）可能是目前文献检索最先进行近代测量雨量的科学家，他是伽利略（Galileo Galilei，1564—1642 年）的学生，后给伽利略儿子当老师。他在 1639 年给伽利略的信件中提到如何测量降雨

---

① Shaw W N. Manual of Meteorology[M]. Cambridge：The University Press,1926.

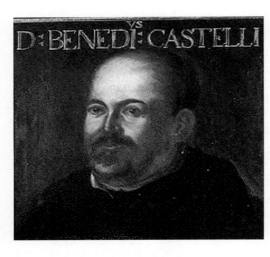

图 11-1　卡斯特里
（Benedetto Castelli，1578—1643
年）[1]

的详细方法。[2]卡斯特里在意大利的贝鲁基亚进行了试验收集降水
量，开创了欧洲科学性测量雨量的先河。根据他的阐述和观点，
他有可能发明一种测量下雨的仪器。

1677 年，英国人理查德·汤莱（Richard Townley，1629—
1706 年）发明了一种漏斗形雨量计。他是第一个连续进行测雨的
科学家，在屋顶上安装了一个直径 30 厘米的漏斗，让雨水进入管
中，用管道连接到他的房子里，这样可以连续观测。从而测量出
水的重量。汤莱利用其发明的雨量计，连续 20 多年不间断地测量
雨量，成为英国第一位实施长期雨量测量的观测者。[3] 不过也有
文献指出，汤莱在 1694 年进行的雨量测量，[4] 需要进一步的考证。

1681 年，英国皇家学会会长、天文学家克里斯托弗·雷恩爵
士（Sir Christopher Wren，1632—1723 年）和罗伯特·胡克（Robert

①　引自伽利略项目网站，http://galileo.rice.edu/

②　Strangeways I. A history of rain gauges[J]. Weather, 2010, 65（5）：134.

③　New M, Todd M, Hulme M, et al. Precipitation measurements and trends in the
twentieth century[J]. Int. J. Climatol. 2001，21: 1899–1922.

④　Craddock J M and Wales-Smith B G. Monthly rainfall totals representing the east
Midlands for the years 1726 to 1975[J]. Meteorological Magazine, 1977，106（1257）：97-
128.

Hooke，1635—1703 年）发明了一种"更明智天气仪器（weather-wiser）"。这由一个重量驱动的时钟供电，可以记录气压、温度、雨、相对湿度和风向等，每 15 分钟在纸带上打孔。降雨是通过翻斗来测量的，这是一个单一的"水桶"，与现代测雨器不相同。[1]

伦敦的 Thomas Barker 进行了 59 年的连续降雨观测（1736—1796 年）。他认为需要长期测量以获得准确的平均值。[2]

图 11-2 是 17 世纪的雨量计。[3]

图 11-3 是 1726 年 Leupold 改进过的雨量计，不仅记录降水量多少，还可以记录地面雨量厚度。[4]

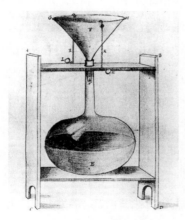

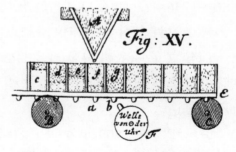

图 11-2　1695 年雨量计　　图 11-3　1726 年 Leupold 改进的雨量计[5]

2. 温度计

温度测量基本原理是热胀冷缩。这需要解决两个问题：膨胀系数合适的介质，例如空气、水、酒精或水银；确定温度度量的

———————

① Strangeways I. A history of rain gauges[J]. Weather, 2010, 65（5）：134.

② Strangeways I. A history of rain gauges[J]. Weather, 2010, 65（5）：134.

③ 引自英国皇家学会档案。

④ 引自英国皇家学会档案。

⑤ Middleton W E K. Invention of the Meteorological Instruments[M]. Baltimore: The Johns Hopkins University Press, 1969.

标准，即用什么作为定点。近代温度计的发明通常归功于意大利数学家、物理学家伽利略。

伽利略大概在 1592 年发明温度计，通过一个倒置玻璃容器的温度变化产生了膨胀或收缩的空气，这改变了液体的水平高度，可以测量温度变化。这个一般原则在随后几年中得到了完善，他对汞等液体进行了试验，并产生一个刻度，用来测量液体通过温度上升和下降所带来的膨胀和收缩大小。

1612 年，意大利发明家 Santorio 在他的测温仪器上放置数字刻度。在 1654 年，第一个封闭的玻璃温度计由托斯卡纳大公即斐迪南二世（Grand Duke of Tuscany，Emperor Ferdinand Ⅱ）发明，他用酒精做温度计液体，虽然仍然不准确，但已经比较先进。

丹尼尔·加布里埃尔·华伦海特（Daniel Gabriel Fahrenheit，1686—1736 年，如图 11-4）是德国物理学家，他曾在欧洲多国游学，拜访过许多科学家和仪器制造者，因此他的制造才能比较突出。他建立了一个机械车间，醉心于气象学、物理学方面探索，在温度计、气压计、液体比重计和其他物理学和天文学仪器方面有不少创造。

华伦海特在 1709 年发明了酒精温度计，在 1714 发明了水银温度计。1724 年推出了以他的名字命名的标准温度刻度——华氏

图 11-4　丹尼尔·加布里埃尔·华伦海特
（Daniel Gabriel Fahrenheit，1686—1736 年）

刻度，用于准确记录温度变化。华氏刻度将水的冰点和沸点划分为 180 度。32℉是水的冰点，212℉是水的沸点。0℉是根据水、冰和盐的相等混合物的温度计算出来。

1742 年，瑞典天文学家安德斯·摄尔修斯（Anders Celsius，1701—1744 年，如图 11-5）发明了摄氏度刻度。摄氏度刻度表示海平面气压下纯水的冰点（0℃）和沸点（100℃）之间有 100 度。1948 年，一个关于重量和衡量标准的国际会议通过了"摄氏度"成为国际通用标准。

图 11-5　安德斯·摄尔修斯（Anders Celsius，1701—1744 年）

到 19 世纪，科学家们研究什么是可能的最低温度并且最低温度如何表示。开尔文勋爵（William Thomson，Lord Kelvin，1824—1907 年，如图 11-6）在 1848 年发明了开尔文量表，使整个温度计发明过程又向前迈进了一步。开尔文量表测量的是热的和冷的极端。他提出了绝对温度的概念，发展了热动力学理论。

开尔文刻度使用与摄氏刻度相同的单位，但它从绝对零度开始，在这个温度下，包括空气在内的所有东西都冻结固体。绝对零度为 0 K，即等于 −273.15℃。

3. 风速仪

自古人类就会观察风向，最古老的风向标装饰设计包括鸟或

图 11-6　开尔文勋爵（William Thomson Lord Kelvin，1824—1907 年）

公鸡的形状。今天，它们有各种形状和大小，但最常见的设计仍然是鸡、船和箭等，包括中国古代相风鸟等。但是对于风速的测量经历了比较长的过程。

风速计也是一个非常重要的气象仪器。虽然有关风速的记录可以追溯到 2000 年以前，但是风速计的真正发明与使用也仅有几百年的历史。不同时期的风速计具有不同的特点。

1625 年，意大利帕杜亚大学的医学教授桑托里奥·桑托里奥（Santorio Santorio，1561—1636 年）发明了一种压板风速仪。该风速仪由连接刻度条的扁板组成，右边的重锤可以移动，依照风速的大小而变化。18 世纪中期包格根据桑托里奥的压板风速仪的基本原理，改造成一种很轻的可携带的风速仪，用来测量海上的风速。

图 11-7 是桑托里奥发明的风速仪，其下部是一个固定而又厚实的平面板，用来记录风速大小。

胡克 1664 年发明的风速仪，可以记录 24 小时不同时段风的

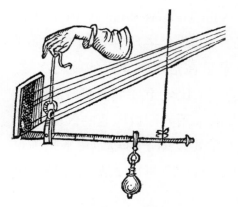

图 11-7　桑托里奥发明的风速仪 ①

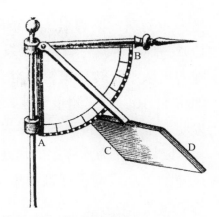

图 11-8　胡克发明的风速仪

速度，② 如图 11-8。

1837 年的自记压力板风速表，仪器上还带有一个倾盆式雨量计，③ 如图 11-9。

18 世纪出现利用风压原理制成的风速计，利用风压原理制成的风速计比较接近于现代的风压表，它不仅可以记录风速的大小，还可以记录风向。

至今仍在使用的球形杯风速表由爱尔兰的约

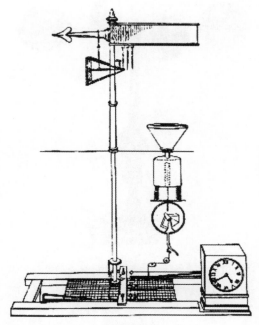

图 11-9　自记压力板风速表

① Frisinger H H. The History of Meteorology to 1800[M]. New York：Science History Publications, 1977.

② Frisinger H H. The History of Meteorology to 1800[M]. New York：Science History Publications, 1977.

③ Laughton J K. Historical sketch of anemometry and anemometers[J]. Quarterly Journal of the Royal Meteorological Society, 1882, 8: 161-188.

翰·托马斯·罗姆尼·罗宾逊（John Thomas Romney Robinson，1792—1882 年）于 1846 年发明的，由四个半球形杯组成。杯子随着风水平旋转，车轮的组合记录了在给定时间内的旋转次数。如图 11-10。以此测量风速，这是一个比较重要而且便于测量的发明，是至今全世界气象学界还普遍采用的测量风速的仪器。

以杯子作为承接梁的风速计，主要以杯子的转动频率来衡量风速的大小，衡量标准简单。图 11-11 和图 11-12 就是这种类型的风速计。

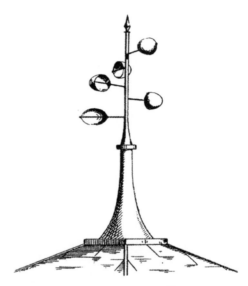

图 11-10　约翰·托马斯·罗姆尼·罗宾逊发明的四半球风速表[①]　　图 11-11　风杯式风速计 1[②]

图 11-13 是另一种是利用平面固定板制成的风速计，这种风速计利用平面固定板制成，比利用摆动板制作的风速计较稳定，不易受大风影响从而不易遭受破坏。

人们进一步利用风压原理制成改善的风速计，此时利用风压

————————

①　Middleton W E K. Invention of the Meteorological Instruments[M]. Baltimore: The Johns Hopkins University Press, 1969.

②　Middleton W E K. Invention of the Meteorological Instruments[M]. Baltimore: The Johns Hopkins University Press, 1969.

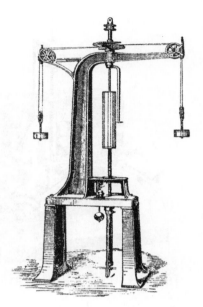

图 11-12 风杯式风速计 2[1]

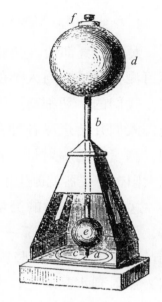

图 11-13 1868 年 Howlett 发明的风速仪，精度较高[2]

原理制成的风速计类似于现代的风压表，可以记录风速的大小，还可以连续记录风向。图 11-14 是一个典型的利用风压原理制成的风速计。

利用电力制成的风速计，在风速计的改进史上是一个很大革新。之前的风速计都是利用自然力，无任何外力的推动。这种靠电力带动的风速计比较灵活易操作，误差也较小。如图 11-15。

图 11-14 1893—1896 年发明利用风压原理制成的风速计[3]

———————

① Middleton W E K. Invention of the Meteorological Instruments[M]. Baltimore: The Johns Hopkins University Press, 1969.

② Middleton W E K. Invention of the Meteorological Instruments[M]. Baltimore: The Johns Hopkins University Press, 1969.

③ 引自英国皇家学会档案。

4. 测量太阳辐射的仪器

太阳一直都让人类感到神秘和深不可测，但是它与人类的生活息息相关，我们的一切都离不开阳光。渐渐地，人们开始想尽各种办法来了解太阳，测量太阳辐射量。各式各样的测量太阳辐射仪器就诞生了。

这是一种有趣的测量太阳辐射仪器，如图 11-16，下部一个圆形碗，盛满可燃液体，碗中间竖着一个水晶球，阳光照射到水晶球上，发生折射使碗中液体燃烧，从而散发大量热量，进而测得太阳辐射（当然要进行大量计算）。

图 11-15　1884 年电力风速计[①]

5. 测量云高度和运动的仪器

云是大气中水汽凝结成水滴、过冷水滴、冰晶或者它们混合组成的飘浮在空中的可见聚合物，是地球上庞大水循环的有形结果。因此，对云的测量充满着极大挑战。

从古至今，对云测量的尝试一直都没间断过，但是还是停留在对云的定性认识上，直到近代才开始对云有了定量的认识。图 11-17 是测量云层

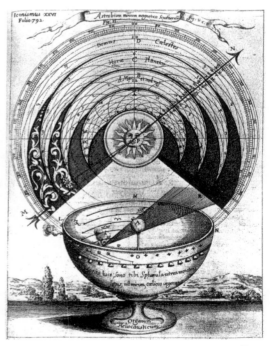

图 11-16　早期测量太阳辐射仪器设想[②]

[①]　Middleton W E K. Invention of the Meteorological Instruments[M]. Baltimore: The Johns Hopkins University Press, 1969.

[②]　Middleton W E K. Invention of the Meteorological Instruments[M]. Baltimore: The Johns Hopkins University Press, 1969.

高度与运动的典型仪器，它利用了空气运动的物理学原理制成。

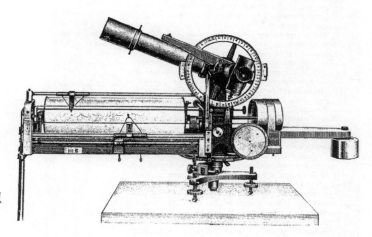

图 11-17 1910 年前后的类似经纬仪的测量云层仪器 [1]

除了上述仪气象仪器外，1819 年法国人列格尔特（Regnault）发明凝结湿度计。1839 年英国人约旦（T.B.Jordan）首先发明日照计。1880 年，英国的艾肯（John Aitken）发明了微尘计等等。

第二节　气压表与天气预报

1. 气压表的发明

在早期的气压计发明上，许多气象学家都认为伽利略功不可没。因为气压计的发明利用了力学原理，这为气压计的诞生奠定了基础。他根据力学原理发明了气压计。图 11-18 有关伽利略阐述气压方面的论文，这为气压计的诞生奠定了基础。

---

[1]　Middleton W E K. Invention of the Meteorological Instruments[M]. Baltimore: The Johns Hopkins University Press, 1969.

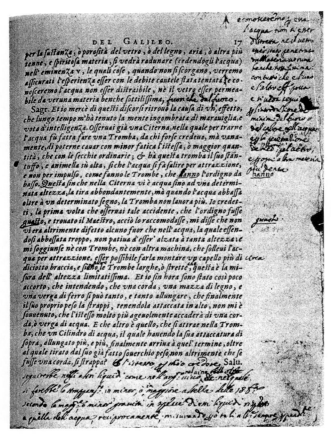

图 11-18　伽利略阐述气压计的论文

图 11-19　托里切利
（Evangelista Torricelli，1608–1647 年）

　　毋庸置疑，气压对于理解和预测天气至关重要，这是因为气压的差异会形成风。意大利科学家埃万杰利斯塔·托里切利（Evangelista Torricelli，1608–1647 年，如图 11-19）是较为公认的气压表的发明者。

　　托里切利曾经是伽利略的助手，[①]他的主要发明是水银晴雨表。这个发明来源解决了一个

----

　　① 凯瑟琳·库伦. 气象学—站在科学前沿的巨人 [M]. 刘彭，译. 上海：上海科学技术文献出版社，2007.

图 11-20　托里切利水银试验[1]

有趣的实际问题。托斯卡纳大公国的水泵制造商试图将水提升到 12 米或更高的高度，但发现 10 米是吸水泵的极限，解决这个问题过程中，托里切利发现了气压。

1643 年，他创造了一个大约一米长的管子，在顶部密封，里面装满了汞，倒置后水银柱降至 76 厘米左右，在上面留下了称之为"托里切利真空"。如图 11-20。柱的高度随大气压力的变化而波动，形成第一个晴雨表。法国哲学家笛卡尔在托里切利观察前 12 年也提出了同样的看法。[2]

————————
　①　Torricelli E. Encyclopedia Britannica[M]. 2020（3）.
　②　Timbs J. Wonderful Inventions: From the Mariner's Compass to the Electric Telegraph Cable[M]. London: George Routledge and Sons. Retrieved 2，2014.

罗伯特·波义耳（Robert Boyle，1627—
1691 年，如图 11-21），英国化学家、物理学
家。出身贵族，自幼受过良好的教育。他在
1662 年根据实验结果提出波义耳定律："在密
闭容器中的定量气体，在恒温下，气体的压强
和体积成反比关系。"因此他被看作是现代化
学的奠基人之一，也是现代实验科学方法的先
驱之一。

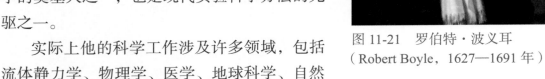

图 11-21　罗伯特·波义耳
（Robert Boyle，1627—1691 年）

实际上他的科学工作涉及许多领域，包括
流体静力学、物理学、医学、地球科学、自然
历史和炼金术等，由于他在伦敦时经常和当时科学家聚会交流科
学研究成果，这种组织形式最后在 1660 年前后变成英国皇家学
会，他在晚年当选皇家学会会长。

人们发现水银柱的高度每天都会有轻微的变化，就是因为大
气压自然细微的变动而造成的。开始时人们并不相信这是由于气
压造成的，而认为是由于"上帝厌恶真空"。后来托里切利用实
验证明了大气压随高度升高而递减，气压存在的事实才为世人所
接受。

法国仪器制造商吉恩·尼古拉斯·福汀（Jean Nicholas Fortin，
1750—1831 年）于 1800 年发明了一种便携式水银气压计。这种
气压计的储液罐底部是柔性的（最初是由皮革制成的），可以通
过螺钉升高或降低，从而将水银表面调整到预定的水平。然后降
低气压计管侧面的游标卡尺，直到其底座接触到储液罐中的水银
顶部，并从管上标记的固定刻度上读取读数。这种气压计也称作
福汀气压计。

1844 年法国物理学家卢西恩·维迪（Lucien Vidie）成功制造
出空盒气压表，也叫无液气压表。19 世纪末期，德国著名气象学
家 Adolf Sprung 又进一步利用空盒气压表发明了自记气压表。

2. 大气压与高度的关系

　　气压随高度的关系是 17 世纪到 18 世纪气象学上比较重要的研究课题。自从托里切利发明了气压表以后，很多人都仿效他做实验，包括当时著名的法国物理学家布莱士·帕斯卡（Blaise Pascal，1623—1662 年，如图 11-22）。

　　1648 年，他把气压表放在山上做实验，发现气压表越往上搬，大气压力越减少，水银柱降低得越多。他因此得出结论，可以依据水银柱升降的数值计算出空气的重量以及气压的差异甚至高度的差异。他还用数学方法计算出了全球大气的重量，并通过观察，发现降水（雨或雪）经常在气压下降的时候发生。

　　帕斯卡是近代流体力学的奠基人之一。他于 1653 年发表的论文论证空气有重量，驳斥当时"大自然厌恶真空"的说法，并以实验证明"密闭于容器内的静止液体，其一部分受到压力时，必向各方向传送，并且传到液体各部

图 11-22　布莱士·帕斯卡
（Blaise Pascal，1623—1662 年）

分的压强不变"的原理，就是今天人们熟知的帕斯卡原理。帕斯卡在实验中不断有新发现和发明，如发明了注射器、水压机，还改进了托里切利的水银气压表等。

　　在 17 世纪中叶，帕斯卡同他的合作者详细测量同一地点的大气压变化情况，对于后世利用气压进行天气预报有借鉴作用。帕斯卡把他的实验成果，总结写出关于液体和空气重量的书籍正式出版。为纪念帕斯卡在流体力学上的贡献，所以气压的标准单位以他的名字——帕斯卡来命名。

　　前已述及法国科学家卢西恩·维迪（Lucien Vidie，1805—1866 年）发明了无油气压计。无油气压计是指无流体，不使用液体测量大气压力的变化。图 11-23、图 11-24、图 11-25 是 19 世纪至 20 世纪初的几种气压计。

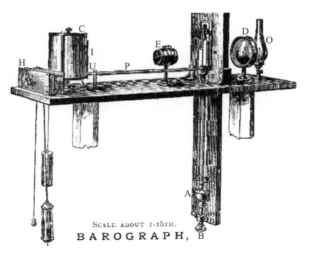

图 11-23　19 世纪典型的水银气压表[1]

图 11-24　1871 年前后自记气压计[2]

图 11-25　1905 年气压计，美国气象局曾经使用过[3]

①　Multhauf R P. The Introduction of Self-Registering Meteorological Instruments[M]. 2010 [EBook].

②　Multhauf R P. The Introduction of Self-Registering Meteorological Instruments[M]. 2010 [EBook].

③　Multhauf R P. The Introduction of Self-Registering Meteorological Instruments[M]. 2010 [EBook].

3. 气压表应用于天气预报

奥托·冯·格里克（Otto von Guericke，1602—1686年，如图11-26）是德国天文学家和物理学家，曾任马德堡市市长。

1650年，格里克发明了空气泵，用它来制造局部真空。他的研究表明，光是可以通过真空传播的，而声音不是。

1654年，在马德堡，他在国王斐迪南二世（Emperor Ferdinand II）之前进行的一系列著名实验中，格里克将两个铜碗（马德堡半球）放在一起，形成一个直径约35.5厘米（14英寸）的空心球体。当他把空气从球体内移出后，以至于16匹马无法把半球拉开，尽管它们只是靠周围的空气把半球压在一起。要将他们分开，需要4000多磅的力量。[1] 空气压力所施加的巨大力量就是这样首先被证明的。这就是著名的马德堡半球实验。如图11-27。

图11-26　奥托·冯·格里克
（Otto von Guericke，1602—1686年）

在托里切利发明气压计以后，很多科学家自然联系到气压变化和天气变化的关系。1660年前后，格里克发现暴风雨前，气压会下降，天气晴好时气压会上升，人们终于认识到气压表也是风雨表或者晴雨表。

从今天大气科学来看，由于气压的高低随着地点和季节的不

---

① Lienhard J. "Gases and Force". Rain Steam & Speed. KUHF FM Radio, 2005.

同会发生变化，并不能完全作为天气预报的依据。但是，在 17
世纪，利用气压表来预测晴雨，是近代气象科技史上重要事件，
意义重大。

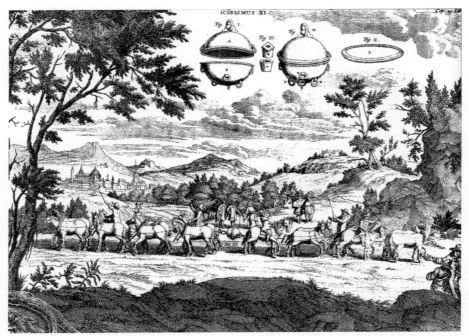

图 11-27 马德堡半球试验[1]

第三节 湿度计与应用

1. 湿度计发明改进

湿度与人类生活密切相关，人类也很早就关心湿度的问题。
前面介绍过，中国西汉时期发明了比较原始的湿度计，[2] 使用木

① 维基百科，https://en.wikipedia.org/wiki/Otto_von_Guericke.
② Hamblyn R. The Invention of Clouds: How an Amateur Meteorologist Forged the
Language of the Skies[M]. Pan Macmillan, 2010.

炭和一块土，利用其干燥时重量与潮湿时重量的差异来计算湿度水平。[1]

达·芬奇全名是莱昂纳多·达·芬奇（Leonardo di ser Piero da Vinci，1452—1519 年），在 15 世纪发明了第一个比较粗糙的湿度计。弗朗切斯科·福利（Francesco Folli）在 1664 年发明了一种更实用的湿度计。

随着物理学的发展，气象学收益颇多，湿度计的发明就是如此。从 17 世纪开始，人们开始发明更多湿度计，但是结果大不如意。直到 18 世纪才出现了比较理想的湿度计。如图 11-28、图 11-29、图 11-30。

1783 年，瑞士物理学家和地质学家霍勒斯·贝内迪希·德·索绪尔（Horace-Bénédict de Saussure，1740—1799 年，如图 11-31），根据日常生活发现的人的头发随着湿度变化而伸缩的现象，发明了湿度计，这种毛发湿度计可以看成今天使用的自记湿度计和家庭用湿度计的原始雏形。

索绪尔受农学家和作家的父亲影响，热爱大自然和田野考察。1762 年，他 22 岁当选为日内瓦学院哲学教授，讲授物理学、逻辑和形而上学，一直持续到 1786 年，偶尔也会讲授地理、地质学、化学，甚至天文学。

索绪尔发明并改进了多种气象仪器，包括磁力计、估计天空蓝色的氰化计、判断大气净度的呼吸计、风速表和山地测功计等。特别重要的是他设计和使用的头发湿度计，用于对大气湿

① Selin H. Encyclopaedia of the History of Science, Technology, and Medicine in Non-Western Cultures (2nd ed.)[M]. Springer, 2008: 736.

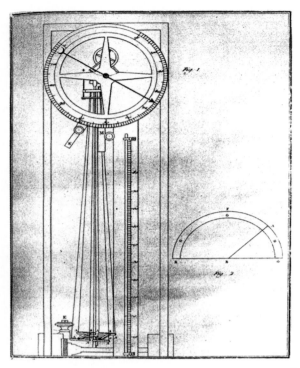

图 11-28　1789 年前后利用头发做成的湿度计 [1]

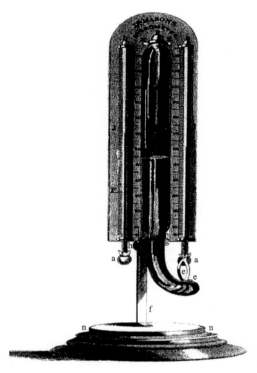

图 11-29　1836 年左右根据湿度原理
发明的湿度计 [2]

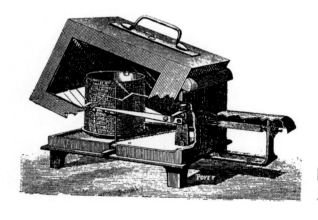

图 11-30　1889 年左右利
用牛角做成的湿度计 [3]

————

　　[1]　Middleton W E K. Invention of the Meteorological Instruments[M]. Baltimore: The Johns Hopkins University Press, 1969.

　　[2]　Middleton W E K. Invention of the Meteorological Instruments[M]. Baltimore: The Johns Hopkins University Press, 1969.

　　[3]　Middleton W E K. Invention of the Meteorological Instruments[M]. Baltimore: The Johns Hopkins University Press, 1969.

图 11-31 索绪尔（Horace-Bénédict de Saussure，1740—1799 年）

图 11-32 毛发湿度计 [1]

度、蒸发、云、雾和雨水进行一系列调查。[2]

　　他发现妇女的头发有吸收水汽的能力，并且长度也因干湿程度而发生变化，索绪尔最先设计的毛发湿度计，螺丝夹住毛发，毛发的伸缩带动圆筒和指针旋转，从而测量湿度。不久他又设计了第二种毛发湿度计，用一片金属制成的扇形指针，边上有两条槽，一条槽放毛发，另一条槽为丝线，当毛发长度发生变化时，指针便会显示出来。这种湿度计便于携带。如图 11-32。

　　[1]　引自 Rama, CC BY-SA 3.0 fr, https://commons.wikimedia.org/w/index.php?curid= 68763240.

　　[2]　René Sigrist, "Scientific standards in the 1780s: A controversy over hygrometers", in John Heilbron & René Sigrist (eds), Jean-André Deluc. Historian of Earth and Man[M]. Geneva, Slatkine, 2011: 147-183.

2. 湿度计应用与扩展

索绪尔曾经携带气压计和沸点温度计到达阿尔卑斯山的最高峰，测量估算了大气在不同高度的相对湿度、温度、太阳辐射强度、空气成分及其成分透明度等。然后，他调查了地球上河流、冰川和湖泊，甚至海洋的温度。索绪尔甚至通过仪器表明，深湖的底层水温在任何季节都是一致的，温度的季节性变化需要 6 个月才能穿透地球上 30 英尺（1 英尺 =30.48 厘米，后同）的深度。多年的实验使他认识到完善的气象观测站对气象学的巨大好处，而且要在不同高度进行尽可能长的同时观测。这些经验对今天大气科学研究还有很大价值。

罗伯特·胡克（Robert Hooke，1635—1703 年）与艾萨克·牛顿爵士（Sir Isaac Newton，1642—1727 年）是同时代的人，他发明或改进了一些气象仪器，如气压计和风速表及湿度计等，其中湿度计被认为是第一个机械湿度计，使用燕麦颗粒的外壳。他注意到，根据空气的湿度，稻壳会出现卷曲和不卷曲的现象。

值得指出的是，胡克在包括气象的科学仪器方面有很多发明。他发明了被科学家长久使用的气泵，他发展了望远镜的十字瞄准镜和螺丝调整装置，被称为科学气象学的奠基人。他发明了车轮气压计，可以保持旋转的指针在车轮上面记录气压。他建议把水的冻结温度作为温度计上的零点并设计了一种仪器校准温度计。他发明的气象钟（Weather Clock）记录了气压、温度、降雨量、湿度和风速，以至于在 18 世纪的文献中，胡克被赞为"机械领域的牛顿"。[①]

1820 年，英国化学家和气象学家约翰·弗雷德里克·达尼埃

---

① Gest H. The discovery of microorganisms by Robert Hooke and Antoni van Leeuwenhoek, Fellows of The Royal Society[J]. Notes Rec. R. Soc. Lond. 2004，58 (2)：187-201.

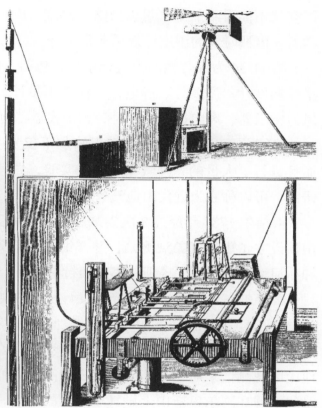

图 11-33　约翰·弗雷德里克·达尼 埃尔（John Frederic Daniell，1790– 1845 年）

图 11-34　综合大气记录仪 ①

尔（John Frederic Daniell，1790—1845 年，如图 11-33），发明了一种露点湿度计，被广泛用于测量潮湿空气达到饱和点的温度。丹尼尔最出名的发明是以其名字命名的电池，这是对电池早期发展历史中使用的伏打电池的改进。

19 世纪时，从事湿度计研究的人比较多，如法国蒙特贝利尔医学教授罗依在 1751 年从事湿度计实验时意外地发现温度表上的水分在温度逐渐下降时会凝结在玻璃管外部，因此可以决定周

① Multhauf R P. The Introduction of Self-Registering Meteorological Instruments[M]. 2010 [EBook].

围空气不能看到的湿气量以及露点温度，成为了首创露点温度的学者。但那时候的湿度计效果非常不好。

图 11-34 为综合性的大气记录仪，包括：虹吸和浮式气压计、平衡温度计、湿度计、静电计、浮式雨量计、浮式蒸发器、悬架风力指示器、风向指示器、时钟、接收器、雨量计和蒸发器。[①]

接续前面论述可以看出，索绪尔不仅发明了很多气象仪器，而且进行了大量的野外气象观察和实验，尤其是对山地气象学的研究，可以称之为近代山地气象学之父。

索绪尔 1787 年经过 7 次尝试后，成功攀登上布朗克山，他在山顶设立了山地气象观测站，并详细观测天文、气象，调查地质和冰河情况，撰写了《阿尔卑斯山行记》。

索绪尔在山上使用太阳光温度计从事观测，首次证明了太阳光的辐射作用随着高度的增加而增加。随着在 3000 多米的高山上开展了一连串的气压、气温、空气湿度等要素的观测，并与其他山区观测记录对比，证明了气压随高度增加而降低的事实。索绪尔根据在阿尔卑斯山上做气象观测的结果，算出每升高 100 米的气温平均递减率为 0.64℃，与今天基本接近。索绪尔用自己发明的毛发湿度计做不同高度的观测，发现高度越高，空气湿度越小，山区空气中所含的水汽比平地上多。索绪尔推测上升气流把水汽从低处传送到高山上。索绪尔的研究范围相当广泛，还测定了醚的蒸发作用，常年观测云、大气电象和雷暴等等，索绪尔对近代实验气象学的贡献比较大，为近代大气科学的发展做出了重要贡献。

---

① Multhauf R P. The Introduction of Self-Registering Meteorological Instruments[M]. 2010 [EBook].

第十一章 气象观测的系统化扩展

第一节　气象观测出现国际合作

　　数据对于气象科学的重要性就如粮食对于人类的重要性一样，古今中外都留有大量和气象气候相关的文献，其中不乏记录气象现象和有关经验性的数据。总体来看，近代以前这样记录主要是定性数据为主，即便有明确的定量数据，但是气象观测的定量数据较多出现在西方国家。现在保存下来的世界上最早用仪器观测的气象记录，可能是欧洲 1650 年前后的记录。

1. 气象观测网络形成

　　前面已经阐述，1654 年托斯卡纳大公即斐迪南二世（Grand Duke of Tuscany，Ferdinand Ⅱ，1610—1670 年，如图 12-1）发明了第一个封闭的玻璃温度计。[①]斐迪南痴迷于新技术，世界上第一个气象观测站也是斐迪南二世于 1653 年前后在意大利佛罗伦萨创建，他在皮蒂宫（Palazzo Pitti）安装了几个湿度计、气压计、温度计和望远镜，构成一个观测站。[②]

　　斐迪南在欧洲建立了 10 个左右的气象观测站，构成一个初步的欧洲气象观测网，持续观测到 1667 年，留下很多定量

---

　　① 　Bolton H C. Evolution of the Thermometer, 1592-1743 [M]. Chemical Publishing Co, 1900.

　　② 　Acton, Harold. The Last Medici[M]. Macmillan, London, 1980.

而且标准一致的观测数据。

斐迪南是伽利略的好友和坚定支持者，按照今天标准属于"科学追星族"的这位大公对近代气象科学发展做出宝贵支持。他支持科学的事迹可以进一步深究。

此外，法国数学家海尔（Philippe de La Hire，1640—1718 年）从 18 世纪初开始做雨量统计，美国学者格林伍德（Isaac Greenwood，1702—1745 年）于 1728 年向皇家学会提出搜集各种海洋上的船舶气象报告，还可以做出各种表格便于阅读。

2. 气象观测的国际化

图 12-1　斐迪南二世（Grand Duke of Tuscany,Ferdinand Ⅱ，1610—1670 年）

在国际气象合作方面，约翰·卡诺德（Johann Kanold，1679—1729 年）做出了贡献，他是德国医生，为流行病学做出重要贡献，创办了 *Breslauer Sammlung* 期刊，可能包括对气象的记录，他 18 世纪初呼吁并努力组建国际气象观测网，观测工作持续了 10 年。

1728 年，荷兰气象学家穆斯肯布洛克（Petrus Von Musschenbroke，1692—1761 年）在天气观测记录中尝试使用气象符号，用象形符合代替气象现象，这为以后标准化使用气象符号开了先河。[①]

雷内 - 安托万·费肖特·德·雷奥穆尔（René-Antoine Ferchault de Réaumur，1683—1757 年）是法国昆虫学家和作家，他在许多不同领域，特别是昆虫的研究做出了贡献。1731 年他提出了以其名字命名的雷奥穆尔（Réaumur）温标。雷奥穆尔温标也称为"八分体"，是一种温度标度，指在一个大气压下水的冰点和沸点

---

① Frisinger H H. The History of Meteorology to 1800[M]. Boston: American Meteorological Society, 1983.

分别定义为 0 度和 80 度，用符号"R"表示。据此发明列氏温度计。

　　法国气象学家和医学家科特（Louis Cotte，1740—1815 年），曾经撰写著作《论气象学》（*Treatise meteorology*），作为气象学家和医生，他切身体会到气象条件对于人体健康的重要性，在 1776 年左右作为法国医学会领导人，倡议进行国际气象观测的合作，把各地气象数据集中到法国进行研究。当时参加合作的有 31 个站，甚至包括俄国和北美洲的一些气象观测站，10 年后即 1786 年纳入国际合作观测站网的数量达到 65 个。这些站网和数据交换是近代气象国际合作的典范，具有极其宝贵的价值，对于今天还有启发。

图 12-2　巴拉提纳气象学会拥有的观测站点①

────────

① Aspaas P P, Hansen T L. The role of the societas meteorologica Palatina (1781—1792) in the history of auroral research[J]. Acta Borealia, 2012, 29(2): 157-176.

1780 年西奥多（Karl Theodor，1724—1799 年）创立了可能是世界上最早的气象学会，巴拉提纳气象学会（the Societas Meteorologica Palatina）。这个学会当时有个主要任务是协调和促进建立世界气象观测站网和数据收集，大约十几个国家的近 40 个气象观测站构成的观测网。[①] 如图 12-2。巴拉提纳气象学会主要贡献包括出版了十几卷的观测记录，资料的时间为 1780—1795 年。

这个气象学会因地处曼海姆，也称曼海姆气象学会，在收集一致的温度、压力和湿度数据集方面取得了相当大的进展，促进协调了国际范围内对天气的观测。它还发展成为极光研究的网络。

18 世纪气象观测站网的建立并逐渐扩大，特别是观测气象要素、观测时间和记录格式的逐步趋于统一，对于大气科学研究的进展具有非常重要的价值。

第二节　高空探测的进展

1. 极光

在自然现象中，有些比较独特的与气象相关的现象，比如极光。极光一般出现在地球两极上空来自地球磁层或太阳的高能带电粒子流，与两极高层空气相遇，使高层大气分子或原子受到激发而产生。

极光一般呈带状、弧状、幕状、放射状，不同的形状，有时稳定，有时作连续性变化。图 12-3 是人们早期记录的极光现象。

---

① Cassidy D C. Meteorology in Mannheim: The Palatina meteorological society, 1780-1795[J]. Sudhoffs Archive, 1985, 69(1): 8-25.

图 12-3　阿拉斯加地区观察到的北极极光 [1]

2. 高空气象探测的产生

1648 年，法国著名科学家布莱士·帕斯卡（Blaise Pascal）利用气压计测得山顶的气压小于海平面气压，因而他提出了不同海拔高度空气的气压是不同的。为了进一步验证他的观点，他做了大量实验，提出了气压随着海拔的上升而降低的气压规律。这成为近代气象学有关气压方面的一个基本规律，为掌握天气变化提供了有利条件。其后科学家们不断验证和扩展气压随着高度变化而变化的规律，并且不断向高空气压变化研究推进。法国雅克·亚历山大·塞萨尔·查尔斯（Jacques Alexander César Charles，1746—1823 年）是发明家、科学家、数学家和气球探测家。查尔斯和罗伯特于 1783 年 8 月发射了世界上第一个无人驾驶的充氢气球。

在 1783 年 12 月，查尔斯和他的副驾驶乘坐一个有人驾驶的气球升到了 1800 英尺左右的高度。1785 年 1 月 7 日，法国气球手吉恩 - 皮埃尔·布兰查德（Jean-Pierre Blanchard）和美国气球

---

① Knight D C. The Science Book of Meteorology[M]. Franklin Watts,1964. 美国自然史博物馆收藏。

图 12-4　布兰查德和杰弗里斯首次成功飞越英吉利海峡 [1]

手约翰·杰弗里斯（John Jeffries）首次成功飞越英吉利海峡。 如图 12-4。

　　19 世纪中叶，自由气球的升空飞行技术已经更加进步，当时飞行高度可达 10000 米，达到这个高度的气象探测人是英国气象学家格莱谢尔博士（Dr.James Glaisher，1809—1903 年）。格莱谢尔和他的助手柯可斯伟（Henry Tracey Coxwell）完成了当时最高高度的气象探测壮举，这项载人自由气球高空气象探测壮举是由英国科学促进协会主持的。工作期间从 1862 年 7 月 17 日到 1866 年 5 月 29 日止，前后共升空 29 次，一两个月一次，但是每次升空日期时间和地点都不相同。主要测定各个不同高度上的气温和湿度情况，其次是测定露点温度、大气中氧的分布状况、地球上各处磁场震动的时间，并收集不同高度上空气的样品，并观察云层的种类、高度、密度和厚度、各个不同高度上气流的流向和速

---

　　① 图片来源，赫顿档案馆 / 盖蒂图片社（Rischgitz—Hulton Archive/Getty Images），转引自大英百科网站，https://www.britannica.com/biography/John-Jeffries.

度，观察声波的性质和一般大气现象，测定太阳的辐射作用等。

1887 年德国气象学家阿斯曼（Richard Assmann）首创通风干湿表。1893 年阿斯曼在德国境内建立了世界上第一个固定的高空监测站，用风筝和气球从事观测高空中的气温、露点温度和气压情况。1905 年阿斯曼担任德国林登堡高空气象台台长，该台设备完备，被列为当时世界上第一流高空气象台之一。

3. 风筝和气球探空发展

风筝最早可能是中国人发明的，可以传递军事信号等。西方人较早将风筝应用在了气象观测上。

1748 年，英国人曾经在苏格兰将小型温度计绑在风筝上，放到天空用以测低空温度的变化。1752 年美国科学家本杰明·富兰克林（Benjamin Franklin，1706—1790 年）利用风筝等研究雷暴云中电的性质。[①] 后来风筝探空经过不断的改进，成为 19 世纪和 20 世纪初期观测低空温度等气象要素的辅助工具。风筝可以携带包括自制气压计、自记温度计和自记湿度计，探空的高度有时可以达到 3000 米。

风筝在提升大气状况的科学仪器观测并用于天气预报方面发挥了历史作用。Francis Ronalds 和 William Radcliffe Birt 早在 1847 年就在伦敦的乔城天文台（Kew Observatory）描述了一只非常稳定的风筝，携带高空的自记式气象仪器而进行的试验。[②] 美国气象局历史上 William Eddy 和劳伦斯·哈格雷夫（Lawrence Hargrave，1850—1915 年，如图 12-5），在 1894 年前后曾经设计大风筝来提高气象仪器高度。

图 12-5　劳伦斯·哈格雷夫（Lawrence Hargrave，1850—1915 年）

① 王洪鹏. 用风筝捕捉雷电的富兰克林 [J]. 科技导报,2009(10): 106.

② Ronalds B F. Sir Francis Ronalds: Father of the Electric Telegraph[M]. London: Imperial College Press, 2016.

哈佛大学气象台的艾博特·劳伦斯·罗奇（Abbott Lawrence Rotch）根据工程细节建造了一只风筝。美国气象局广泛使用箱状风筝进行气象观测。如图12-6。这一原则适用于滑翔机，1906年10月，阿尔贝托·桑托-杜蒙（Alberto Santos-Dumont）在飞机上使用了箱状风筝，进行了飞行气象观测。直到1909年，利用箱状风筝在飞机上观测在欧洲一直是通用的方法。

直到20世纪30年代以后，风筝携带气象仪器的形式渐渐被无线电探空仪所取代。现代气象可以用探空气球获得高空气象信息。如图12-7。

欧洲在1773年就开始有人使用氢气

图 12-6　早期一种箱状风筝[①]

图 12-7　施放气象气球

①　McClure's magazine (United States), March 1896.

图 12-8　法国气象学家里昂·德·博尔特（Léon Teisserenc de Bort）

球进行探测。1783 年，法国有学者把自记温度计和自记气压计系在自制氢气气球下面，观测达到气球破裂高度的温度和气压等信息。但是这些气球当时升空的高度都不大，有很大局限性。

随着气球质量提升，最早使用气象气球的人之一是法国气象学家里昂·德·博尔特（Léon Teisserenc de Bort，1855—1913 年，如图 12-8）。从 1896 年开始，他从法国特拉普斯的天文台（Observatory in Trappes）施放了数百个气象气球。这些实验导致他发现了对流层和平流层。[1]

有气象学家在 1958 年进行的气球试验，使气球长时间保持在恒定的高度，以帮助诊断原子沉降产生的放射性碎片。[2]

4. 高空雷电探测

除了高空的温度探测之外，雷电探测也逐渐深入。特别是美国科学家富兰克林改用风筝做实验研究雷暴和雷击取得了成功，发现了天空的闪电与一般电的本质相同，本质就是电。

本杰明·富兰克林（Benjamin Franklin，1706—1790 年，如图 12-9、图 12-10）是一位非常著名的政治家，同时还是卓有成就的科学家。他在费城关于电学的实验在自然科学史上具有十分重大的意义。根据这个实验，他提出了有关电学的一些科学理论

① Chisholm H. Teisserenc de Bort, Léon Philippe[M]. Encyclopædia Britannica (12th ed.). London & New York, 1922.

② Staff. Chief Special Projects Section: Dr. Lester Machta[M]. United States Weather Bureau: 39-41. Retrieved 21 April 2012.

与观点，极大地促进了电学的发展。这个实验同时也促进了后期的"风筝实验"，证明了天上的雷电是一种正常的电学现象，并且与地面放电乃至人工摩擦产生的电具有完全相同的性质，而不是"上帝的怒火"。

图 12-9　富兰克林[①]

这对于人们破解迷信，把天上的气象现象和地上的现象一起考虑有很大促进作用。他还做了大量的实验来证明自己有关天上雷电说法的正确性。他提出了避雷针的思想，防止建筑物遭雷击。在 1752 年到 1762 年这十年间，他持续实践来改进避雷针设计。

18 世纪，雷电是"上帝的怒火"的说法在欧洲十分流行，富兰克林的电学观点一度使人产生怀疑。本杰明·富兰克林和他三个同事：Principally Ebenezer Kinnersley 和 Philip Syng 以及 Thomas Hopkinson，决定做一个探索雷电本质的实验。他们受到了英国皇家学会 Peter Collinson 院士的实验设备和仪器的支持，并且得到了有关仪器和设备的使用说明书，这为费城实验顺利开展奠定了基础。

早期的费城实验描述在富兰克林在 1747 到 1751 年写给 Peter Collinson 的五封信里。在 1751 年 4 月，Peter Collinson 以小册子的形式出版了这五封信，书名叫作《有关电学观察和验证的费城实验》，[②] 这本不厚的书主要讲述了雷电是一种摩擦生电现象，提出了金属物质比木质物质导电传电快的观点，并提出了正负电荷

①　Proceedings of the International Commission on History of Meteorology, 2004, 1(1).

②　Benjamin Franklin, and Communicated in several letters to Mr. P. Collinson, Experiments and Observations on Electricity, made at Philadelphia in American. London, F.R.S1-86.

的概念，影响导电的距离等问题。

　　这本书被翻译成法文、德文以及其他语言，十分流行，对于人们理解电学的本质，不再迷信起到很大作用，也对大气探测作出了重要贡献。

　　富兰克林防雷击思想：提供一个小的铁棒，可能是由钢钉做成的，一端有三到四英尺在潮湿的地面，另一端要高出建筑物六到八英尺。在杆的上端固定大约一英尺黄铜线，有一个共同的针织针，削尖至一个细点般的大小，杆可以由几个小钉固定到房子上。如果房子或谷仓长度比较长，则可能需要房子的各端都要设置一个铁杆和削尖的端点，把一个中等铜线从一个房脊贯穿到另一个。被装置这种金属棒的房屋则不会被雷击损坏。按照当代大气科学中防雷技术来描述富兰克林设计防雷系统，则包括三大要素：（1）一个或多个安装在屋顶上的空气终端；（2）水平和垂直向下的屋顶导体连接空气终端；（3）接地系统地提供电气连接。[①]

　　随后几年中，富兰克林继续收集有关雷电和雷电袭击房屋的资料，进行深入研究。1761 年 3 月 Kinnersley 给富兰克林提供了一个有关费城西部一处房屋遭受雷击的案例。有人观察到：闪电扩散至充满雨水十分潮湿的路面，扩散的距离大概离保护杆底部 2 到 3 码（1 码 =0.9144 米，后同）。雷击后黄铜针的顶部被融化了，但房屋并没有受到损坏。因此，Kinnersley 得出这样的结论：为房屋安装类似于导体性质的防雷系统有助于房屋避免遭受雷

图 12-10　富兰克林雕像

　　① Proceedings of the International Commission on History of Meteorology, 2004, 1(1).

击。针从 10 英寸（1 英寸 =2.54 厘米，后同）缩短到 7.5 英寸，富兰克林避雷针确实可以避开雷击。

在接到 Kinnersley 的信之前，富兰克林已收到另外两个避雷针防雷的详细描述。在第一个案例中，该房屋避雷金属杆的顶端类似于针的部分和黄铜下引线的一部分已经被蒸发了，另一处房屋避雷金属杆的顶部的黄铜针也被雷电融化了，长度甚至达到了七英寸。两处房屋的避雷金属杆，几乎所有的用铁钉固定的连接处都被雷击至一种松弛或脱钩状态。但是，最重要的是房屋都没有受到破坏。这让富兰克林倍感欣喜，虽然避雷金属杆遭到了不同程度的破坏，但是房屋都避免破坏。在他给 Kinnersley 的回信中，更加确定了防雷金属杆的重要作用，并且指出了安装更多的实质性导体和更深、更广的接地系统，将会更加有助于避免房屋在遭受雷电时地表和地基的震荡。随后，富兰克林就开始从避雷杆的材质、长度、接地深度与广度等方面对避雷杆进行改进，避雷杆逐渐地被完善，防雷作用也越来越突出，也越来越受到欢迎。至此"避雷针"一词也开始流行起来。

此外，富兰克林对风暴和洋流也有观测和研究，提出风暴具有连续移动的特性。以上这些较早进行的高空探测，为 19 世纪特别是 20 世纪研究大气的三维结构做了铺垫。

第三节 高纬度地区的气象观测

20 世纪现代气象学的诞生与北欧等高纬度地区也有关系，回溯一下高纬度地区的气象发展可能会得到对近代气象学理论背景的更广阔的历史视野。通过格陵兰岛与拉布拉多半岛摩拉维亚人 18 世纪以来气象观测的对比也可以一窥高纬度气象学的发展。

1. 高纬度地区气象观测

在 18 世纪早期，欧洲盛行天主教，因此，基督教徒不得不向西迁移。① 在路德维希·格拉夫·冯·津赞多夫（Ludwig Graf von Zinzendorf）的支持下，于 1727 年建立了新的虔诚温和的基督教会。在 1732 年，摩拉维亚人继续向西来到维尔京群岛的圣汤姆斯地区开始传教工作。这里主要讲述在此背景下格陵兰岛及拉布拉多半岛北部气象观测状况。

格陵兰岛和拉布拉多半岛上的摩拉维亚人，随着维塔斯·白令（Vitus Bering，1681—1741 年）发起的到堪察加的北部扩张运动（1734—1743 年），进而迁移到格陵兰岛与当地的非欧洲居民居住在了一起。在这里，1721—1771 年基督徒在格陵兰岛、加拿大、拉布拉多半岛等建立了很多教堂，这些教堂很多有气象观测（如表 12-1 和表 12-2）。一些教堂现在仍存在并在使用。

摩拉维亚人除了传教任务外，他们不仅把自己每年的传教报告记录下来，还把当地因纽特人文化用简略图和图片绘制出来。由于对自然科学的兴趣和重视，他们在每次传教过程中，对当时当地的天气进行认真观测并且做出了气象测量，进而告知下批要

表 12-1　18 世纪摩拉维亚人在格陵兰岛和拉布拉多半岛上的教堂发展
（气象观测点）②

观测时期（年份）	格陵兰	拉布拉多半岛
1733—1900	Neu-Herrnhut	
1748—1900	Lichtenfels	
1771—现在		Nain
1774—1900	Lichtenau	
1776—1919		Okak
1782—现在		Hoffenthal

① Hiller J K. The Moravians in Labrador, 1771-1805[J]. The Polar Record, 1971 (15):839-854.

② Hartmut Beck (ed.), Wege in die Welt. Reiseberichte aus 250 Jahre Brüdermission Erlanger Taschenbücher[M]. Verlag der, Ev.-Luth. Mission, 1992:1-300.

表 12-2　19 世纪摩拉维亚人在格陵兰岛和拉布拉多半岛上的教堂发展
（气象观测点）[①]

观测时期（年份）	格陵兰	拉布拉多半岛
1824—1900	Friedrichsthal	
1828—1959		Hebron
1861—1900	Umanak	
1864—1900	Idlorpait	
1865—1894		Zoar
1871—1907		Rama
1896—现在		Makkovik
1904—1924		Killinek

来的传教士注意极地气候。[②]戴维克兰茨（1723—1777 年）是第一
个出版有关格陵兰岛早期传教活动的人。这些详细的传教信息被
记录于他在新主护村和利希腾费尔斯县（1761—1762 年）传教活
动的报告中。报告中除了很有趣的民族风情外，还对格陵兰岛的
气候作出了描述。[③]他的书在欧洲引起了广泛关注，被翻译成了
荷兰语、英语和瑞典语。德语第二次校订版于 1770 年出版。
　　拉布拉多建立教堂后，一些传教士在传教布道同时注意
天气变化，天气观测也就受到了重视。克里斯托夫·布拉森
（Christoph Brasen，1738—1774 年）对 1771 年 10 月到 1772
年 10 月的天气进行了观测记录。[④]塞缪尔·利比希（Samuel

---

①　Hartmut Beck (ed.), Wege in die Welt. Reiseberichte aus 250 Jahre Brüdermission Erlanger Taschenbücher[M]. Verlag der, Ev.-Luth. Mission, 1992:1-300.

②　当时得到的气象数据在年度传教报告中可以找到。

③　Cranz D. Historie von Grönland enthaltend die Beschreibung des Landes und der Einwohner u. insbesondere die Geschichte der dortigen Mission der Evangelischen Brüder zu Neu-Herrnhut und Lichtenfels[J]. Barby, Heinrich Detlef Ebers, 1765(3): 1132.

④　Anon. Auszüge aus den Witterungsbeobachtungen auf der Küste von Labrador Oktober 1771 – Oktober 1772[J]. Wittenberger Wochenblatt, 1774, Ⅶ: 202.

Liebisch，1739—1809 年）对 1775 年到 1783 年的天气进行了观测和记录，并且他的接班人在 1783 年后把这些记录发表在了德国周刊上。①②③

安德烈把自己在欧洲的气象记录（1786 年 10 月—1787 年 6 月）给了约翰·雅伯格·海默。这些数据出现在第一届巴拉提纳气象会议的材料中。④ 从 1788 年 10 月到 1789 年 4 月，当时太阳黑子最多的时候，他们观测到了有 54 天出现显著的极光。1790—1801 年来自格陵兰岛和拉布拉多半岛的气象数据在当地一家科学杂志上公布。⑤

2. 观测数据的现今价值

德国哈雷大学的弗里德里希教授（Friedrich Kämtz，1801—1867 年）利用来自加拿大贝恩和美国奥克的珍贵气象观测数据，对北部高纬度地区的气候特点进行了描述。⑥ 后来，来自贝恩的数据经常被用来显示北美和欧洲同纬度地区的温度差别。⑦ 这些观测和数据反驳了托拜厄斯·迈耶（Tobias Mayer，1723—1762 年）的气候只受太阳活动影响的太阳气候理论。

19 世纪 30 年代末期，天文学家约翰·拉蒙特（John Lamont，

---

①　Anon. Wetterbeobachtungen aus Labrador Sept. 1775-1781[J]. Wittenberger Wochenblatt, 1783(XVI):281.

②　Anon. Wetterbeobachtungen aus Labrador 1781-1782[J]. Wittenberger Wochenblatt, 1785(XVIII): 129.

③　Anon. Wetterbeobachtungen aus Labrador 1783[J]. Wittenberger Wochenblatt, 1785 (XIX): 153.

④　Andreas Ginge, Observationes Gotthaabenenses, Ephemerides Societatis Meteorologicae Palatinae[M]. Observationes Anni, 1787: 42, 54.

⑤　Anon. Meteorologische Beobachtungen in Grönland und Labrador ausgeführt von den böhmischen Missionären (1790-1801)[J]. Voigt's Magazin für Naturkunde, 1805(IX).

⑥　Julius Hann. Resultate der meteorologischen Beobachtungen an der Küste von Labrador, Rigolet, Hoffenthal[J]. Meteorol. Z. 1896(13): 117-119.

⑦　Karl Schneider-Carius, Wetterkunde Wetterforschung: Geschichte ihrer Probleme und Erkenntnisse in Dokumenten aus drei Jahrtausenden[M]. Freiburg/München, Karl Alber, 1955: 99-101.

1805—1879 年）在德国建立了巴伐利亚的气象观测体系。他辗转得到了来自格陵兰岛和拉布拉多半岛每年的气象观测数据。大概有几十年的气象数据（如表 12-3）。这些数据包含了气压、温度、风向以及对天气的简短描述。这些观察一般是两到三天一次。

表 12-3　拉蒙特收集到的格陵兰和拉布拉多的气象数据 [①]

时期（年份）	格陵兰	拉布拉多
1841—1865		Nain
1842—48，1856—66，1871—72		Hebron
1843—1844	Godthaab	
1843—1851	Lichtenau	
1843—60/1862—65	Neu-Herrnhut/Umanak	
1843—1866		Okak
1846—1852	Lichtenfels	
1852—1872		Hoffenthal

　　维森慕尼黑工业大学至今仍保存着拉蒙特的一些气象观测记录。图 12-11 就是一个 1841—1842 年气象观测测量实例。图 12-11 中一些符号含义，包括表示观测时间、气压、温度、最高温度和最低温度，风向、天气现象等。

　　拉蒙特对这些数据及其准确性进行了细致研究，对一些观测站的温度计进行校正并且公布了极端温度、气压和风等数据。[②③④]

————————
　　① Grönland file and Labrador file, Archiv Lehrstuhl für Ökologie, TU München, Weihenstephan.
　　② Lamont J. Meteorologische Beobachtungen in Labrador und Grönland (1841-1842) [J]. Annal. f. Meteorol. u. Erdmag, 1842(IV): 69-72.
　　③ Lamont J. Meteorologische Beobachtungen in Labrador und Grönland (1842-1843) [J]. Annal. f. Meteorol. u. Erdmag, 1843(VIII): 185-191.
　　④ Lamont J. Beobachtungen von Nain und Hebron 1841-1843[J]. Annal. f. Meteorol. u. Erdmag. 1842-1844(IV, VII): 69, 185.

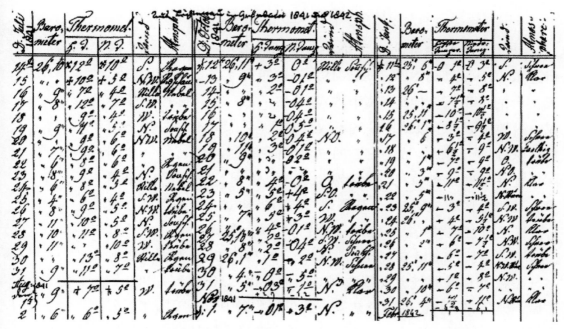

图 12-11　拉蒙特在 1841—1842 年的观测记录

有学者把统计学方法引入气象学来研究气象现象的周期性后，拉蒙特就开始研究计算方法在气象学中的意义，据此他以近北极地区为例，来计算每个月的气温和气压的平均值，以及风向和风速等来自高纬度地区的天气信息。

19 世纪 50 年代以后，许多探险队到北极选择西北通道。不少探险队记录了沿途温度数据和北极高纬地区的天气基本状况。包括约翰·奥古斯特·米尔茨兴（Johann August Miertsching，1817—1875 年）所写的书，描述了该通道的探险具体情况和气象状况，十分吸引人。这些探险运动，从气象条件证明了西北通道从理论上是存在的。但实际上由于重重海冰，船不能航行。

在 18 和 19 世纪，在各式各样的报刊和研究中，虽然只有很少有关格陵兰岛和拉布拉多地区的早期气象测量成果，但是早期的这些宝贵探索气象数据为近代气象学发展做出贡献，也成为今天极地气象学的一种源头。

3. 国际极地年的气象观测

1882 年到 1883 年举办了第一个国际极地年，乔治·冯·诺伊迈尔（Georg von Neumayer，1826—1909 年）是汉堡德国海军天文台的负责人，他组织德国学者参加了第一个国际极地年会议。极地年促进了极地地区气象数据的汇总和规范化，并为德国探险队提供了帮助，成为官方的气象方面指导数据。[1] 第一个国际极地年期间，奥地利、匈牙利、瑞典、法国、俄国等 12 个国家在北极地区建立了 12 个观测站，在南极建立 2 个观测站，配合各国已有台站对气象、地磁、极光等作统一观测。

气象学家 Eduard Brückner（1862—1927 年）对美国北部极地站气象数据和欧洲气象观测数据对比抱有很大兴趣。在 1888 年前后，他公布了自己的研究结果。公布的数据中包括美国北部东海岸的气象数据，显示该地气候呈现带有西风强风暴的寒冷气候特点[2]（如表 12-4）。

表 12-4　1882—1883 年拉布拉多地区的平均温度（单位：℃）

	9月	10月	11月	12月	1月	2月	3月	4月	5月	6月	7月	8月	年平均
Rama		0.2	-4.2	-10.4	-20.1	-22.9	-16.7	-7.9	1.3	5.5	7.9	7.3	
Hebron		-0.2	-4.8	-10.1	-20.0	-23.8	-15.8	-8.1	0.5	6.3	8.8	7.3	
Okak		0.2	-5.5	-10.6	-21.4	-24.3	-15.9	-7.6	0.4	6.7	9.9	8.4	
Nain	7.7	0.9	-5.1	-11.1	-21.5	-23.6	-15.0	-7.4	1.2	7.1	10.0	7.9	-4.1
Zoar	7.8	0.9	-5.4	-11.9	-22.7	-23.4	-15.4	-6.8	1.5	7.6	11.7	8.8	-4.0
Hoffenthal	7.8	1.5	-4.0	-9.6	-21.8	-22.3	-14.1	-5.1	1.9	8.1	12.3	9.1	-3.0

----

[1]　Koch K R. Geschichte der supplementären Expedition unter Dr. K.R. Koch nach Labrador[M]. Die Internationale Polarforschung 1882—1883. Die Beobachtungs-Ergebnisse der Deutschen Stationen. Band I. Kingua-Fjord und die meteorologischen Stationen II. Ordnung in Labrador: Hebron, Okak, Nain, Hoffenthal, Rama, sowie die magnetischen Observatorien in Breslau und Göttingen. Georg Neumayer und Carl Börgen, ed. (Berlin, A. Asher & Co., 1886):1-181.

[2]　Brückner E. Resultate der meteorologischen Beobachtungen der deutschen Polarstationen 1882/1883[J]. Meteorol. Z., 1888(5):245-59.

其他气象学家继续研究，奥地利气象学家尤利乌斯·汉恩（Julius Ferdenand von Hann，1839—1921 年）计算出了北纬 56° 和北纬 58° 两个地区的温度月均值（如图 12-12）和计算方程式。

	Hoffenthal	Zoar	Nain	Okak	Hebron	Rama	Mittel von je 3 Stationen		6 Stationen
N Br.	55° 27'	56° 7'	56° 33	57° 34	58° 12'	58° 53	56.0°	58.2°	57° N
W L.	60° 12'	61° 22'	61° 40'	62° 3'	62° 37'	63° 21	61.0	62.7	62 W
Jahre	14	7	12½	9½	12	13½	12	12	Jährlicher Gang berechnet')
Jan.	—20.2	—22.6	—21.8	—19.6	—21.4	—20.0	—21.3	—20.3	—16.1
Febr.	—18.9	—21.6	—20.8	—20.8	—21.5	—20.3	—20.2	—20.9	—15.6
März	—12.7	—14.2	—14.2	—14.9	—15.3	—15.9	—13.6	—15.4	—10.0
April	— 5.1	— 5.9	— 6.1	— 6.4	— 7.2	— 6.6	— 5.7	— 6.7	— 1.9
Mai	0.6	0.8	0.1	0.1	0.2	0.3	0.5	0.2	5.4
Juni	5.5	6.1	4.5	4.7	4.5	4.4	5.2	4.5	10.3
Juli	9.8	9.8	8.1	8.3	7.6	7 7	9.1	7.9	12.7
Aug.	9.9	10.2	9.1	8.7	8.0	8.1	9.6	8.8	12.9
Sept.	6.8	6.4	5.5	4.9	4.5	4.4	6.0	4.6	10.7
Okt.	0.8	0.5	— 0.2	— 0.9	— 1.0	— 0.6	0.4	— 0.8	5.8
Nov.	— 5.3	— 7.4	— 6.2	— 7.0	— 6.5	— 5.8	— 6.1	— 6.4	— 2.7
Dec.	—15.8	—18.2	—15.8	—16.4	—16.5	—15.8	—16.3	—16.2	—11.0
Jahr	— 3.8	— 4.7	— 4.8	— 4.9	— 5.4	— 5.0	— 4.4	— 5.1	0.0

Jährlicher Gang der Temperatur.

56° N 61° W	$-4.4° + 15.1° \sin(256.3° + x) + 2.0 \sin(259.5° + 2x)$	
58° N 63° W	$-5.1 + 14.6 \sin(255.6 + x) + 1.6 \sin(241.1 + 2x)$	
Im Mittel²).	$-4.7 + 14.4 \sin(256.0 + x) + 1.8 \sin(251.4 + 2x)$	

图 12-12 北纬 56-58° 地区气温数据 [1] 和汉恩的计算公式

汉恩担任奥地利气象杂志主编 20 多年，后又主编德奥两国气象学会合办的气象杂志 38 年。1866 年首先提出焚风成因。1877 年担任维也纳中央气象和地磁研究所主任，并担任维也纳大学教授。撰写了多卷本的气候学手册（*Handbuch de Klimatologie*），对于现代气象学发展有一定影响。

对北极地区气象观测和数据研究，持续进展，直到 1937 年，还有学者用德国的气象数据与北欧比较来计算拉布拉多地区气候指标的月均值。[2]

在第二个极地年（1932—1933 年）期间，各国加大了对北极

① Hann J. Zum Klima von Labrador 1 and 2[J]. Meteorol. Z. 1896(13): 359-361 and 420-423.

② Döll L. Klima und Wetter an der Küste von Labrador[J]. Aus dem Archiv der Deutschen Seewarte, 1937,57(2): 5.

的观测和研究，比如德国虽然没有建立新的极地研究站，但是德国国内的常规测量研究有了大发展，德国国内接近极地的研究站参与到极地年研究中了。[①] 这次极地年发现了重要气象现象，比如 1933 年 2 月 9 日在马库维克（Makkovik）观察到的风暴，气旋通道显示气压降低了 68 百帕，2 月 7 日到 11 日的气象参数发生了明显变化（如图 12-13）。这种拉布拉多风暴与 1992 年 3 月 2 日的风暴显示了同样了特征，都出现了气压的骤减，1992 年 3 月 2 日的气压骤减了 65 百帕，这是由现代卫星和人造卫星观测得到的数据（如图 12-14）。这个观测结果对于极地气象学研究意义很大，对于今天大气科学发展也很有启发意义。

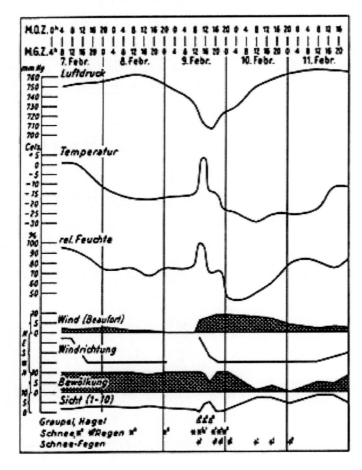

图 12-13　1933 年 2 月 9 日观察到马库维克地区的风暴

① Baumbach S. Meteorologische Beobachtungen in Labrador[J]. Aus dem Archivder Deutschen Seewarte und des Marineobservatoriums, 1940, 60(8): 41.

图 12-14　1992 年 3 月 2 日拉布拉多气旋增强红外图像 [1]

综上所述，包括摩拉维亚等地区在内的北极气象数据非常宝贵，如果可以重建对今天气象研究意义重大，用气象科技史的研究方法或许可以为数据重建做些积极帮助。在 1900 年的时候，北极地区大约建立个 400 个观测站。由于冷战和北极地区日益重要的战略意义，在 1987 年的时候北极地区观测站的数据达到了 5000 多个。观测站从加拿大一直延伸到西伯利亚地区，形成了庞大的观测体系，在一些急剧变动的社会事件之后，比如东欧剧变和苏联解体，北极观测站数据一度降到了 2000 个左右。

今天极地气象学成为大气科学体系非常重要的气象分支，对于气候变化乃至许多国家发展都有重要关系，回溯北极这段气象科技发展历史，有助于未来的气象科学发展。

_____

① Huo Z H, Zhang D L and Gyakum J. The life cycles of the intense IOP-14 storm during CASP II, Part I, Analysis and simulations[J]. Atmosphere – Ocean, 1996, 34, (1): 51-80.

第十三章 气象学理论丛林

近代气象学中各种大气科学理论发展起步大约是在 17 世纪开始的。这个时期大气理论主要包括对大气流动的解释和大气属性的进一步认识。不断出现的各种气象学理论，展现了近代气象科学的迅猛发展和雨后春笋般的理论丛林。

第一节 哈雷信风理论

近代气象学除了气象仪器和气象观测蓬勃兴起外，各种气象学理论也不断出现。在 17 世纪以前，由于《气象通典》的束缚以及观测工具的缺乏，有关气象方面的理论不太符合大范围风力变化的实际。随着人类活动范围的扩大，包括航海事业的进展，以及气象观测仪器的应用，才逐渐提出了比较符合实际的正确看法和经验理论。

1. 提出信风理论

17 世纪 40 年代，有学者注意到各地风向有随太阳的运动而改变的规律。埃德蒙多·哈雷（Edmond Halle，1656—1742年，如图 13-1），是英国著名的天文学家、地理学家、数学家，也是气象学家和物理学家，曾任牛津大学几何学教授，第二任格林尼治天文台台长。他把牛顿定律应用到彗星运动上。

1705年，哈雷首次发现彗星（既哈雷彗星），[①]并正确预言了被称为"哈雷彗星"作回归运动的事实，这使他名声大噪。他还发现了天狼星、南河三和大角这三颗星的自行运动，以及月球长期加速现象。哈雷对大气运动学的贡献也是十分突出的。

17世纪到18世纪初期，很多科学家注意到了风力对气压计的影响，并且开始探讨这个气象问题。哈雷对此做出了突出贡献。1686年，哈雷发表了关于信风和季风的论文，论文中还有图表。他用来表示信风的符号仍然存在于大多数现代天气图中。他尝试解释这些风力的来源以及运动方向，哈雷认为，这些风是由于太阳辐射的冷热不均造成的，受热多的地方，温度就高，气流就会向上流动；相反受热少的地方，温度就低，气流就会下沉，这样就存在气压的梯度力，从而产生了风。

根据研究，他确定太阳的能量和加热是大气运动的原因。他还建立了气压与海平面以上高度的关系。[②]他的理论是对近代气象学的重要贡献。

2. 信风理论的运用

哈雷据此理论，证明了赤道附近信风的存在及信风的流动方向。他长时间广泛的收集资料，做了大量实践工作以探讨大气的全球运动方向，终于在1686年绘制了第一副全球风力循环图（如图13-2）。这幅图的绘制为研究大气运动学奠定了基础，哈雷也赢得了"大气动力学之父"的称号。

图 13-1 埃德蒙多·哈雷（Edmond Halley，1656—1742 年）

① Lancaster-Brown P. Halley & His Comet[M]. London: Blandford Press. 1985: 76.

② Halley E. An historical account of the trade winds, and monsoons, observable in the seas between and near the tropicks, with an attempt to assign the phisical cause of the said winds[J]. Philosophical Transactions, 16:153-168 doi:10.1098/rstl.1686.0026.

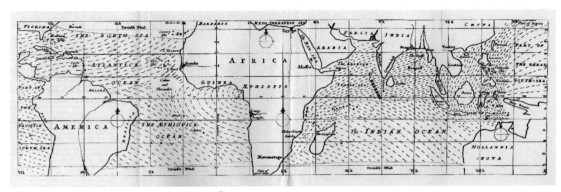

图 13-2　哈雷 1686 关于信风的图 ①

在这个风力地图上，一排排的短线显示了风的过程，这些线的尖端指向风力源头。在风来回运动的地方，特别是在印度洋季风易发地区，可以看出线路比其他地方厚，而且双向指向。这样来看，哈雷其实也是一个较早的制图者。

这张风力图来之不易，哈雷从熟悉海洋的航海家那里收集了风力资料，并结合他自己在热带生活经验和收集的资料，制作出这幅图。他将盛行风的环流归因于地球旋转时，太阳对大气的加热，从而形成东风；当太阳离开时，空气反转方向建立平衡。他认为，大陆和其他陆地以及纬度的影响使全球风力环流更加复杂化。

第二节　哈得来环流理论

地球作为一个天体，在自转时气流产生偏折现象，这是现代气象科学基本知识之一，产生这种偏折现象的力为科氏力。但是在 18 世纪这种现象并不容易被理解。

①　Halley E. An historical account of the trade winds, and monsoons, observable in the seas between and near the Tropicks, with an attempt to assign the phisical cause of the said wind[J]. Philosophical Transactions of the Royal Society, 1686: 183.

1. 理论的提出

1735年，英国乔治·哈得来（George Hadley，1685—1768年）提出地球自转能使南北向气流发生偏折作用，他是律师和气象学家，该年发表了《关于一般信风之起因》，[①] 文中指出在赤道附近的空气因为长时间被太阳照射，受热后使密度变低而上升，并往两极移动，之后气流随着纬度变高而逐渐冷却，密度增高后下降到地表附近，然后又移动回赤道，形成一个环流圈。

后来经过验证，虽然赤道上升的气流确实往两极移动，但未如哈得来所假设的吹至两极，而是在纬度30度附近左右便沉降，然后以信风形式吹回到赤道。不过整个循环和成因大致和哈得来的假设相符，被称为"哈得来法则（Hadley's Principle）"，因此后来便将此一大气环流称为"哈得来环流圈"。[②] 如图13-3。哈得来1735年成为英国皇家学会会员。哈得来1735年发表的《关于

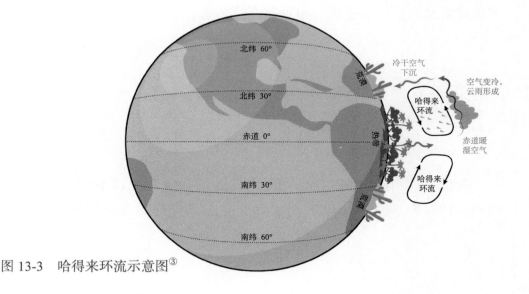

图 13-3 哈得来环流示意图[③]

---

① Hadley G. On the cause of the general trade winds[J]. Phil Trans, Roy. Soc., 1735, 34: 58-62, reprinted in D. B. Shaw, Meteorology over the tropical oceans, (Roy. Meteorol. Soc., 1979).

② Hadley G. On the cause of the general trade winds[J]. Phil Trans, Roy. Soc. 1735, 34: 58-62, reprinted in D. B. Shaw, Meteorology over the tropical oceans, (Roy. Meteorol. Soc. 1979).

③ 亚利桑那州立大学网站，https://askabiologist.asu.edu/explore/desert.

一般信风之起因》虽然不长，却成为大气环流的基础文献。[①]

2. 理论的缺陷

在 19 世纪下半叶，人们发现哈得来的理论有缺陷的，因为它是基于一个假设，当气团从一个纬度到另一个纬度，它的线性动量是守恒的。实际上由于气团在任何时候都处于绕地球轴的状态，角动量是守恒的，这是由于科里奥利效应的结果。[②] 但是这个缺点并不会影响乔治·哈得来在环流理论方面的巨大贡献。

乔治·哈得来提出他的环流理论之后，康德在 1756 年、道尔顿（John Dalton，1766—1844 年）在 1793 年也有类似的解释。尽管道尔顿今天的名气几乎完全建立在他的原子理论之上，但他兴趣广泛。1787 年，他开始写一本气象著作并持续多年，在他 1793 年的著作《气象观测和论述》（*Meteorological Observations and Essays*）中，他阐述了如何解释"地球自转产生的影响，或者更确切地说，是加速风的相对速度的影响"。[③]

第三节　达朗贝尔与动力气象学

1. 达郎贝尔的努力

18 世纪，法国数学家、哲学家达朗贝尔（Jean le Rond D'Alembert，1717—1783 年，如图 13-4、图 13-6）提出了与哈雷和哈得来完

---

① Burstyn. Early explanations of the role of the Earth's rotation in the circulation of the atmosphere[J]. Isis, 1966, 52: 183-86.

② McConnell A. Hadley, George (1685–1768)[M]. //in Oxford Dictionary of National Biography. Oxford, UK:Oxford University Press, 2008.

③ Persson A. Hadley's Principle: Understanding and Misunderstanding the Trade Winds[J]. History of Meteorology, 2006, 3.

全不同的观点。他认为大气的流动不是由太阳引起的，而是由太阳对月球的引力造成的。

他认为，由于太阳辐射产生的气压梯度力只能影响到赤道上空很近的低层空气，不能影响高层空气，因此不能产生风。风的产生是由于太阳对月亮的吸引力造成的。[①] 他利用牛顿定律做了大量的计算，试图对他解释风的形成找到理论依据，但是最终并没有得出一个理想结果。

达朗贝尔认为自己没有得出成功数学模型的主导原因是影响风的因素有很多，还有当时大气运动知识的匮乏等因素。他绘制了低纬度风的流向图，如图 13-5。虽然达朗贝尔并没有在建立大气运动数学模型上取得成功，不过他是试图建立数学模型的第一人，为后期模型的建立起到了引导作用。

图 13-4　达朗贝尔
（Jean le Rond D'Alembert，
1717—1783 年）

---

① Abbe C. The Machanics of the Earth' Atomosphere,3rd collection[M].Washington：Smithsonian Instituion,1910.

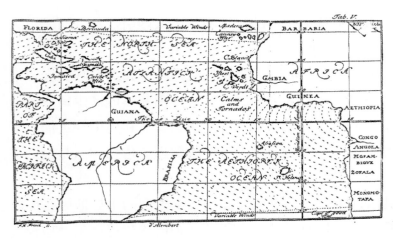

图 13-5　达朗贝尔绘制的低纬度风的流向图

2. 动力气象学的逐渐发展

达朗贝尔 1743 年著有《动力学论述》(*Traité de Dynamique*)，如图 13-6，图 13-7 达朗贝尔提出了动力学的基本规律，即在运动的任何一瞬时，作用于物体上的外力和惯性律平衡，被称为达朗贝尔原理。[①] 波动方程有时被称为达朗贝尔方程。

达朗贝尔对气象学的贡献主要是尝试把数学方法引入气象学中。在他名著《动力学论述》中，他试图用数学方程式和牛顿的地心引力来论述大气的运动。达朗贝尔并没有真正解决大气风场的成因及计算，但是他认为如果没有大气动力性质方面的知识，要将影响风的因素以方程式表示出来是不太可能的。

达朗贝尔的数学成就巨大，人们对其对动力气象学发展的贡献不太注意。当时 18 世纪数学化的气象学很少受到数学家和其他科学家的重视。

哈雷、乔治·哈得来和达朗贝尔是最早从事动力气象学研究的科学家，都有利用基本的物理学和数学原理来研究大气的思想，这为 20 世纪初建立在数学和物理基础上真正的现代气象学

---

① Frase C. D'Alembert's Principle: The original formulation and applkation in Jean d'Alembert's Traite' de dynamique(1743)[J]. Centowus, 1985, 28: 31-61.

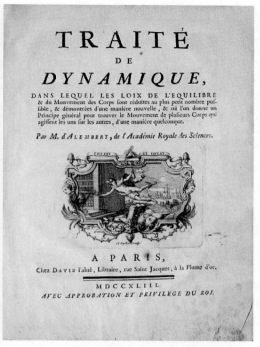

| 图 13-6　达朗贝尔 | 图 13-7　达朗贝尔《动力学论述》书影 |

奠定思想基础，并留下历史的伏笔。

此后很多的科学家为大气运动模型做出了努力，比如被称为"法国牛顿"的法国著名天文学家、数学家皮埃尔·拉普拉斯，瑞士数学家和物理学家莱昂哈德·欧拉等。

经过一大批科学家的共同努力，于 18 世纪到 19 世纪近代气象学中的大气运动学逐渐完善。此时西方的近代气象学逐渐脱离物理科学，作为一门独立的学科开始成长起来。

第四节　赫顿与降雨理论

1. 对气象的兴趣

詹姆斯·赫顿（James Hutton，1726—1797 年，如图 13-8）

是苏格兰地质学家、医生、化学制造商、自然学家和实验学家。^①他最重要的成就是地质学，提出地质学的一项基本原则——通过地质时间的自然过程解释地壳的特征。赫顿的工作确立了地质学的科学性，因此他被称为"现代地质学之父"。^②

赫顿继承了父亲的农场，增加他对地质学和气象学的兴趣。赫顿注意力不仅仅是关于地球。他早就注意并研究过大气的变化。在他地质学理论《地球论》（*Theory of The Earth*）中也包含气象学的理论，^③比如降雨的理论。^④

2. 降雨理论

他认为，空气的水分量（即水汽）会随着温度的升高而增加，因此，在两个不同温度的空气团的混合物中，一定会浓缩一部分水分，并以可见的形式（降雨）出现。

他调查了全球不同地区降雨和气候的数据，得出的结论是，降雨一方面受空气湿度的调节，另一方面受全球较高大气中不同气流的混合的影响。

赫顿还认为地球是超级有机体。他 1785年提出这个观点，^⑤这可能是 20 世纪 60 年代盖亚假说的滥觞，这是相当超前的科学思想。

图 13-8　赫顿

①　Waterston C D, Macmillan S A. Former Fellows of the Royal Society of Edinburgh 1783–2002: Biographical Index. I[M]. Edinburgh: The Royal Society of Edinburgh, 2006.

②　Denby D. Northern Lights: How modern life emerged from eighteenth-century Edinburgh[J]. The New Yorker, 2004(1).

③　Hutton J. Theory of the earth[J]. Scientific American, 2018, 24(2).

④　Mather K & Mason S L. A Source Book in Geology, 1400–1900[M]. Cambridge, MA: Harvard University Press, 1967: 92–100.

⑤　Lovelock J E. A physical basis for life detection experiments[J]. Nature,1965, 207 (7): 568–570.

赫顿关于不同气流交汇形成降雨，这有一定道理，但是降雨的成因有好几种，赫顿分析的仅为其中一种。虽然因当时条件限制，他没有更加深入地观测和研究，但为后世气象学的发展做出了贡献。

第五节　对热的认识与发展

温度是气象科学的一个基本要素，与热密不可分，显然气象的温度与物理学的热密切相关。关于大气热力学的发展在近代经历了数百年的积累，包括感性认识到仪器观测。

1. 热的认识发展

前已经述及，这里简短回顾。从 17 世纪开始，意大利科学家伽利略（Galilei Galileo，1564—1642 年）等发明了温度计。德国物理学家华伦海特（Daniel Gabriel Fahrenheit，1686—1736 年）从 1714 年开始使用水银做温度计，持续改良，1717 年左右大体确定华氏温标。瑞典安德斯·摄尔修斯（Anders Celsius，1701—1744 年，如图 13-9）于 1742 年到 1743 年发明了摄氏温标，以标准状态下水的结冰温度为零度，水的沸点为 100 度。在 1948 年摄氏温标被国际度量衡会议定为国际标准温度，用于测量各种不同条件下物质的温度变化。

1760 年，英国科学家约瑟夫·布莱克（Joseph Black，1728—1799 年）认为热量与温度表示两个不同的含义，随后他提出了"潜热"概念。法国科学家安托万−洛朗·拉瓦锡（Antoine-Laurent de Lavoisier，1743—1794 年）与皮埃尔 - 西蒙·拉普拉斯（Pierre-Simom Laplace，1749—1827 年）

图 13-9　瑞典发行的纪念摄耳修斯的邮票

在 1780 年提出了测量物质热容量的正确方法。1822 年法国学者
吉恩·巴普蒂斯·约瑟夫·傅里叶（Jean Baptiste Joseph Fourier，
1768—1830 年）出版了他多年关于热学研究的总结著作《热的解
析理论》。至此物理学上关于热的变化有了比较系统深刻的全面
认识，越来越接近对热的本质的认识。

美国人朗福德（Benjamin Thompson Count
Rumford，1753—1814 年，如图 13-10），在美
国革命战争期间，他曾担任中校。战争结束后，
1784 年，他获得了乔治三世国王的爵士头衔，
为军队武器改良作出很多贡献。

18 世纪末，他注意到大炮改良时，当用镗
具制造炮筒的青铜坯料时，金属坯料烫得像火
一样，因而必须不断用水来冷却，与热质从金
属中逸出的传统学说相悖。朗福德研究后认为
镗具的机械运动转化为热，因此热是一种运动
形式。朗福德首次给出一个热功当量的数值，
这对热质说是很大打击。

图 13-10　朗福德

2. 热与气温的关系

朗福德的研究促进了物理学对热本质的认识，促进了近代大
气热力学发展，为气象学家对温度的认识提供了更为本质的理论
依据，对近代气象学的理论化积累有一定贡献。

亚历山大·冯·洪堡（Alexander von Humboldt，1769—1859
年，如图 13-11），近代德国著名科学家，作为近代自然地理学的
奠基者之一，他在近代气候学、地质学、地球物理学、植物地理
学和生态学等方面做出重要贡献，曾经担任柏林大学地理系的第
一任系主任。

洪堡早年在普鲁士矿产部从事地质学、气象学研究，一生多
次从事野外考察。他在气象学上的主要贡献包括：提出等温线、
等压线概念，绘制出世界等温线图，对于气候和气候带有许多研

图 13-11　亚历山大·冯·洪堡（Alexander von Humboldt）

究，指出气候不仅受纬度影响，并且与海拔高度、离海远近、风向等因素有关，提出气候与植物分布的水平分异和垂直分异性的关系等等。

由于洪堡的科学成就和鸿篇著作对近代自然科学有很大影响。为纪念洪堡，德国设立了洪堡基金会。

洪堡从地理学角度为气象学做出重要贡献，这也说明，近代气象学已经从古典气象学伴随天学（天文学）发展转到在地理学领域，并获得巨大发展。

第十四章 近代气象科学的深化与国际化

文艺复兴之后，科学在人类历史进程中的地位更加突出，思想的解放和更加自由的研究氛围，使得科学发展加速前进。17 至 18 世纪是现代科学技术加速积累的阶段，19 世纪是科学技术趋向繁荣的世纪。英国、法国、德国和美国等国家相继完成了工业革命，自由竞争的经济模式促进了生产和科学技术飞速进步，对整个社会产生了巨大的影响。

本书前已述及，气象科学可以看成是自然科学中古老的学科之一，经过近 2000 年的漫长历史，在 20 世纪初形成独立的基本理论和研究体系。气象科学的发展离不开科学繁荣的 19 世纪哲学、数学、物理学、测量学等多学科的成果，以及 20 世纪初以卫星探测为代表的探测技术和高速计算机的发展。在借助于 19—20 世纪初各自然学科的巨大发展成果，并结合气象科学自身的特点，气象科学的发展逐渐从经验、局部、平面、定性、感性转向理论、全局、立体、定量、理性，成为现代大气科学。[1]

第一节　近代气象学的进一步发展

1. 近代欧洲气象观测记录

目前文献已知的最早的系统天气记录来自英国气象学家和牧师威廉·梅尔（William Merle，生卒不详），他系统记录了1337年1月至1344年1月天气状况。威廉·丹皮尔（William Dampier，1652—1715年）是英国水文学家和航海学家，三次环游世界，在航海中观察到当台风通过时，风向呈逆时针方向回转，他认为台风就是猛烈的回旋暴风。威廉·丹皮尔具有资本主义上升时期的冒险精神，把发现的新岛屿绘制到航海地图上。1699年出版了《风、微风、风暴、潮汐和海潮》（*Winds*，*Breezes*，*Storms*，*Tides and Currents*）。

1773年英国皇家学会批准了亨利·卡文迪什（Henry Cavendish，1731—1810年）起草的一项计划，用于规范皇家学会工作人员进行日常气象观测的方式。从1774年起，皇家学会定期使用气压计、温度计、雨量计、风速计、湿度计进行观测，直至1843年结束，这些观测资料移交给英国皇家格林尼治天文台。有些观测记录发表在皇家学会哲学会刊上（Philosophical Transactions）。与此同时，法国巴黎科学学院也对气象学非常感兴趣，1774年，路易斯·科特（Louis Cotte，1740—1815年）在该学院的支持下出版了著名的《气象学规程》。[①]

1773年，里士满国王天文台（The King's Observatory at Richmond）首次进行气象观测，一直持续到1980年。每天至少进行一次观测，包括温度、湿度、气压和雨量的读数。1780年，

---

① Walker M. History of the Meteorological Office[M]. Cambridge: Cambridge University Press, 2011.

卡尔·西奥多（Karl Theodor，1724—1799 年）建立了巴拉提纳气象学会（Societas Meteorica Palatina），这个气象学会组织在巴伐利亚以及欧洲进行气象观测并做记录，在全欧洲观测站一度发展到了 45 个，观测的项目比较全面，包括气压、气温、降水、风及天气现象，还包括空气湿度、蒸发、大气电现象、磁偏角、极光、物候等。[①]

由于当时欧洲政局动荡，这个学会和气象观测于 1795 年停止。[②]巴拉提纳气象学会成为半个多世纪后成立的有关国家和国际气象组织的典范。其十几年的观测证明数据在天气和气候研究中具有相当大的价值。

2. 云的分类研究

杰恩·巴普蒂斯特·拉马克（Jean Baptiste Lamarck，1744—1829 年），全名是 Jean Baptiste Pierre Antoine de Monetchevalier de Lamarck，是法国生物学的先驱，他最著名的观点是用进废退与获得性遗传两个法则。他其实还对云进行过分类。1801 年前后，拉马克根据观察把云分成六类，但当时没有被普遍接受。

图 14-1　卢克·霍华德
（Luke Howard，1772—1864 年）

自从人类可以观察天空，云就成为最常见的观察内容，但是近代对其系统分类和描述的主要工作是英国气象学家卢克·霍华德（Luke Howard，1772—1864 年，图 14-1）完成的。他出生于伦敦，起初为药剂师、商人，后来对天空的云产生了极大的兴趣。1821 年他当选

---

① 赵希友 . 国际气象观测二百周年 [J]. 气象科技，1981(3):40.

② Walker M. History of the Meteorological Office[M]. Cambridge: Cambridge University Press, 2011.

为英国皇家学会会员。

卢克·霍华德有被称为"气象学之父"的美誉，因为他对
1801 年至 1841 年伦敦地区的天气进行了全面的记录，他的著作
改变了当时人们对气象科学的看法。[①] 霍华德早期的兴趣包括植
物学研究，并且撰写了关于"用显微镜调查几种花粉物种"的论
文，发布在林奈学会（Linnean Society）的期刊上，这说明霍华
德对林奈植物分类方法是认同和熟悉的，并且把植物分类知识用
到气象上。[②]

由于长期对云的观察和思考，1802 年霍华德做了关于云的变
化的演讲。1803 年，他在英国哲学杂志（*Philosophical Magazine*）
上发表关于云的种类（On the modifications of clouds）一文，为他
赢得了广泛声誉。[③] 霍华德认为，尽管云的形状五花八门，但是
多数是类似的，云的形成与温度、湿度和气压有关，所以云的形
成和变化总体是可以预测的。他命名了云的几个主要类别，包括
积云、卷云等，以及一系列的云态。他指出了云层在气象学中的
重要性，他认为云产生不同的变化，这些变化产生的原因与影响
大气所有变化的原因是一样的，云的这些变化表明影响大气运动
状况正常的可见指标，就像表明一个人的思想或身体状态正常
一样。

19 世纪初，气象学还没有成为一门真正的学科，尽管历史上
有人尝试创造一系列术语描述天空，但对持续变化的事物进行分
类本身就非常困难，云的种类也太过繁多，以至于科学家和对云
研究感兴趣的学者无法达成广泛一致的表述。比如除了云的颜色

---

① Thornes J E. John Constable's Skies[M]. Birmingham: The University of Birmingham Press, 1999.

② Hodgkin T. Howard, Luke (1772—1864)[M]. Sidney. Dictionary of National Biography. 28. London: Smith, Elder & Co, 1901.

③ Thornes J E. John Constable's Skies[M]. Birmingham: The University of Birmingham Press, 1999.

无法描述清楚外，研究者使用的词语也是含糊不清的。

从气象科技史来讲，霍华德并不是第一个尝试对云进行分类的人。前述法国科学家拉马克提出对云的六种分类，这是一份法语描述性术语清单，但霍华德的云分类系统之所以成功，是因为他使用了通用拉丁语，更关键的是他通过将林奈自然分类的原则应用到像云这样短暂的现象中，霍华德为自然界中的变幻莫测的云命名问题找到了一种巧妙的解决方案。按今天的术语说，就是创新性的做法，成为被世界气象领域接受的云分类法，包括：卷云（Cirrus）、积云（Cumulus）、层云（Stratus）、卷积云（Cirro-Cumulus）、卷层云（Cirro-Stratus）、积层云（Cumulo-Stratus）、雨云（Cumulo-Cirro-Stratus or Nimbus）的变种。

此后，霍华德继续研究气象学现象，1806 年，霍华德开始连续发表《气象学记录》。他还设计了一套记录云变化的速记法。1838 年，《气象学七讲》出版，这可能是历史上第一本比较科学系统的气象学教材。

在霍华德提出云的分类学说之后，科学家们继续推进这种分类研究。1830—1880 年的 50 年中，云的分类共有 16 种之多，多数依据霍华德的方法，根据形态加以分类。

除了在云上的开创性工作外，霍华德还就其他气象研究撰写了许多论文。他还是城市气候研究的先驱，于 1818—1820 年出版了《伦敦气候》，其中包含对风向、大气压力、最高温度和降雨量的连续每日观测。[1] 他首先提出建筑环境对天气和气候有明显影响的"热岛作用"，伦敦白天温度比周围农村凉爽，夜晚高出 3.7℃。他还发现了他称之为"城市雾"现象。[2]1837 年他提出暖湿和干冷两种不同气团之间，可能存在界限，而且干冷气团可

---

① Thornes J E. John Constable's Skies[M]. Birmingham: The University of Birmingham Press, 1999.

② Landsberg H E. The Urban Climate[M]. New York: Academic Press, 1981.

迫使不连续界限向前移动，也许当时霍华德已有了冷锋的概念，但没有完成理论创建，这些都是近代气象学上有开创性的贡献。由于霍华德 92 岁高龄才去世，看到现代气象学专业化的逐渐到来，同时可能也是最后一个为这一领域做出重大贡献的近代观察家，从这个角度讲，说他是气象学之父有一定道理。

3. 蒲福风力分级表

图 14-2　蒲福（Sir Francis Beaufort，1774—1857 年）

弗朗西斯·蒲福爵士（Sir Francis Beaufort，1774—1857 年，图 14-2）是英国海军军官和水文测量师，家庭环境良好，使他受到很好的家庭教育。[①] 蒲福在他 15 岁时因为一个错误的图表而使得船只失事，导致他一生都敏锐地意识到精确图表对于那些冒着海上风险的人的价值。他最重要的成就包括海图绘制。

蒲福在海军服役并且受伤，伤后被任命为皇家海军上尉，闲暇时间进行探测和天文观测，确定经度和纬度，并测量海岸线。他的研究结果被编制到了新的海图表中。海军部给了蒲福一个船只指挥权并让他对南美洲的拉普拉塔河口（Rio de la Plata）进行水文调查。[②] 其调查成果丰富，科学价值很高。

在长期为海军服务和立足自身研究基础上，他作出对近代气象学重要的贡献。众所周知，天气特别是风力对海洋航行有重要

①　Mollan R C. Irish Innovators[M]. Royal Irish Academy, 2002. 49.

②　Ireland J C. Francis beaufort (Wind scale)[J]. On-line Journal of Research on Irish Maritime History, 2014, 11.

影响。比如风会影响到洋流，从而影响到航向和船速。准确的海洋预报天气要求比较精确的风力描述语言，当时航海日志记录风力，总是有一些含糊不清的词语表达，如把"晴朗""温和"可能表示成大风，在另一个海员眼中可能表示成暴风雨。1789年，蒲福开始了海上生涯，并记录航海日志。根据前人约翰·史密顿（John Smeaton）提出的以风吹动风车的速度为基准，制定了风力分级标准，被称之为"蒲福风力分级系统"。

经过几年探索，蒲福把对风力的描述和风对海船风帆的影响联系起来。修正后的风力等级简单明了，一般气象工作者也可以通过这些等级对风力进行客观一致的描述，如表14-1。1838年，英国海军部命令所有船只采用蒲福风级，甚至可以在庭审过程中当做证据，来判断船只指挥官的攻击是否得当。此后蒲福风级被广泛流传。

表 14-1 蒲福风力分级表 [1]

蒲福风力等级	风级描述	风速	浪高	海洋对应状况	陆上对应状况
0	无风 Calm	<0.5米/秒	0米	海平如镜	垂直轻烟
1	软风 Light air	0.5～1.5米/秒	0～0.3米	在没有泡沫峰的情况下，形成有鳞片外观的波纹	烟雾漂移
2	轻风 Light breeze	1.6～3.3米/秒	0.3～0.6米	波峰有玻璃状的外观，但不会破裂	风吹在脸上；树叶沙沙作响；风向标被风吹动
3	微风 Gentle breeze	3.4～5.5米/秒	0.6～1.2米	峰顶开始破碎；玻璃般的外观泡沫	树叶和小树枝在不断地移动

---

[1] Met Office. Beaufort scale[J]. Encyclopædia Britannica. Retrieved November 27, 2015. 本书作者翻译。

续表

蒲福风力等级	风级描述	风速	浪高	海洋对应状况	陆上对应状况
4	和风 Moderate breeze	5.5～7.9 米／秒	1～2 米	小波渐高，波峰白沫渐多	扬起灰尘和松散的纸张；小树枝移动
5	清风 Fresh breeze	8～10.7 米／秒	2～3 米	中等的波浪，具有更明显的泡沫	带叶小树开始摇晃；内陆水域形成波峰
6	强风 Strong breeze	10.8～13.8 米／秒	3～4 米	大浪开始形成，白泡沫到处都是	大树枝摇动，电线呼呼有声，举伞困难
7	疾风 High wind, moderate gale, near gale	13.9～17.1 米／秒	4～5.5 米	大海浪堆积起来，破碎波浪中的白色泡沫开始沿着风的方向吹成碎片	整棵树在晃动；逆风行走时感到不便
8	大风 Galefresh gale	17.2～20.7 米／秒	5.5～7.5 米	巨浪升，波峰裂，浪花明显成条	小树枝吹折，逆风前进困难
9	烈风 Strong/severe gale	20.8～24.4 米／秒	7～10 米	惊涛骇浪，浪花白沫增浓，能见度下降	轻微的结构损坏（比如烟囱罐和板条已吹下）
10	狂风 Storm whole gale	24.5～28.4 米／秒	9～12.5 米	猛浪翻腾，波峰高耸，浪花与白沫堆集，能见度减低	陆上不常见，见则拔树倒屋或有其他损毁
11	暴风 Violent storm	28.5～32.6 米／秒	11.5～16 米	狂涛很高，可掩蔽中小轮船，海面全为白浪掩盖，能见度大减	陆上绝少，发生必有重大灾害
12	飓风 Hurricane force	≥32.7 米／秒	≥14 米	空中都充满浪花与白沫，能见度很差	陆上几乎不可能，有则必造成大量人员伤亡

1946 年，蒲福风级表被扩大，当时又增加了 13 至 17 级。[①]然而，13 至 17 级的力量只适用于特殊情况，如热带气旋。在中国台湾地区和中国大陆使用，因为那里经常受到台风的影响。世界气象组织海洋气象服务手册（2012 年版）只定义了蒲福等级的最高为 12 级，没有关于使用扩展等级的建议。

作为英国皇家学会、皇家天文台和皇家地理学会的理事会成员，蒲福为众多科学家服务，比如地理学家、天文学家、海洋学家、大地测量家和气象学家等等。值得一提的是蒲福支持罗伯特·菲茨罗伊（Robert FitzRoy）。菲茨罗伊指挥"贝格尔"号的调查船准备环球航行，蒲福建议他找"一个受过良好的教育和科学的绅士"作为同伴。这直接导致了对查尔斯·达尔文的邀请，成就了《物种起源》和进化论的发现，这是科学佳话。

蒲福还克服了许多反对意见，争取政府对 1839—1843 年南极航行的支持，对陆地磁力进行广泛测量。蒲福还促进了英国海岸周围潮汐的研究。

4. 气候变化证据的早期发现

瑞典著名植物学家卡尔·冯·林奈（Carl von Linné，1707—1778 年）最重要的贡献是建立了动植物命名的双名法，对动植物分类研究的进展有很大的影响。1750 年他在瑞典创立了 18 个物候观测站，形成世界上最早的物候观测站网。物候观测对于气候变化可以提供一个支撑证据。

路易斯·阿加西（Jean Louis Rodolphe Agassiz，1807—1873 年，如图 14-3）是一位著名的鱼类学者，哈佛大学的动物学和地质学教授，用地质学的证据证明北半球的大部分地区曾经一度被冰川覆盖。

路易斯·阿加西是著名的鱼类学家，曾经是著名科学家居维

---

① Saucier W J. Principles of Meteorological Analysis[M]. Dover Publications, 2012.

图 14-3　路易斯·阿加西（Jean Louis Rodolphe Agassiz，1807—1873 年）

叶（Georges Cuvier，1769—1832 年）的助手。他生来对鱼类有着浓厚的兴趣。1830 年，他开始《中欧淡水鱼史》的撰写，于 1842 年完成。他的五卷《鱼化石研究》于 1833 年至 1843 年出版。对鱼化石的研究奠定了他在地质学领域的地位，为他后来证实大冰川时代奠定了科学方法基础。

1837 年，阿加西提出，地球已经经历了过去的冰河时代。[①] 他认为古老的冰川不仅从阿尔卑斯山向外流动，而且更大的冰川覆盖了欧洲、亚洲和北美洲的平原和山脉，形成长时间的冰河时代。他连续前往阿尔卑斯山调查冰川痕迹。1840 年，阿加西出版了《冰川研究》，阐述了冰川的运动、冰原等，瑞士曾经被一块巨大的冰层覆盖，这些冰层来自较高的阿尔卑斯山，延伸到瑞士西北部的山谷。这项工作成果的出版为研究世界各地的冰川现象提供了新的动力。

阿加西在 1840 年访问了苏格兰山区。在那里，他们在冰川移动的不同地点发现了明确的证据。在普鲁士国王的资助下，阿加西于 1846 年横渡大西洋，调查北美的自然历史和地质。1846 年，他当选为美国艺术和科学学院的外籍院士，定居美国直至去世。

阿加西相信是上帝创造了大冰川和所有的生物。当时大部分地质学家对冰川知识很匮乏，使得很多人无法理解阿加西的理论。阿加西坚持着自己的研究。大冰川存在的事实终于被人们广泛接受。

他发现大冰川的存在对于气象学意义重大，使得人类可以比

① Evans E P. The authorship of the glacial theory[J]. North American Review. Volume 145, Issue 368, July 1887.

较早地意识到气候变化对于环境的巨大影响，并且导致地质气候学的出现。气象学不仅涉及现时现地的温压风湿等，还涉及遥远过去的温度和其他气象条件的变化，这对于后世特别是现代大气科学的发展带来了新的研究方向。

5. 费雷尔对大气环流的解释

威廉·费雷尔（William Ferrel，1817—1891 年，如图 14-4）于 1817 年 1 月出生在美国宾夕法尼亚州，大学毕业后担任过十几年的教师。1882 年，费雷尔加入美国陆军信号服务部队（U.S. Army Signal Service），并于 1886 年退役。1891 年，他在堪萨斯城郊区去世。[1]

费雷尔证明并解释了中纬度大气环流，暖空气的上升趋势，由于科里奥利效应旋转，更多空气从赤道温暖的地区向两极输送。正是这种旋转，产生了复杂的曲面，使得两极冷空气和赤道的热带空气隔开，从而形成环流。

图 14-4　费雷尔
（William Ferrel，1817—1891 年）

费雷尔阐述了对哈得来理论的改进。他认为：如果大气任何部分的旋转运动大于地球表面的旋转运动，换句话说，如果大气的任何部分相对于地球表面有相对的东向运动，这种力量就会增加；如果它有一个相对的西向运动，它被削弱，这种差异产生一种干扰的力量，防止大气处于平衡状态，与地球表面的气流相一致，但导致这些纬度大气压力的差异对大气运动的影响非常大。[2]

相对于哈得来只考虑了空气运动的线动量，费雷尔认识到，在气象学和海洋学中，需要考虑的是

①　Ferrel W. American meteorologist[J]. Biographies. Encyclopædia Britannica. November 4, 2018.

②　Ferrel W. American meteorologist[J]. Biographies. Encyclopædia Britannica. November 4, 2018.

相对于地球运动的气团的一种趋势，即考虑其相对于地球轴的角动量。这显然是一个进步。

在这些前提支持下，费雷尔尝试建造了大气环流和气旋运转模型，称之费雷尔环流，低层由副热带高压带向高纬流去的气流在地转偏向力的作用下，在北半球偏成西南风，在南半球偏成西北风。这个环流运动与哈得来环流正好相反。如图 14-5。

在费雷尔自传中写道，1854 年前后，他发现莫里（Maury）的《海洋自然地理学》，这使得他注意力转向了气象学。由此了解到，高压带位于 30° 纬度带地区，低压带位于赤道和极地地区，开始研究其原因。他在对潮汐理论的研究中受到启示，在朋友的鼓励下发表了 "论风和大洋洋流"（An essay on the winds and currents of the ocean），发表在《纳什维尔医学杂志》（*the Nashville Journal of Medicine*）上。[①] 1858 年，他在此基础上扩展而成另一篇论文 "论地球表面流体和固体及相关物体的运动"（The motions of fluids and solids, relative to the earth's surface）。他明确提出费雷尔定律：地球上向任何方向运动物体都会受到地球

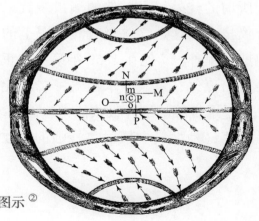

图 14-5　费雷尔关于大气运动的图示 [②]

① Abbe C. Memoir of William Ferrel, 1817—1891[J]. Read Befoke the National Academy, Apkil, 1892: 265-309.

② Ferrel W. An essay on the winds and the currents of the ocean[J]. Nashville Journal of Medicine and Surgery. Vol xi., Nos. 4. 1856.

自转造成的地转偏向力影响，在北半球向右偏，南半球相反。他被誉为"地球物理流体力学奠基人""气象学上的牛顿"等称号。[①]

费雷尔还通过实验发表了其他很多学术论文，比如对陀螺仪进行了大量的讨论等。显示了费雷尔多方面的才能。

6. 多才多艺的气象学家丁铎尔

约翰·丁铎尔（John Tyndall，1820—1893 年，如图 14-6），是一位 19 世纪著名的爱尔兰物理学家，他最初的科学名声源自于 19 世纪 50 年代对钻石学的研究，后来他在红外辐射和空气物理性质领域有了发现，也是 19 世纪最先进的实验物理学家。从 1853 年到 1887 年，他是伦敦英国皇家学会的物理学教授。

从 19 世纪 50 年代末开始，丁铎尔研究了辐射对空气成分的作用，研究成果包括以下几个方面。

他尝试用空气中各种气体吸收辐射热的能力来解释地球大气层中的热量，也就是所谓的红外辐射。他的测量装置采用热像仪技术，这是气体吸收光谱史上的一个早期里程碑。[②] 他在 1859 年第一次正确地测量出氮气、氧气、水蒸气、二氧化碳、臭氧、甲烷等的红外吸收能力。他的结论是，水蒸气是大气中辐射热最强的吸收器，也

图 14-6　丁铎尔（John Tyndall，1820—1893 年）

---

① 凯瑟林·库伦. 气象学——站在科学前沿的巨人 [M]. 刘彭，译. 上海：上海科学技术文献出版社，2011.

② Fleming J R. Historical Perspectives on Climate Change[M]. Oxford: Oxford University Press, 2005.

是控制空气温度的主要气体。[①] 其他气体的吸收是不可忽视的，但相对较小。在他之前，人们普遍猜测地球大气层有温室效应，但他是第一个证明这一点的人。[②] 这些研究是非常超前的，为今天大气物理学的发展奠定了坚实的基础。

他设计了对空气中辐射热的调查，先从空气中清除所有漂浮的灰尘和其他微粒的痕迹，发现空气中的微粒的一个非常敏感的方式是用强烈的光照射。在空气和其他气体中、乃至液体中，通过光线照射颗粒杂质上，会出现散射光，今天被称为"丁铎尔效应"或"丁铎尔散射"。如图 14-7。这可以解释天空为什么是蓝色的。

后世科学研究中经常通过黑暗背景下的集中光束显示气溶胶和胶体的特性，就是利用丁铎尔效应为基础。还有人根据这个效应开发出超微显微镜。

丁铎尔是第一个观察和报告气溶胶中的热现象的气象学家。1870 年他在黑暗的房间里用聚焦的光束研究丁铎尔效应时，发现热现象。但没有深入研究它的物理机制。[③]

图 14-7　丁铎尔效应
（阳光透过蓝色玻璃出现
橙色的光线）[④]

---

①　Tyndall J. On the absorption and radiation of heat by gases and vapours, and on the physical connexion of radiation, absorption, and conduction[J]. Philosophical Transactions of the Royal Society of London, 1861, 151: 1–36.

②　Baum S, Rudy M. Future calculations: The first climate change believer[J]. Distillations. 2016, 2 (2): 38–39.

③　Somasundaran P. Encyclopedia of Surface and Colloid Science, 2nd edition, 2006: 6274–6275.

④　维基百科，https://en.wikipedia.org/wiki/Tyndall_effect#cite_note-1.

在 19 世纪 60 年代初需要大量实验室专业知识的辐射热实验中，丁铎尔研究表明，液体的分子、蒸气形式和液体形态基本上具有吸收辐射热的相同能力。他通过实验证明可见光的主要特性可以再现辐射热——即反射、折射、衍射、极化、去极化、双折射，并在磁场中旋转等。[①]

1862 年到 1864 年间，他运用在气体吸收辐射热方面的专业知识，发明了一种测量人类呼气样本中二氧化碳含量的系统，[②]这个系统成为在今天医院日常使用的基础设备，用于监测麻醉下的病人。1862 年他还在研究臭氧吸收辐射热的过程中，通过一个演示，确证臭氧是一个氧团。

丁铎尔的研究为现代大气科学中气候变化的研究开创了路径，成为近代历史上第一个通过实验证明温室效应的科学家。

19 世纪 60 年代末和 70 年代初，丁铎尔转向撰写一本关于空气中声音传播的介绍性书籍。他确定声音在一个温度的气团与另一个不同温度的气团相遇的地点会部分反射（即像回声一样部分反弹）。更普遍的是，当一个空气体包含两个或两个以上不同密度或温度的气团时，声音传播得很差，因为在气团之间的界面上发生了反射，当存在许多这样的界面时，声音传播得非常差。这或许可以解释为什么在不同的日子或一天中的不同时间，同样遥远的距离，可以听到更强烈或更微弱的声音。

1856 年开始，丁铎尔开始登山运动，特别是爬阿尔卑斯山，丁铎尔研究了冰川，特别是冰川运动。如图 14-8。

为纪念他对物理学和气象学的贡献，好几个冰川以其名字命

---

① Gentry J W, Lin J-C. The legacy of John Tyndall in aerosol science[J]. Journal of Aerosol Science. 1996, 27: S503–S504. Bibcode:1996JAerS..27S.503G. doi:10.1016/0021-8502(96)00324-2.

② Jaffe M B. Infrared measurement of carbon dioxide in the human breath: Breathe-through devices from tyndall to the present day[J]. Anesthesia & Analgesia, 2008, 107 (3): 890–904. doi:10.1213/and.0b013e31817ee3b3.

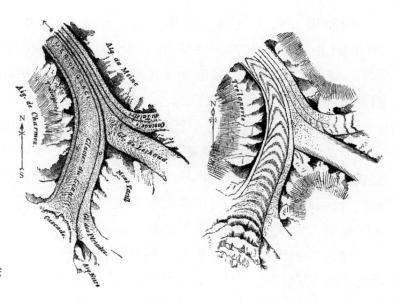

图 14-8　丁铎尔 1857 年绘
制的冰川图 [1]

名，包括位于智利的丁铎尔冰川和科罗拉多州的丁铎尔冰川等。

丁铎尔除了是优秀的科学家外，还是科学事业的传播者。他花了大量的时间向公众传播科学，一生出版了十多本科学书籍。从 19 世纪 60 年代中期开始，他是世界上最著名的物理学家之一。他的大部分书籍都被翻译成德语和法语，畅销几十年。

7. 天气图的出现与应用

经过 16 世纪、17 世纪、18 世纪这三个世纪的不断改进和发展，19 世纪各种气象观测仪器已经有相当大的进步，现代各国气象领域所使用的气象观测器，有很多是 19 世纪发明改善而来。

气象观测仪器的进步大大地改进了观测记录，观测资料的逐步丰富和观测网的逐渐建立，促生了比较标准的天气图的出现。近代意义上的气象图的使用始于 19 世纪中期，在克里米亚战争期间风暴毁坏了法国舰队，法国科学家勒维耶（Urbain Le Verrier）研究发现，如果事先发布按时间顺序的风暴地图，也许可以预测和避免舰队损失。

---

① Tyndall J. The glaciers of the Alps Mountaineering in 1861[M]. Cosimo Classics, Illustrated edition, 2005.

　　绘制第一张天气图的是德国物理学家布兰德斯（Heinrich Wilhelm Brandes，1777—1834 年）。1800 年，他获得博士学位。作为一名天文学家，他以证明流星发生在高层大气中而闻名，表明流星并不是真正的气象现象。①

　　布兰德斯的兴趣非常广泛。他写了相当多的数学书籍。从1816 年起，布兰德斯在德国开始研究 1783—1795 年间的定时气象观测记录，绘制出了这些年间的每天气象图。他根据当时天气图的分析认为，风向与气压的高低有关，并且认为高气压区一般天气良好，低气压区一般天气恶劣。

　　1820 年他出版了第一本天气图的书，由于当时没有电报和电话之类的信息传递工具，各气象站之间的资料交换只能靠邮运，所以这一技术没能立即用于天气预报。尽管还有很多改进余地，但他被认为是天气学的创始人。1824 年他开发了一种新的方法来计算欧拉常数的数值。

　　天气图逐渐走向应用。各国各地的观测和气象符号还不一致和非标准化，所以这时期天气图具有区域特色，不断发展中。在美国，史密森学会（Smithsonian Institution）在 19 世纪 40 年代至60 年代期间在美国中部和东部的大部分地区建立了气象观测员网络。② 美国陆军信号军团继承了这个网络，并且在不久之后扩展了到西海岸，促进了美国天气图的出现和发展。如图 14-9。

　　在英格兰，科学家弗朗西斯·高尔顿爵士（Sir Francis Galton，1822—1911 年，如图 19-10）开拓了这项工作，发展了罗伯特·菲茨罗伊（Robert FitzRoy）的开拓性天气预报。随着高尔顿的推动，全国范围的气象图增多，这需要有国家电报网络，

① Hockey T. The Biographical Encyclopedia of Astronomers[M]. Springer Publishing, 2009.

② Cox J D. Stormwatchers: The Turbulent History of Weather Prediction From Franklin's Kite to El Nino[M]. John Wiley & Sons, Inc, 2002: 53–56.

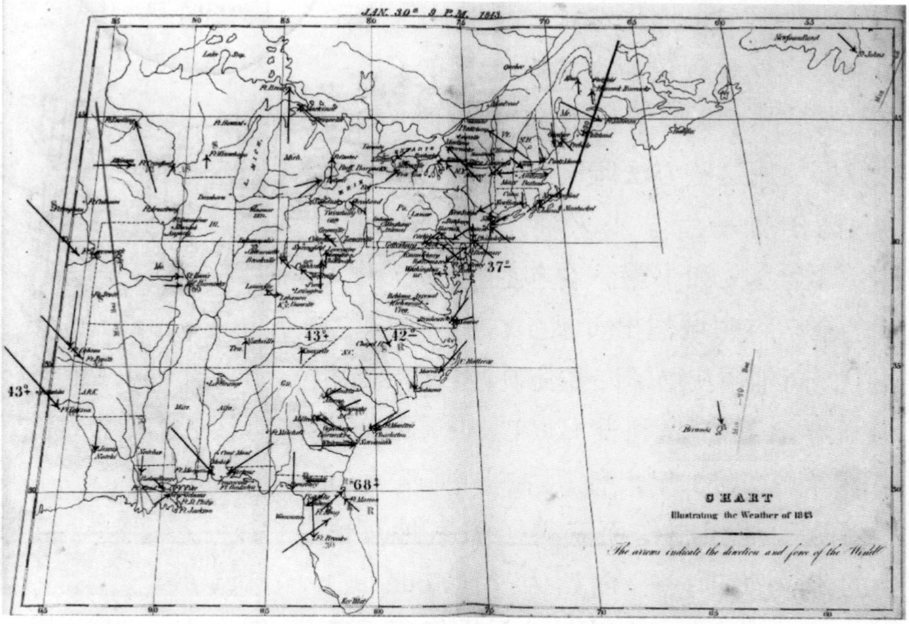

图 14-9　1843 年 1 月 30 日美国天气图 [1]

以便能够实时收集来自全国各地的气象数据，并对数据进行分析。1847 年曼彻斯特即首次使用电报收集天气数据。同样重要的是，时间要跨时区而且标准化，以便地图上的信息准确地反映特定时间的天气。1847 年，随着格林尼治标准时间的启用，气象数据的标准化大大提高。

高尔顿在从全国各地气象站收集了 1861 年 10 月的信息后，他使用自己的符号系统在地图上绘制了数据图，从而绘制了世界上比较科学第一张气象图。[2] 他用他的地图证明空气在高压地区

---

① 　Espy J P. In: First Report on Meteorology, to the Surgeon General of the United States Army. October 9, 1843. Image ID: wea05013, NOAA's National Weather Service (NWS) Collection.

② 　对于哪个是第一张天气图，需要看怎么样的天气图定义，因为天气图有一个发展过程，不同标准下，对应不同第一。作者注。

顺时针循环。[1]他创造了"反气旋"这个词来形容这种现象，在报纸上发布了第一幅气象图。《泰晤士报》开始利用气象局的数据使用这些方法印刷气象图。[2]

高尔顿一生学术兴趣广泛，发表了340多篇论文和书籍，在包括气象、天文等多个学科领域作出贡献。在他的职业生涯中，高尔顿获得了许多奖项，[3]包括英国皇家学会的科普利奖章（Copley Medal，1910年）。1853年，他因在非洲西南部的探险和地图制作而获得了皇家地理学会的最高奖项——创始人奖（Founder's Medal）。1855年，他当选为雅典娜俱乐部成员，1860年当选为英国皇家学会会员。

图 14-10 弗朗西斯·高尔顿爵士（Sir Francis Galton）

第二节 科里奥利效应和 N-S 方程

1. 科里奥利效应

古斯塔夫·加斯帕德·科里奥利（Gustave Gaspard de Coriolis，1792—1843，如图 14-11）是法国数学家、机械工程师、物理学家。他是第一个用"做工"一词来描述物体沿力矩方向运动的科学家。他最出名的工作是在旋转参照系中发现了科里奥利效应，

---

① Weisstein E W. Francis Galton (1822—1911), Eric Weisstein's World of Scientific Biography.

② Allaby M. Atmosphere: A Scientific History of Air, Weather, and Climate[M]. Infobase Publishing, 2009.

③ Galton F. Memories of My Life[M]. New York: E. P. Dutton and Company, 1909.

虽然他并不是气象学家。

　　他在相对于坐标系统的运动方程中，首次讨论到有关在相对性坐标系统中的加速度问题，以及相对于一加速度物体的另一加速度物质所得到的力。这个就是科里奥利力（Coriolis force），是关于地球自转偏向力，由于地球沿着其倾斜的主轴自西向东旋转而产生的偏向力，这就使得在北半球所有移动的物体、特别是包括气团等向右偏斜，而南半球的所有移动物体包括气团向左偏斜的现象。如图 14-12。

　　科里奥利 1829 年出版了《机器效应的计算》，通俗易懂地介绍了工业应用的力学。在随后的几年里，科里奥利致力于将动能和做工的概念扩展到旋转系统。[1] 1835 年他发表了"关于一个物体系统的相对运动方程"使其名声更大。[2] 科里奥利的论文虽然不涉及大气，但是涉及旋转系统中的能量转移的处理，以及旋转参照系中的科里奥利力的问题。

　　19 世纪末科里奥利的名字开始出现在气象文献中，20 世纪初科里奥利效应被广泛传播，特别是关于一般环流和压力场与风场之间关系的重大发现需要建立在科里奥利力基础上。他于 1843 年在巴黎去世，由于他的重要贡献，他的名字被刻在埃菲尔铁塔上。

　　众所周知，在物理学中，科里奥利力是一种惯性或虚构的力，它作用于在相对

图 14-11　科里奥利

①　Gillispie C C. Science and Polity in France: The Revolutionary and Napoleonic Years[M]. Princeton: Princeton University Press, 2004: 693.

②　Coriolis G-G. Sur les équations du mouvement relatif des systèmes de corps[J]. J. De l'Ecole royale polytechnique, 1835, 15: 144–154.

图 14-12　由于科里奥利力和压力梯度力之间的平衡，冰岛上空的低压系统逆时针旋转

于惯性旋转的参照系内运动的物体。在顺时针旋转的参照系中，力作用于物体运动的左侧。在一个逆时针旋转的参照系中作用在右边。所以"科里奥利效应"一般隐含的旋转参照系几乎总是地球。对于地球日常物体的运动，科里奥利力通常与其他力相比相当小，它的影响在远距离和长时间的运动中才会显现出来，特别是大气中的空气大规模流动或海洋中的水流等。这样"科里奥利效应"就会影响大气环流。

2. 纳维尔及斯托克斯对流体力学的贡献

在黏性流动运动方程的研究方面先后有纳维尔（C.L.M.H. Navier，1785—1836 年）及斯托克斯（Sir George Gabriel Stokes，1819—1903 年）做出了重要贡献。纳维尔于 1819 年负责应用力学课程，1830 年被任命为教授。他是道路和桥梁建设方面的专家，是第一个提出悬索桥理论的人。他从事工程、弹性力学和流体力学等应用数学课题研究，此外，他还对傅里叶级数及其在物理问题中的应用做出了贡献。

斯托克斯是爱尔兰物理学家和数学家，在数学方面他在向量微积分中提出了"斯托克斯定理",并为渐近展开理论做出了贡献。从 1849 年开始,担任卢卡斯数学教授(Lucasian Professor of Mathematics),直到 1903 年去世。

作为物理学家,斯托克斯对流体动力学(特别是纳维尔 – 斯托克斯方程)和光学做出了重要贡献,在极化和荧光方面也有着显著的工作。

1889 年,斯托克斯被英国国王任命为男爵(世袭骑士)。1893年,他获得了英国皇家学会的科普利奖章(Copley Medal),这是当时世界上最著名的科学奖。1887 年至 1892 年,他在英国下议院代表剑桥大学,担任保守党议员。斯托克斯还在 1885 年至1890 年期间担任英国皇家学会会长,并曾短暂担任剑桥彭布鲁克学院院长。

斯托克斯的主要贡献是对黏性流体运动规律的研究。斯托克斯从改用连续系统的力学模型和牛顿关于黏性流体的物理规律出发,推导出黏性流体运动的基本方程组,这组方程后称纳维 - 斯托克斯方程,它是流体力学中最基本的方程组。简称 N-S 方程。

对于需作流场分析的气象问题,N-S 方程有特别重要的意义。对于 20 世纪大气科学的发展准备了重要的理论基础,这个方程在气象学很多分支中都是重要的基础知识。大型电子计算机的应用,为 N-S 方程的数值解开辟了广阔的前景。

第三节　气候学的形成和发展

气候学(Climatology)来自希腊 κλίμα, klima,表示"地方,区域"的意思,最早的气候学著作可能是希波克拉底(Hippocrates)在公元前 400 年写的《空气、水和地域》(*Airs, Water and Places*)。在公元前 1 世纪,Marcus Vitruvius Pollio(约公元前 80/70—前 15 年)

撰写了根据气候条件怎么建造房屋和选择城市居所。①

1. 气候学的形成

在 18 世纪之前，气象学家并没有怀疑以前气候与当时有何不同。到 18 世纪后期，地质学家 James Hutton 发现了随着气候变化出现了一系列地质时代变迁的证据。其中涉及对于现代冰川过于温暖的地方发现了过去冰川活动的迹象。②1815 年，Jean-Pierre Perraudin 首次阐释冰川可能是造成高山山谷中出现巨石的原因。

生物学家和地质学家阿加西（Jean Louis Rodolphe Agassiz，1807—1873 年），在 1837 年提出"冰河时代"理论，也就是大冰川曾经覆盖欧洲和北美大部分地区。③ 阿加西在阿尔卑斯山进行实地考察，认为有地质证据支持冰河时代理论。

19 世纪初，气候学家首次发现自然界中温室效应。约瑟夫·傅里叶（Jean-Baptiste Joseph Fourier，1768—1830 年，如图 14-13）在 1824 年发现，地球大气层可能维持了大地的温暖。傅里叶认识到大气有可能把太阳光中促进温度的光波传送到地球表面，从而增加了表面温度。④ 他甚至开始怀疑人类活动是否可能影响气候。在 1827 年，傅里叶指出：人类社会发展和自

图 14-13　约瑟夫·傅里叶（Jean-Baptiste Joseph Fourier，1768—1830 年）

①　Zalta E N. Philosophy of Architecture. Stanford Encyclopedia of Philosophy[M]. Metaphysics Research Lab, Stanford University. 2015.

②　Young D A. The Biblical Flood: a Case Study of the Church's Response to Extrabiblical Evidence[M]. Grand Rapids, Mich: Eerdmans, 1995.

③　Evans E P. The authorship of the glacial theory[J]. North American review. / Volume 145, Issue 368, July 1887.

④　Fleming J R. Historical Perspectives on Climate Change[M]. Oxford, 1998.

然力量可以显著改变广大地区地表的状态，在数百年过程中影响
地表温度。①

　　此后，关于气候变化的研究逐渐多起来。1876 年，彼得·克
罗波特金（Peter Kropotkin）观察到自工业革命以来，西伯利亚
的冰川正在融化。气候学是现代大气科学的重要分支，定义为大
气物理特征的长期平均状态，在人类历史发展和地球环境演变
中，气候与气候变化占有重要的地位。1883 年奥地利的 J.von 汉
恩出版了《气候学手册》（Handbuch der Klimatologie）；1884 年
俄国的 А.И. 沃耶伊科夫出版了《全球气候及俄国气候》一书，
讨论了气候的形成过程及太阳辐射、大气环流、水分循环、下垫
面性质等对气候形成的作用。

　　1896 年，瑞典科学家斯万特·阿雷纽斯（Svante
August Arrhenius，1859—1927 年，如图 14-14）根
据观测结果，意识到二氧化碳对地球气温的影响。

　　阿雷纽斯还意识到，如果地球降温会增加高纬
度地区的冰雪覆盖，使地球反射更多的阳光，从而
进一步降温。他进一步计算出大气二氧化碳含量如
果翻倍，可能将使地球温度总升温5～6摄氏度。②
这在当时是很了不起的气候变化研究成果。

2. 气候的动力解释

图 14-14　斯万特·阿雷纽斯
（Svante August Arrhenius）

　　气象科技史显然包括对气候和气候变化历史
的阐释。在气候学科发展历史上，詹姆斯·克罗
尔（James Croll，1821—1890 年，如图 14-15）对气候动力学做

---

　　① Fourier, J-B J. Memoire sur les temperatures du globe terrestre et des espaces
planetaires[J]. Mem. Acad. Sci, 1827(7): 569-604.

　　② Baum R M. Future calculations: The first climate change believer[J]. Distillations,
2016, 2 (2): 38–39.

出贡献，这为气候变化中的米兰科维奇理论提供了历史背景。

詹姆斯·克罗尔提出从天文运动角度研究气候变化。[1] 克罗尔提出必须寻求地球与太阳的关系，根据地球轨道参数的变化并结合物理反馈，以此研究极端气候变化产生的地质证据。虽然当时科学界不太认同他的轨道气候理论，但他发现了地质因素与天文的相互关系，这对气候动力学是极具影响力的。[2]

图 14-15　詹姆斯·克罗尔
（James Croll，1821—1890 年）

克罗尔出生在一个农场，小时候几乎没有接受过正规教育。生活窘迫、职业多变，1867年左右受聘于苏格兰地质调查局，这对于进行气候调查有利，对于气候研究有着"巨大的优势"。他在冰川堆积区做野外调查时，发现了一个从爱丁堡到格拉斯哥的冰缘河床。他写信告诉著名的进化论学者查尔斯·达尔文（Charles Darwin）。1875 年，克罗尔出版了他的主要著作《气候和时间》。这本书受到了世界各地地质学家的好评。这本书的发表使他当选为英国皇家学会会员，并且被授予圣安德鲁斯大学的法学博士。在退休后，克罗尔撰写了两本科学书籍《气候学和宇宙学的讨论》和《恒星演化和地质时间的关系》。

1867 年，克罗尔在《哲学杂志》发表了《在地质时期气候变化的物理原因》，[3] 指出地球轨道参数的变化，比如周期性改变，可能导致冰川变化。地质证据证明了偏心率会造成的各种极端气

① 　Croll J, Irons J C. Autobiographical Sketch of James Croll with Memoir of his Life and Work[M]. London: Nabu Press, 2010.

② 　Tasch P. James Croll and Charles Lyell as glacial epoch theorists[J]. Earth Sciences History, 1986, 5: 131-33.

③ 　Croll J. On the change in the obliquity of the Ecliptic, its influence on the climate of the polar regions and on the level of the sea[J]. Philosophical Magazine, 1867, 33: 426-445.

候变化。他认为地球的轨道一直在变化以及陆地的变迁是冰期和间冰期产生的原因，包括一些宇宙的因素为多个冰期以及每个半球寒冷和温暖交替时期提供了一种机制。冰原的反射影响将造成海平面的变化以及暖流和寒流的流向，这将有助于证明轨道变化引起的气候变化。也就是说冰期的周期可能会间接地受到宇宙的影响。① 克罗尔从地质角度研究气候变化引起一些科学家的反驳。查尔斯·赖尔（Charles Lyell）开始反对这种观点。但著名科学家 J. 赫舍尔（John Herschel）支持克罗尔观点，认为天文因素可以造成巨大的温度变化，也可以产生任何数量的冰川。查尔斯·赖尔（Charles Lyell）逐渐在许多方面同意克罗尔的理论。克罗尔将分歧归结于物理学和地质学不兼容的研究方法。

从今天气候变化的科学来看，克罗尔对于气候变化动力学有巨大的贡献，改变了人们对地球上气候变化的看法，地球上的气候变化不仅是地球上的事，也是宇宙中的事，这大大拓展了气象科学的研究领域。他成为现代气候变化科学的先驱，为米兰科维奇（Milutin Milankovitch，1878—1958 年）的气候周期理论做好了铺垫。他和米兰科维奇都对气候变化动力学做出重要贡献。② 19世纪之后，近现代意义的气候要素全球分布图被绘制出来，在气候类型的划分、气候研究方法和理论等方面逐步成形。

从 20 世纪 30 年代开始，气象学家开始关注太阳黑子与气候联系，天体物理学家 C. G. 阿博特（Charles Greeley Abbot）深信太阳黑子的变化是气候变化的主要原因。但是很多科学家对此持怀疑态度。③ 在 20 世纪 60 年代，二氧化碳气体的变暖效应变得

---

① Croll J. On the change in the obliquity of the ecliptic, its influence on the climate of the polar regions and on the level of the sea[J]. Philosophical Magazine, 1867, 33: 426-45.

② Tasch P. James Croll and Charles Lyell as glacial epoch theorists[J]. Earth Sciences History, 1986, 5: 131-33.

③ Hufbauer K. Exploring the Sun: Solar Science since Galileo[M]. Baltimore: Johns Hopkins University Press, 1991.

明显。随着对"基林曲线"（Keeling Curve）研究，人们对气候变化的担忧逐年上升。气候变化研究的方式和证据越来越多，特别是使用计算机进行研究，气候模式成为研究工具。1967 年，真锅淑郎（Syukuro Manabe）和韦瑟拉德（Richard Wetherald）利用计算机研究温室效应，[①] 有很多新的发现。

世界气象组织 1979 年世界气候大会提出，大气中二氧化碳含量的增加似乎是可能导致低层大气逐渐变暖的原因，特别是在高纬度地区，在 20 世纪末之前，可能会发生对区域和全球范围的一些影响。[②] 20 世纪 80 年代，全球应对气候变化挑战方面取得了重大突破。《维也纳公约》（1985 年）和《蒙特利尔议定书》（1987 年）相继达成，包括减轻臭氧破坏等多种措施和建议。到 20 世纪 90 年代，由于计算机模型和观测工作的提高，米兰科维奇冰河时代理论逐渐被认可。

1988 年，世界气象组织（WMO）在联合国环境署的支持下设立了政府间气候变化专门委员会（Intergovernmental Panel on Climate Change，IPCC）。IPCC 发布了一系列评估报告和补充报告，说明了每份报告编写时的科学认识状况，基本每隔 5～6 年总结气候变化科学发展情况并发布评估报告。IPCC 1990 年发布第一次评估报告、1995 年发布第二次评估报告、2001 年发布第三次评估报告、2007 年发布第四次评估报告，2014 年发布第五次评估报告。IPCC 第六次评估报告于 2015 年启动，计划于 2022 年结束。本书第四篇还将进一步阐述这个问题。

---

① Manabe S, Wetherald R T. Thermal equilibrium of the atmosphere with a given distribution of relative humidity[J]. Journal of the Atmospheric Sciences, 1967, 24 (3): 241–259.

② Declaration of the World Climate Conference. 1979. World Meteorological Organization.

第四节　国际性气象组织出现

1. 世界气象观测的协定

19 世纪欧美各国航海事业已经很发达，促进了海洋气象学的发展。美国的马修·方谭·莫里（Matthew Fontaine Maury，1806—1873 年，如图 14-16）致力于海洋气象学的研究。他一生贡献很大，作为美国海军军官，被誉为美国天文学家、历史学家、海洋学家、气象学家、制图师、作家、地质学家和教育家。

他有很多著作，特别是《海洋自然地理》（*The Physical Geography of the Sea*，1855），是第一本关于海洋学的综合书籍。莫里在其另一本著作《北大西洋的风向和水流图》中展示了如何利用洋流和风的优势，极大地缩短了远洋航行的时间，逐渐被世界各地的海军和商船采用，并被用来绘制所有主要贸易路线的图表。

图 14-16　莫里（Matthew Fontaine Maury，1806—1873 年）[①]

莫里提倡共享国际海陆气象服务。在绘制了海洋和海流图之后，他绘制了陆地上的天气预报图。莫里在早期的研究和航海生涯中，意识到只有通过国际合作才能获得关于海洋的全面科学知识。他提议美国政府邀请世界有关海洋研究的国家举行"世界气象学统一体系"的会议。

1853 年在布鲁塞尔举行的科学会议上，他成为会议的领导人物。莫里作为美国政府代表出席布鲁塞尔会议，在他的努力下，包括一些传统敌对国在内的许多国家同意，在使用统一标准分享陆地和海洋天气数据方面进行合作。[②] 布鲁塞尔

[①]　图片来自美国国会图书馆，digital ID cph.3a00616.

[②]　McDowell S. Matthew Fontaine, the Pathfinder of the Seas[M]. Providence Foundation, 2012.

会议以后，普鲁士、西班牙、意大利、智利、奥地利、巴西等许多国家加入这个世界气象观测的协定。教皇为鼓励莫里，送交莫里带有气象数据的船只与旗帜，可见当时莫里的影响之大。[①]随后几年，世界各国响应莫里号召，把各自观测到海洋气象的情况发送给莫里，在那里对信息进行了评估，并向全世界分发观测结果。[②]

1853 年的会议可以看成首届国际海洋气象会议，建立了国际海洋气象观测合作的办法，促使海洋气象事业国际化。

2. 英国气象学会的成立

在大洋彼岸的欧洲，气象学会也在成立中。伦敦气象学会与德国曼汉市巴拉基那气象学会都在 19 世纪初开始酝酿成立，但是巴拉基那气象学会后来停顿。伦敦气象学会成立于 1823 年，创始成员包括李（John Lee）、格莱谢尔（James Glaisher）和惠特布莱德（Samuel Charles Whitbread）及著名的气象学家霍华德（Luke Howard）。

在 1839 年，伦敦气象学会开始出版气象学会通讯，公布 1823—1839 年间的文献、论文、报告和气象资料。1850 年改称为英国气象学会（The British Meteorological Society），后随即改称为皇家气象学会，如图 14-17。1866 年受到英国皇家宪章的认可，1883 年被维多利亚女王授权为"英国皇家气象学会"。主要目的是要和其他气象学家合作，发展气象观测站网，接收全球各地的气象观测资料。现在的英国皇家气象学会是历史上最悠久的气象学会。1900 年时会员人数超过 600 人，1921 年吸收了 1855 年成立的苏格兰气象学会，人数开始从千人以上往上增加。

英国皇家气象学会带动了欧洲气象科学和观测业务的发展，对于世界各地气象事业建设有很大贡献。1873 年在维也纳召开第

---

①　Lewis C L. Matthew Fontaine Maury: The Pathfinder of the Seas[M]. Chicago: Rutgers University Press, 1927. Reprinted (1980).

②　Frances L W. Matthew Fontaine Maury, Scientist of the Sea[M]. New Brunswick: Rutgers University Press, 1963.

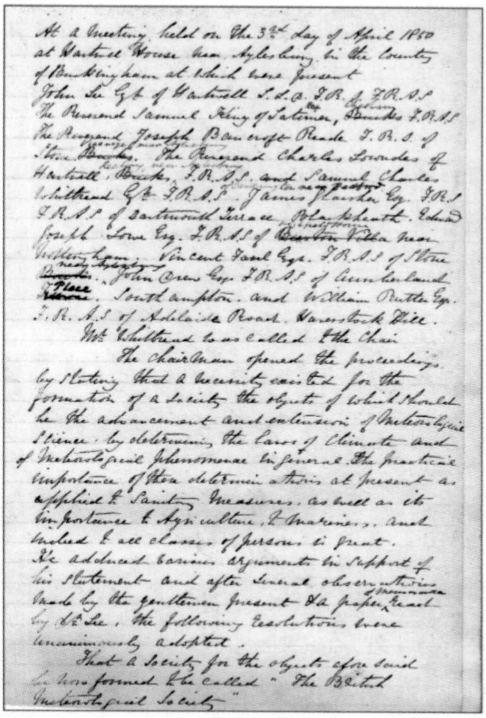
At a Meeting held on the 3rd day of April 1850
at Hartwell House near Aylesbury in the County
of Buckingham at which were present
John Lee LLD of Hartwell F.S.A. F.R.S. F.R.A.S
The Reverend Samuel King of Latimer, Bucks F.R.A.S
The Reverend Joseph Bancroft Reade F.R.S. of
Stone Bucks. The Reverend Charles Lowndes of
Hartwell, Bucks, F.R.A.S. and Samuel Charles
Whitbread Esq. F.R.A.S. James Glaisher Esq. F.R.S
F.R.A.S of Dartmouth Terrace Blackheath. Edward
Joseph Lowe Esq. F.R.A.S of Broxton Villa near
Nottingham. Vincent Fowl Esq. F.R.A.S of Stone
Bucks. John Drew Esq. F.R.A.S of Cumberland
Place Southampton. and William Rutter Esq.
F.R.A.S of Adelaide Road. Haverstock Hill.
Mr Whitbread was called to the Chair
The Chairman opened the proceedings
by stating that a necessity existed for the
formation of a Society the objects of which should
be the advancement and extension of Meteorological
Science by determining the laws of Climate and
of Meteorological phenomena in general. The practical
importance of these determinations at present as
applied to Sanitary measures, as well as its
importance to Agriculture, to mariners, and
indeed to all classes of persons is great.
He adduced various arguments in support of
his statement and after several observations
made by the gentlemen present & a paper of Memoranda read
by Dr Lee, the following Resolutions were
unanimously adopted.
That a Society for the objects aforesaid
be now formed to be called "The British
Meteorological Society"

图 14-17　1850 年 4 月 3 日皇家气象学会某次会议记录第一页①

一届国际气象会议，共有来自 20 多个国家的几十位代表参加，世界气象组织逐渐成形。

3. 国际气象组织的诞生

19 世纪 70 年代，在威廉一世的统治下，普鲁士王国统一了整个德意志，促进了德国的经济、贸易及交通的发展，经济发展也推动了气象预报的发展，并为德国气象学家探索新的气象学研究方法、研究新的气象问题提出了需求。

1872 年 8 月，50 多名各国气象学家在德国莱比锡举行会议，会议讨论的一个主题就是希望建起国际气象合作的官方机制。时任荷兰皇家气象局局长的白贝罗教授阐明了他对气象未来的设想。他撰写了《关于统一的气象观测系统的建议》，指出形成全球气象观测网络、国家间免费交换观测资料以及标准化观测方法和单位的国际协议，以便能够对这些观测资料进行比较，倡议全球气象学采用统一的常规标准。

1873 年 9 月，在奥地利的维也纳召开气象学的第一次国际代表大会（First International Meteorological Congress）。② 32 个代表来自 20 个国家。会议上，各国气象学家讨论了建立气象研究国际协作的可能性，认为需要把各国气象学纳入一种统一的研究和实验体系，这利于扩大研究范围，甚至可以覆盖到地球整个表面

① 引自英国皇家学会官网：https://www.rmets.org.

② WMO - No. 345, one hundred years of international co-operation in meteorology (1873—1973) A Historical Review, 1973.

的气象学研究。这表明在 19 世纪下半叶，气象学界已经逐渐认识到气象学和其他自然科学的差异，需要各国的协调才是气象学迅速发展的方式。

大会经过长时间协商，在会上统一了标准化的观测和分析方法，使用相同的测量单位、符号标注、提倡出版并交流研究结果，扩大气象研究平台，推动形成气象研究机制。与会代表发起并成立了国际气象组织（International Meteorological Organization，IMO）。

有气象学家已经意识到高纬度天气是研究更广范围大气的关键之一。经过讨论，大会同意建立极地研究站。

会后形成国际气象常设委员会，有 7 名委员组成。[①] 白贝罗教授当选为委员会第一任主席。委员会建议所有的国家要积极参与到极地研究中去，希望在北极环绕地区建立研究站，包括斯匹兹卑尔根、巴罗角（阿拉斯加州）、阿尔顿、费利克斯布西亚（加拿大）、勒拿河河口处（西伯利亚）、新西伯利亚（俄罗斯北极海洋）、乌佩纳维克（西格陵兰）、摆岛（东格陵兰）等。

此后国际气象组织促进了全球气象仪器、电讯传递、气象报告和各种测候所系统的发展，促使等温线、等压线、气象要素平均分布图等相继产生，为现代气象学的诞生做好铺垫。国际气象组织的历任主席大都是著名的气象学家，不仅为气象科学发展做出贡献，同时作为气象科学共同体的领导人促进国际气象科学和观测业务的发展。[②]

---

① Davies A. Forty Years of Progress and Achievement a Historical Review of WMO, [C]. 1990, World Meteorological Organization, 3-5.

② Cannegieter H G. The History of the International Meteorological Organization: 1872—1951[M]. Selbstverlag des Deutschen Wetterdienstes, 1963.

第十五章　近代气象科学的国别视角

不同国家近现代大气科学发展路径和重点领域有所差异，这与本书论述的大气科学的全球性和本土性的特点相符。从国别的视角进行有关国家近代气象科学发展历史的阐述，也可对比看出气象科学的本质和发展趋势。由于欧洲国家（俄罗斯除外）气象和气候条件相似，这里没有按具体哪个国家来论述，南亚也是如此。

第一节　欧洲学者对近代气象学贡献

1. 格莱谢尔

詹姆斯·格莱谢尔（James Glaisher，1809—1903 年，如图 15-1）是 19 世纪英国著名的气象学家、天文学家。1833 年到 1835 年，他在剑桥天文台担任初级助理，[①]不久改任格林尼治皇家天文台气象总监，在此工作 30 多年。

格莱谢尔 1845 年出版了包含测量湿度露点表的著作，由于他在气象方面的贡献，在 1849 年当选为英国皇家学会会

[①]　Stratton F J M. The history of the Cambridge observatories[J]. Annals of the Solar Physics Observatory, Cambridge, 1949, Vol. I.

员。[①] 1867 年至 1868 年格莱谢尔担任英国皇家气象学会会长。[②] 他兴趣广泛，推动了英国航空学会的创立，还是皇家摄影学会会员和两次该学会的主席。

格莱谢尔是勇于实践的气象学家。1862 年至 1866 年间，他经常驾驶热气球探测高空大气的最高温度和湿度。[③] 升空记录一度达到 9000 米到 10000 米，这在当时是需要很大的勇气和技巧的，也说明 19 世纪初带有物理学性质的气象试验受到重视。

图 15-1　詹姆斯·格莱谢尔
（James Glaisher，1809—1903 年）

2. 菲茨罗伊

罗伯特·菲茨罗伊（Robert FitzRoy，1805—1865 年，如图 15-2）是英国皇家海军军官，也是 19 世纪上半叶英国重要的一位气象学家。他出身有贵族血统，按今天流行话语"出身名门"，这为他日后的科学研究工作带来一些便利，包括邀请达尔文环球航行、从政的机遇等等。他根据当时的气象知识每天都做天气预报，据说他首先使用新名词——"预报"（Forecasts）。[④]

19 世纪电报的发明，使得各地气象观测资料可以传递并快速集中到一幅图上，这就使绘制天气图成为可能。在 1851 年左右，欧洲各国逐渐出现搜集逐日气象电报，用于绘制天气图的工作。这就为气象观测数据和天气变化之间的联系被揭示出来提供了条

---

① Chapman A. Airy's Greenwich Staff. The antiquarian astronomer[J]. Society for the History of Astronomy, 2012, 6: 4–18.

② Hunt J L. James Glaisher FRS (1809–1903), Astronomer, meteorologist and pioneer of weather forecasting: a Venturesome victorian [J]. Quarterly Journal of the Royal Astronomical Society. Royal Astronomical Society, 1996, 37 (3): 315–347.

③ Appletons. Annual Cyclopaedia and Register of Important Events of the Year: 1862[M]. New York: D. Appleton & Company, 1863: 186.

④ Moore P. The birth of the weather forecast[N]. BBC News. 2015-04-30.

件。这种方式在 1854 年黑海风暴之后加快了脚步。1853—1856 年，英、法同俄国发生了瓜分土耳其的克里米亚战争（Crimean War），由于 1854 年 11 月黑海出现风暴，造成英法联军大败。英国政府对气象预报更加重视。

1854 年后，菲兹罗伊着手建立了英国气象局（Met Office）的基础预报工作，他在每个英国港口安装了他设计的气压计，并要求船长提供海上气象信息，[①] 用这些系统为英国渔业预报天气信息。因此，菲茨罗伊被当作英国气象局的创始人。

1860 年起在不列颠群岛周围建立了一个电报站网络，每天通过电报向伦敦发送两三次气象观测，菲茨罗伊将其作为发布风暴警报的依据。从 1860 年起，这些观测结果发表在伦敦的《每日天气报告》上，从 1873 年起，电报站每月的气候报告被制作并存档。19 世纪 60 年代，他在《泰晤士报》上经常发表天气预报，这也使得他成为英国知名人物。菲兹罗伊建立了 15 个陆地观测点，在规定时间使用新的电报传送天气状况。除了电报站外，英国气象局于 1867 年和 1868 年设立了天文台，用摄影方法连续记录气温、气压和风力。

图 15-2 菲茨罗伊（Robert FitzRoy, 1805—1865 年）

菲茨罗伊在 1857 年被提升为海军少将，并于 1863 年晋升为海军中将，同年，总结他一生对气象认识的《气象学实用手册》（the Weather Book: A Manual of Practical Meteorology）出版。[②] 他为英国

① Mellersh H E L. FitzRoy of the Beagle[M]. Hart-Davis, 1968.
② FitzRoy R. the Weather Book: A Manual of Practical Meteorology[M]. Cambridge: Cambridge University Press, 2012.

气象局呕心沥血，身体健康状况逐渐恶化。1865 年不堪忍受疾病折磨自杀身亡，他的贡献被人纪念。2010 年，新西兰国家水和大气研究所（NIWA）将其新的 IBM 超级计算机命名为"菲茨罗伊"，作为纪念。[①] 还有澳大利亚的菲兹罗伊岛和菲兹罗伊港口等。

　　菲茨罗伊不仅作为气象学家在气象科学史上留名，而且还由于他对查尔斯·罗伯特·达尔文（Charles Robert Darwin，1809—1882 年）的赞助。1831 年，他邀请达尔文跟随贝格尔号（Beagle）进行环球考察。五年环球考察，期间二人尽管因宗教信仰等问题有过争吵，但总体保持了良好的友谊，[②] 这为达尔文获得第一手考察资料提供了充分保障，[③] 成为《物种起源》出版的基础。

　　从这个角度讲，如果说达尔文改变了人类对自身的看法，那么，菲兹罗伊就是改变这种看法的守护者。这段佳话青史留名，但公众对达尔文的了解多于菲兹罗伊。或许也可以说，气象学和气象学家为近代科学的重大发展做了自己的贡献。

3. 勒维耶

　　克里米亚战争（Crimean War）中的风暴，造成英法联军大败，对于法国触动很大。法国政府命巴黎天文台台长勒维耶（Urbain Jean Joseph Le Verrier，1811—1877 年，如图 15-3）总结此事故的天气原因。勒维耶是专门研究天体力学的法国天文学家和数学家，他最著名的科学成果是用数学方法来预测了海王星的存在和位置。这也是 19 世纪科学史上最引人注目的趣闻。

图 15-3　勒维耶
（Urbain Jean Joseph Le Verrier，
1811—1877 年）

① NIWA Installs new IBM supercomputer. Geekzone. 21 July 2010.
② Browne J. Charles Darwin: Voyaging[M]. Pimlico, 2003.
③ Desmond A, Moore J. Darwin[M]. London: Michael Joseph, Penguin Group, 1991.

第十五章 近代气象科学的国别视角 | 297

勒维耶利用天文学者网络，写信给各国的天文、气象工作者，收集 1854 年当地的天气情报。他根据这些资料研究认为，假如组织气象站网，把各地天气资料集中绘制成天气图，就有可能推断出未来海上风暴运动方向。在勒维耶的推动下，1856 年前后法国逐渐建成比较正规的近代天气预报系统。勒维耶对国际气象组织（International Meteorological Organization）的创建也做出重要贡献。

由于菲兹罗伊在英国的推动和勒维耶在法国的推动，欧洲一些国家在 19 世纪中叶左右逐渐开始应用天气图从事天气预报。如图 15-4。预报流程一般将各地传过来的气压、气温、风向、风速、云量和降水现象等气象观测资料，绘成天气图，根据天气图进行天气分析和预报。自此之后，绘制天气图便成为气象工作者一项重要工作，并延传至今。当然从今天大气科学的眼光来看，不能奢求当时的天气预报有多准，更多依赖当时气象学家的主观

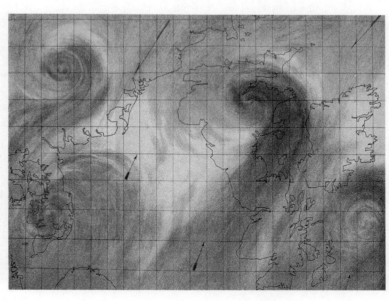

图 15-4　1859 年前后欧洲的一幅天气图 ①

① 彼得·穆尔. 天气预报一部科学探险史 [M]. 张朋亮，译. 桂林：广西师范大学出版社，2019.

判断和经验积累，但是这表明现代气象科学的
大幕即将拉开。

4. 朵夫

朵夫（Heinrich Wilhelm Dove，1803—1879年，
如图 15-5）是普鲁士物理学家和气象学家。1826
年成为大学的杰出教授。1845 年，他成为柏林弗
里德里希 - 威廉斯大学的教授，期间两度当选校
长。1849 年，他成为普鲁士气象研究所所长。

在他的学术生涯中，他共发表了 300 多篇
论文，其中一些论文深入研究了实验物理。他
对气象学的重要影响重点是气候学。1828 年朵
夫观察到热带气旋在北半球逆时针旋转，而在
南半球是顺时针旋转。他还研究了地球表面的
热量分布、气候对植物生长的影响等。[①]

图 15-5　朵夫
（Heinrich Wilhelm Dove，1803—
1879 年）

朵夫对气象的贡献很多建立在实验观测之
上，有丰富的气象价值，但是没有应用数学原
理来推论其学说，这也是时代局限所致。

5. 亥姆霍兹

在研究大气运动时引入科里奥利力前后，
德国的近代伟大科学家亥姆霍兹（Hermann
Ludwig Ferdinand von Helmholtz，1821—1894 年，
如图 15-6）提出流体动力学的概念，被气象学
家用于波状涡旋研究。许多气象学者开始关注
风暴的旋转特性和气旋模式。包括英国菲茨罗
伊的极地气流和赤道气流的气旋模式、德国柯

图 15-6　亥姆霍兹
（Hermann Ludwig Ferdinand von
Helmholtz，1821—1894 年）

① Bôcher M. The meteorological labors of Dove, Redfield and Espy[J]. Bulletin of the American Meteorological Society, 1965, 46(8): 450-452.

本（Wladimir Peter Köppen，1846—1940 年）的飑线结构模式等。

这些模式都在不同程度上反映出气旋及其天气的分布。但由于当时台站较稀，每天观测的次数较少，特别是高空数据缺乏也不准确，因此还不能完全反映出气旋的真正结构和演变过程。但这为 20 世纪初挪威学派对气旋做出开创性贡献准备了历史条件，成熟的现代气象学即将登场。

6. 柯本

图 15-7　柯本（Wladimir Peter Köppen，1846—1940 年）

弗拉基米尔·彼得·柯本（Wladimir Peter Köppen，1846—1940 年，如图 15-7）是德国气象学家和植物地理学家。1874 年起在德国汉堡海洋气象台进行观测，前后长达几十年。他研究了北半球降雨的概率，认为低气压系统大致按盛行风方向发展。他发现大型天气现象可能有 11 年的周期存在。

柯本不仅对现代气象学做出重要贡献，还是现代气候学的主要奠基人之一。1884 年，他出版了绘制季节性温度范围的第一版气候带地图。这是近现代气候学的重要成果。柯本深入研究海洋、天气和气候，并系统地研究全球的气候，于 1900 年提出较完整而简要的气候分类法，称为柯本气候分类，并被广泛采用。

他的一生都在不断地改进该气候划分系统，最终版本于 1936 年出版。1924 年，他和女婿发表了一篇《历史上的气候》的论文，探索了冰河时代的古气候学。[1] 他的重要著作还有《气候学手册》（*Handbuch der Klimatologie*）。

---

① Summerhayes C P. Earth's Climate Evolution[M]. John Wiley & Sons. 2015.

7. 迪内斯

威廉·亨利·迪内斯（William Henry Dines，1855—1927年，如图15-8），英国气象学家，他发明了测量大气特性的仪器。

他发明了一种压力管风速计，这是一种同时测量风速和风向的装置。他使用风筝和气球进行高空测量，并为高空探测设计了一款仪器，后成为英国高层大气探测的标准仪器，可以获得许多有关平流层高空压力、温度和湿度的数据。

图 15-8　迪内斯（William Henry Dines，1855—1927 年）

迪内斯分析这些数据，研究了气旋和反气旋的动力学机制。他在1901—1902年任英国皇家气象学会的主席。1905年，他被选为皇家学会会士。

8. 白贝罗气象定律

白贝罗（Christophorus Henricus Diedericus Buys Ballot，1817—1890年，如图15-9），是荷兰化学家和气象学家，以白贝罗定律闻名于世。

1844年获得博士学位后，成为大学教师，1847年，他被任命为数学教授和物理学教授。[①]1845年，他在驶往阿姆斯特丹的火车上测试了声波的多普勒效应。1857年白贝罗发现风向和气压分布的关系，被称白贝罗定律：在北半球，观测者背风而立，高压在右，低压在左；在南半球则相反。1866年他创立风暴警报器和危险天气信号系统，发布风暴警报。担任

图 15-9　1857 年白贝罗（Christophorus Henricus Diedericus Buys Ballot，1817—1890 年）

① Burstyn H L. Buys Ballot, Christoph Hendrik Diederik[M]. Dictionary of Scientific Biography volume 1, p. 628, New York: Scribners, 1973.

国际气象组织领导期间，致力于国际气象观测规范的统一工作。

　　本节主要论述欧洲气象学家，美国的科学家也重视对风暴的研究，这可能也和美国特有的地理环境和气象因素有关，也和这个国家建立后蓬勃向上的发展趋势有关，使得美国气象学理论和气象学家不断出现，推动美国在 20 世纪的气象学逐渐走向世界前列。

第二节　美国近代气象学的快速进展

　　美国在 1775 年开始独立战争并开始作为一个独立国家屹立于世，年轻的美国很快在近现代科学技术发展历史上走向辉煌，其中也包括对近代气象学的重要贡献。

1. 卢米斯与龙卷风

图 15-10　卢米斯（Elias Loomis，1811—1889 年）

　　艾力亚斯·卢米斯（Elias Loomis，1811—1889 年，图 15-10）是一位对气象学有贡献的美国数学家。

　　卢米斯在 1838 年设立了以他名字命名的卢米斯天文台，目前是美国第二古老的天文台。从 1844 年到 1860 年，他在纽约市立大学担任自然哲学和数学教授，出版了许多关于数学的教科书，包括分析几何和微积分等。1859 年，卢米斯的《几何、微分和积分微积分》一书被翻译成中文。随后，日本学者将中文文本翻译成日文，并在日本出版。因此，卢米斯的著作在分析数学知识向远东的转移中发挥了重要作用。

　　1842 年，美国发生了强烈的龙卷风，造成重大灾害，卢米斯亲赴灾区调查，运用电报传递美国各地的气象观测资料，并加以收集填在地图上，绘制天气图。他首创运用电报传递即时天气观测资料的方法。早在 1836 年风暴的论文中，卢米斯就对以往认定风暴事实的方法提出了改进。他提出很多思考：穿越我们大陆的雨雪大风暴有几个阶段？它们的形状和大小？在什么方向，以什么速度前进？它们在一年中的不同季节会朝着不同的方向移动吗？卢米斯在美国地图上对 1836 年风暴用图形表示方法，在某一特定时间内，在晴雨表处于最低点的地方绘制了一系列线条。这条线路将标志着那个小时的中央线。地图上每小时的线路进展表明风暴是如何移动的。

风暴的所有其他现象都被认为与这些气压线有关。他用一系列的颜色分别代表了天空晴朗的地方，天空阴天的地方，下雨或降雪的地方。适当方向的箭头和长度代表了不同风暴的方向和风力。这些连续三四天风暴的地图以简单和最有效的方式向人们提供了风暴的所有现象。

卢米斯在 1859 年历史地磁风暴的研究中作出重要发现。他对 1859 年 9 月初的一周里出现精彩的北极光进行了详细研究和观察，随后的两年里他在《美国科学杂志》（*American Journal of Science*）发表九篇论文阐述。[1]

2. 艾斯培对热带风暴的研究

图 15-11　艾斯培
（James Pollard Espy，1785—1860 年）

詹姆斯·波拉德·艾斯培（James Pollard Espy，1785—1860 年，如图 15-11）美国著名气象学家，他从热力学角度对云的形成和增长第一个给出了基本正确的解释。他也是最早使用电报收集气象观测资料的气象学家之一。艾

① Newton H A. Memoir Elias Loomis 1811–1889[J]. the National Academy, 1890-04.

斯培从小就对知识有着强烈的渴望，大约在 1828 年，他开始研究和调查风暴的原因，这使他后来成为当时最重要的美国气象学家。1833 年，他写了一篇关于风暴中空气向上运动（对流）的论文，提出风暴从潜热的变化中得到自我维持的力量。

1834 年，艾斯培成为富兰克林研究所和费城美国哲学学会的气象学家。作为其中一个联合委员会的主席，他倡议建立了一个气象观察员网络，用于研究风暴。他甚至说服宾夕法尼亚州立法机构拨款 4000 美元，[①] 为每个县的观察员配备了气压计、温度计和雨量计等。有趣的是，这是议会拨款记录中首次出现气象学的词语。

艾斯培对风暴理论研究成果最早是在《富兰克林研究所杂志》（*Journal of the Franklin Institute*）的系列期刊中发展起来的，其中讨论了空气中温度、压力和湿度的变化，以及风的方向和力量等方面的变化，乃至在美国和毗邻大西洋的海湾海岸及海洋上发生的引人注目的风暴现象等。1836 年，他频繁给科学机构和社会大众讲解他的风暴理论，这些讲座使他被人们尊称为"风暴之王"（Storm King）。1840 年左右，他访问了欧洲，并向英国科学协会和法国科学院介绍了他的风暴理论。在法国科学院讲演讨论他的理论之后，法国著名物理学家和天文学家弗朗索瓦·阿拉戈（Francois Arago，1786—1853 年）说："法国有居维叶，英国有牛顿，美国有艾斯培"。

1841 年他出版了著名的《风暴哲学》（*Philosophy of Storms*），如图 15-12。他提出了云理论和相比前人更普遍的风暴理论。他试图发现雨水与大气中的蒸汽含量之间的关系，通过检测风暴中心和边界周围的同时观测结果，发现风暴的四周水汽都吹向中央

---

① Miller E C. The evolution of meteorological institutions in the United States[J]. Monthly Weather Review, 1933, 61 (7): 190.

部分；如果风暴是圆形的，就向一个点集中，如果风暴是长方形的，则向一条线方向集中。每一次大气扰动都从平地的热空气的提升开始。上升的空气在膨胀后，随着温度的下降，以云的形式形成蒸汽。由于潜热的释放，随着上升而继续扩张，直到形成上升的空气水分实际上已经枯竭。较重的空气在下面流动，大气扰动中的大量水蒸气引起了大雨。

在这本书中，艾斯培大胆提议烧毁阿巴拉契亚森林（Appalachian forests），促进下雨，这或许是气候工程最早的想法的滥觞。[1] 由于他在气象学上的贡献，1843 年，他成为第一位被美国政府任命的气象学家，艾斯培一直是美国陆军部和美国海军的气象学家。图 15-13 是艾斯培的书信手稿。1848 年他被任命为史密森学会秘书，他一直在华盛顿的史密森学会工作到 1859 年，

图 15-12　艾斯培《风暴哲学》书中一幅图[2]

---

① Espy J P. The Philosophy of Storms (Classic Reprint)[M]. Forgotten Books, 2017.

② Espy J P. The Philosophy of Storms (Classic Reprint)[M]. Forgotten Books, 2017.

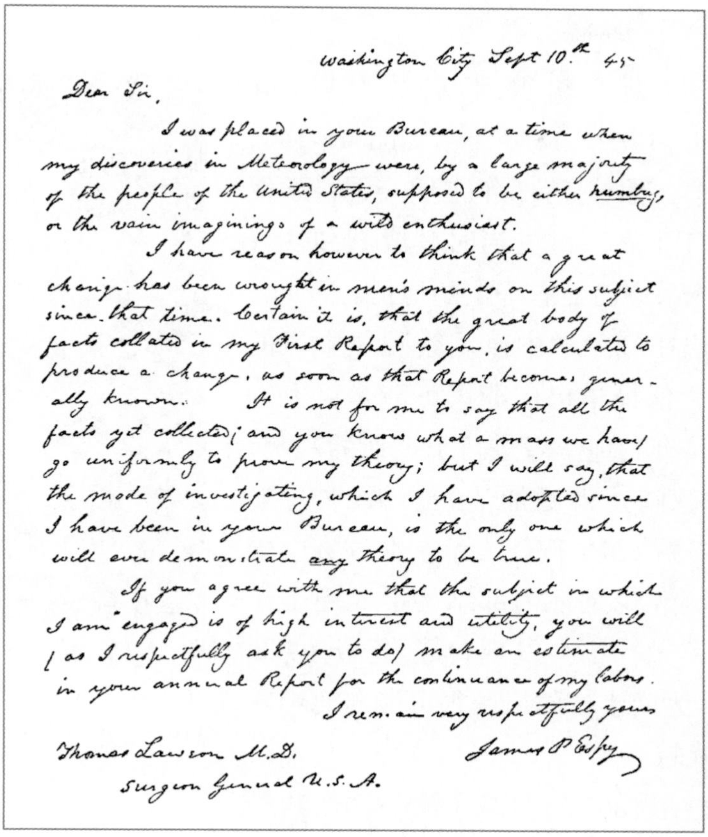

Washington City Sept 10th 45

Dear Sir,

I was placed in your Bureau, at a time when my discoveries in Meteorology were, by a large majority of the people of the United States, supposed to be either humbug, or the vain imaginings of a wild enthusiast.

I have reason however to think that a great change has been wrought in men's minds on this subject since that time. Certain it is, that the great body of facts collated in my First Report to you, is calculated to produce a change, as soon as that Report becomes generally known. It is not for me to say that all the facts yet collected (and you know what a mass we have) go uniformly to prove my theory; but I will say, that the mode of investigating, which I have adopted since I have been in your Bureau, is the only one which will ever demonstrate any theory to be true.

If you agree with me that the subject in which I am engaged is of high interest and utility, you will (as I respectfully ask you to do) make an estimate in your annual Report for the continuance of my labors.

I remain very respectfully yours

James P. Espy

Thomas Lawson M.D.

Surgeon General U.S.A.

图 15-13　艾斯培 1845 年前后的一封信②

第二年去世。①

艾斯培在美国气象学崛起之中作出了重要贡献，也对世界近代气象学有重要贡献。尽管艾斯培用空气垂直运动解释热带性风暴理由比较充分，但这些对发生在中高纬区域的气旋风暴则不能解释，这与当时他所处环境和观测受限有关。

① Espy F M. History and Genealogy of the Espy Family in America[M]. Fort Madison, Iowa, 1905.

② Popular Science Monthly, Volume 34，1889. https://en.wikisource.org/.

3. 瑞德菲尔德观察飓风走廊

威廉·查尔斯·瑞德菲尔德（William Charles Redfield，1789—1857 年，图 15-14），是美国气象学家，他在 1843 年担任美国科学促进协会的第一任主席。可见当时其成就和气象学在美国科学体系中已经有一定的地位。

图 15-14　威廉·查尔斯·瑞德菲尔德（William Charles Redfield，1789—1857 年）

瑞德菲尔德在气象学中以观察飓风中风的方向性而闻名，他最早提出飓风可能是巨大的圆形，尽管此前有其他学者进行了类似的观测，但是瑞德菲尔德阐述得更加清楚，影响更广。早在 1834 年，瑞德菲尔德就表示，在调查中国海域的台风时，无论是在内部结构上，还是在它们所走的道路上，都会发现台风与西印度飓风相似。[①] 他认为南半球的风暴很可能与北半球的风暴相反地旋转。

瑞德菲尔德在 1837 年组织了第一次纽约最高峰的探险活动，现在瑞德菲尔德山是以他的名字命名。1845 年，他当选为美国艺术与科学院副院士。[②]

在 1854 年举行的美国科学促进协会的一次会议上，瑞德菲尔德提到了一条美国暴风雨的道路，在这条道路上，至少有 70 艘船只因为暴风雨被撞毁、被破坏或受损等，可能就是指代今天的"龙卷风走廊"（Tornado Alley），这在当时相当了不起。

4. 史密森学会的气象观测

除了个体学者对近代气象的贡献，美国各种学术组织也对近代气象学作出积极贡献。史密森学会（The Smithsonian

[①]　Popular Science Monthly, Volume 34，1889. https://en.wikisource.org/.

[②]　Book of Members, 1780–2010. American Academy of Arts and Sciences. 2016.

图 15-15 史密森研究所学会标志

Institution）就是其中较好学术组织之一（图 15-15）。密斯森学会成立于 1846 年，目的是"为了增加和传播知识"，是由美国政府管理的一组博物馆和研究中心组成。目前包括 45 个州的 200 多个机构和博物馆。①

该机构每年有 3000 万人免费参观，年度预算约为 12 亿美元，其中三分之二来自年度联邦拨款。其他资金来自该机构的捐赠、私人和公司捐款、会费以及赚取的零售、特许权和许可收入。② 史密森学会 1893 年出版了史密森气象表，1896 年和 1897 年及 1907 年出版了修订版，包括国际气象符号表、云层过滤表、比例尺表、气象符号表，以及气象观测站、比例尺和气压表等，对于统一和推动国际气象观测和业务有一定作用。③

这个联盟式的学会对气象研究有积极促进作用，包括研究所筹建较大范围气象监测网，建立气象仪器标准化制度，招募培训大量气象观测人员，比如有 150 人的志愿者观测队伍等。

1846 年，董事会制定了天气观测计划，1847 年设立用于气象研究的专门资金。该机构像一块"磁铁"吸引了很多年轻科学家，从 1857 年到 1866 年，形成了一个研究俱乐部。④

1855 年 7 月以来，美国专利局为气象志愿观察者印制了空白登记册，使用其盖印特权（或允许在没有邮费的情况下寄送邮件）来传输观测数据。专利局代表史密森学会接受观测员的表

① Kurin R. The Smithsonian's History of America in 101 Objects Deluxe[M]. Penguin, 2013.

② 史密森学会官网，https://www.si.edu/about/.

③ The Smithsonian Institution. Smithsonian Meteorological Tables[M]. Fourth Revised Edition,1918.

④ Chisholm H. Encyclopedia Britannica. 25 (11th ed.)[M]. Cambridge: Cambridge University Press, 1911.

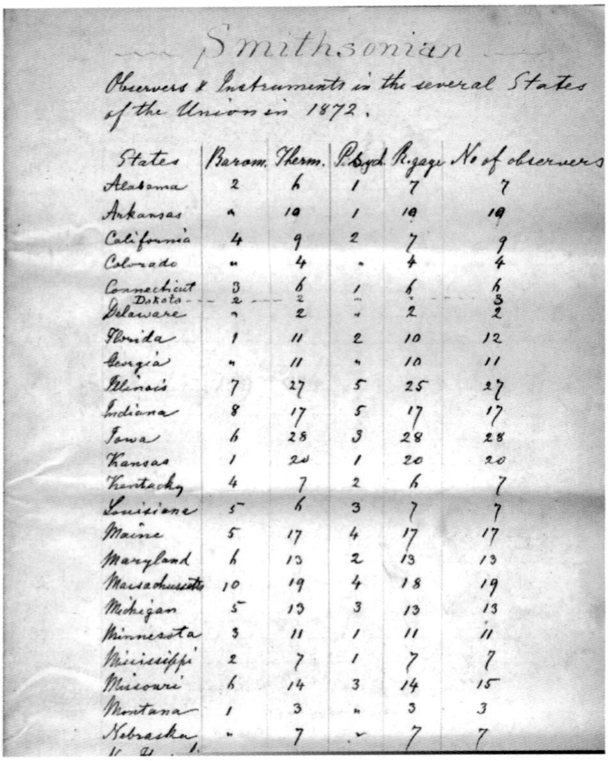

Smithsonian

Observers & Instruments in the several States of the Union in 1872.

States	Barom.	Therm.	P.Psych.	R.gage	No of observers
Alabama	2	6	1	7	7
Arkansas	„	19	1	19	19
California	4	9	2	7	9
Colorado	„	4	„	4	4
Connecticut	3	6	1	6	6
Dakota	2	2	„	„	3
Delaware	„	2	„	2	2
Florida	1	11	2	10	12
Georgia	„	11	„	10	11
Illinois	7	27	5	25	27
Indiana	8	17	5	17	17
Iowa	6	28	3	28	28
Kansas	1	20	1	20	20
Kentucky	4	7	2	6	7
Louisiana	5	6	3	7	7
Maine	5	17	4	17	17
Maryland	6	13	2	13	13
Massachusetts	10	19	4	18	19
Michigan	5	13	3	13	13
Minnesota	3	11	1	11	11
Mississippi	2	7	1	7	7
Missouri	6	14	3	14	15
Montana	1	3	„	3	3
Nebraska	„	7	„	7	7

图 15-16　史密森学会气象项目资助气象观察者名单（1872 年）①

格。1860 年，史密森学会将约 4400 美元（占其研究和出版预算的 30%）用于气象学。1862 年，美国农业部在关于农作物和天气的每月公报中公布该机构的一些气象观测结果。史密森学会的气象观察网络已扩大到全国，有 500 多人。如图 15-16。

这个学会并不能算是气象领域的学会。现代美国气象学会（American Meteorological Society，AMS）成立于 1919 年，最初有数百名会员，主要来自美国信号军团（Signal Corps）、美国天气局及一些气象爱好者，但是发展很快，现在已经成为有上万成员并在世界范围内有很大影响的气象学术团体。

① Institutional History Division, Smithsonian Institution Archives.

5. 阿贝与美国气象局诞生

图 15-17　克利夫兰·阿贝
（Cleveland Abbe，1838—1916 年）

克利夫兰·阿贝（Cleveland Abbe，1838—1916 年，如图 15-17）是美国近现代比较著名的气象学家，提倡使用时区概念。[1] 他曾经担任俄亥俄州辛辛那提天文台台长，在此期间，他建立了电报汇交天气的机制，通过绘制天气图进行天气预报。1870 年，美国国会批准成立了气象服务处，后发展成为美国气象局，由于阿贝对美国气象事业的贡献，被任命为第一任负责人，人们称之为"美国气象局之父"。[2]

阿贝出身教会家庭，父母用传统浸信会的思想培养他，教会他要尊敬别人。他在纽约市立大学的前身 Free Academy 取得了学士学位，产生了对于气象学的兴趣。他 1859 年毕业于密歇根大学天文学专业，1867 年在华盛顿的海军气象天文台里工作，第二年被辛辛那提天文台聘为主管。他首先提出天文学、气象学、地磁学研究计划，并开始尝试从事天气预报的工作。

大概从 1869 年的 9 月开始，阿贝建立了一个志愿气象观察小组，并请西部联合电报公司提供免费的电报数据报送服务。他开始每天按时预测天气，但最终没有能够坚持下去，1870 年停止此项工作。

1870 年，美国国家气象局创建后，国会在美国陆军信号办公室（U.S.Army Signal Office）的领导下建立了一个联邦风暴预警系统，使得美国靠业余科学家、志愿观察员和临时组织支撑气象

---

[1]　Anon. Book of Members: 1780—2010 Chapter A[M]. American Academy of Arts and Sciences, 2013.

[2]　Anon. Cleveland Abbe: First Scientist of the American Weather Bureau[M]. NOAA. Top Tens, 2015.

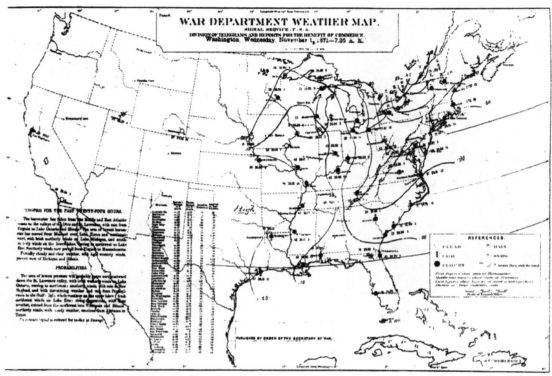

图 15-18　1871 年 11 月华盛顿地区的天气图[1]

预报的时代结束了。[2]1871 年美国气象局聘请了阿贝作为教授和
首席气象学家。阿贝制定了气象预报的业务流程，他成了美国第
一个气象预报员。图 15-18 是美国气象局建立后，官方发布的一
张天气图。

　　当时的美国气象服务处还属于信号部队（Signal Corps），阿
贝意识到观测网对预报的重要性，他招募了 20 多名志愿天气观
察员帮助报告情况。阿贝对陆军观察员士官进行了使用培训。[3]
他收集美国各气象观测站的气象资料，通过电报绘成综合天气

　　①　Knight D C. The Science Book of Meteorology[M]. Franklin Watts,1964.

　　②　Fleming J R. Meteorology in America, 1800—1870[M]. Baltimore : Johns Hopkins
University Press, 1990.

　　③　Humphreys W J, Abbe C. Dictionary of American Biography. I-II: Abbe-Brazer[M].
New York: Charles Scribner's Sons, 1946: 1–2.

图，以此进行天气预报。1869 年阿贝在辛辛那提市发布了全美的天气预报和风暴警报。

1871 年，阿贝发布了第一份官方天气报告。他的预报一般包括天气（云和降水）、温度、风向和气压四个要素。阿贝定期向国会、媒体和海外科学机构发送了 500 多套每日天气图，并和欧洲气象同行交换数据。阿贝和他的团队从一开始就使用最先进的仪器，比如气球携带式传感器、自动记录仪、远距离记录设备等等。在 1873 年 4 月 14—18 日借助航海日志和西奥多史密斯的报告准确预报了 2 个严重的海岸风暴。1872 年他创办了《每月天气评论》（*Monthly Weather Review*），直到 1916 年他去世，都一直担任编辑。[①] 图 15-19 为阿贝的约稿信。这是美国著名的气象学术期刊，1974 年后由美国气象学会出版。

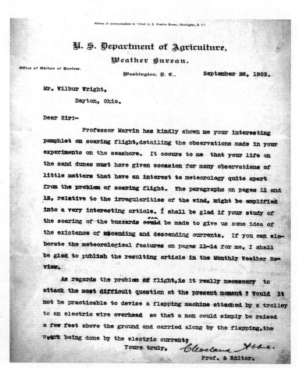

图 15-19 阿贝邀请 Wilbur 写文章的信件，后在《每月天气评论》中刊出

① Debus A G. World Who's Who in Science: A Biographical Dictionary of Notable Scientists from Antiquity to the Present (1st ed.)[M]. Chicago, IL: A. N. Marquis Company, 1968.

美国国会对气象服务的支持扩展到了农业、经济和公共安全。阿贝创立了观测数据记录系统并积累了大量的气象资料和气候数据。这些数据范围从美国到加拿大、加勒比、甚至到欧洲。在 1874 年 4 月观测到了极光。阿贝注重培训野外观察员和预报员，还经常敦促大学去开设他设计的气象课程。他还翻译了大量的外国气象文献。他设计的基本时间系统及其路径最终被用到了制定国家和国际时区协议上。

在汇编各地气象资料工作中，阿贝逐渐意识到需要一个各站之间一致的计时系统。为此，他将美国分为四个标准时区。他在 1879 年发表了一篇题为"标准时间报告"的论文。他说服了北美铁路公司采用他的时区系统。不久英国为英格兰、苏格兰和威尔士制定了标准时间制度，时区概念和用法逐渐获得了全球认可。[①]时区概念不仅是全球气象观测基础的重要标准，也为其他自然科学发展提供了时间尺度的标准，这是气象学家为科学界做出的又一重要贡献。由于阿贝的努力，美国的气象服务扩大到了整个欧洲大陆。随着人员增长，气象产品的增多，阿贝和他的气象台已经超越了美国，成为世界气象预报中心。

阿贝还重视气象观测仪器的改进和标准设计，亲自发明了一种风速表。阿贝于 1884 年当选为美国艺术与科学院副院士。1912 年，英国皇家气象学会向他颁发了 Symons 金质奖章，表彰他对"气象仪器、统计、动力和热动力气象学及天气预报的贡献"。

专栏　美国蓝山气象台

美国早期气象学术研究中心最有名的气象台是波士顿的蓝山气象台（Blue Hill Observatory，如图 15-20），也被称为大蓝山天文台，坐落于马萨

---

① Asimov I, Abbe C. Asimov's Biographical Encyclopedia of Science and Technology: The Living Stpries of More than 1000 Great Scientists from the Age of Greece to the Space Age[M]. Garden City, NY: Doubleday & Company, 1964: 343–344.

诸塞州波士顿以南约10英里的大蓝山上，是北美最古老的有连续天气记录的观测台，也是美国最早的风筝探测大气的起源地，促进了美国无线电探空仪的发展。这个天文台由艾博特·劳伦斯·罗奇（Abbott

图 15-20 蓝山气象台

Lawrence Rotch）于1884年创建，在美国近现代气象学发展中发挥了主导作用，在美国首次利用风筝携带气象仪器对高层大气天气状况进行了多次科学实验。到1895年，这个天文台成为美国比较准确的天气预报的来源，多次观测到飓风。① 天文台仍然保留着19世纪后期的气压计和其他仪器。这些仪器用于校准现代仪器，以保持可追溯到1885年的数据库的准确性和完整性。由于一百多年连续无移动的持续观测，美国国家海洋和大气管理局指定蓝山天文台为美国境内26个国际基准站之一，为全球气候变化做出贡献。②

这个天文台至今仍然活跃，作为已有一百多年历史的气象观测台站，成为美国气象学的一座纪念碑。③ 近现代气象科学发展中，气象观测被置于天文台中似乎为世界通行。在中国南京的北极阁观象台、北京观象台等都是在天文台中有气象观测的部分。蓝山气象台在美国气象学发展史上占有极辉煌的一页。

---

① Fragments of Science. Popular Science Monthly: 137. November 1897.

② National Park Service. Astronomy and Astrophysics: Blue Hill Meteorological Observatory. Archived 2006-10-15.

③ 这个气象台网址：http://bluehill.org/observatory.

第三节　俄罗斯近代气象学发展

俄罗斯因为地域广阔、农业经济历史悠久，所以俄罗斯气象学和 20 世纪的苏联气象学都有其本国的特色。大概在 13 世纪，有关俄罗斯记录的文献和其他文献中已经有气象要素的记载，包括对于局地气候的记载。

有近代气象学意义的气象记载，大概在 18 世纪，圣彼得堡科学院派队到西伯利亚进行科学研究和探险。这次科学考察，注意了观察和记录温度、气压、云、雷电、其他天气自然现象。为考察顺利，西伯利亚建立了不少观察站，有的观测站维持到 18 世纪中叶，留下不少宝贵资料。

俄罗斯近代气象学或许可以从米哈伊尔·罗蒙诺索夫（Mikhail Lomonosov，1711—1765 年）说起，他是俄罗斯诗人、科学家和语法学家，常被认为是俄罗斯第一位伟大的语言学改革家。他还对自然科学做出了重大贡献，包括重组了圣彼得堡帝国科学院，在莫斯科建立了今天以他的名字命名的大学，并在俄罗斯制造了第一个彩色玻璃马赛克。其研究成果中也包括气象学，并发明和制造了一些气象仪器。[①] 因此他不能算是单纯的气象学家。

1. 库普弗

18 世纪 20 年代左右，阿道夫·亚科夫列维奇·库普弗（Adolf Yakovlevich Kupfer，1799—1865 年，如图 15-21）组织了比较有近代科学意义的气象观测。他在德国读完大学，在 1823 年回到俄罗斯喀山大学化学系当教授。阿道夫·库普弗结识弗朗索瓦·阿拉戈（Francois Arago，1786—1853 年）和亚历山大·冯·洪堡（Alexander von Humboldt，1769—1859 年），转向地磁学和气象学

---

① 特维尔斯柯伊 H H. 苏联气象学发展简史［M］. 李榆，杨鉴初，陶诗言，等，译. 北京：财政经济出版社，1954.

的研究。

图 15-21　库普弗
（Adolf Yakovlevich Kupfer,
1799—1865 年）

1828 年，库普弗被选入俄罗斯皇家科学院并移居圣彼得堡，在当时俄罗斯的中央观象台的帮助下开展了一系列的气象和气候观察活动。在 1849 年阿道夫·库普弗被任命为中央观象台的台长，[①] 被称之为物理观象总台。他要求各地的气象台记录温度、气压、各种气象数据送到俄罗斯中央观象台。库普弗试图努力整合各地观测站收集到的数据。

在他的影响下，继任者继续加强了对各地观测站的监督和观测。到 1875 年前后俄罗斯有 118 个地方气象台，1890 年增加到 432 个。中央观象台希望把这些数据出版。对于收集到的大量数据，也许缺乏正确的气象理论知识和经验，尤其对于西方大气科学的理论显然缺乏了解，这是否可能和当时俄国学者没有普遍使用西方语言有关。当时俄罗斯气象学者没有提出成体系的气象理论，同时对于有近代气象科学特征的高空气球观察和实验也比较缺乏。

2. 波波夫

亚历山大·斯捷潘诺维奇·波波夫（Alexander Stepanovich Popov, 1859—1906 年，图 15-22）是俄罗斯物理学家，在俄罗斯和其他东欧国家被广泛认为是无线电的发明者。波波夫在电磁学领域做出了重大贡献，并通过安装天线改进了检波器，使其能够在短距离内传输无线电波。

1895 年，波波夫首次公开演示了电磁波的

图 15-22　亚历山大·斯捷潘诺维奇·波波夫
（Alexander Stepanovich Popov,
1859—1906 年）

① Pasetskii V M. Adolf Iakovlevich Kupfer, 1799—1865[M]. Moscow: Nauka, 1984.

接收，第二年他发表了一篇论文，并用详细的图表描述了他的发现。同年意大利的古格里尔莫·马可尼（Guglielmo Marconi，1874—1937 年）公开展示了他的发明，第二年获得了专利。马可尼被认为是无线电的发明者，并与卡尔·费迪南德·布劳恩（Karl Ferdinand Braun）分享了 1909 年诺贝尔物理学奖，"以表彰他们对无线电报技术发展的贡献"。

波波夫不仅专注于无线电的发明，而且更多地参与雷暴和闪电的研究。俄罗斯海军安装了波波夫发明的无线电设备，这些设备在通信和发送求救信号方面非常有用。

1900 年，波波夫在霍格兰岛建立了一个无线电台，提供俄罗斯海军和战列舰之间的双向通信，这有助于在船员遇到恶劣天气时挽救他们的生命。1901 年，波波夫被任命为圣彼得堡电气工程学院的教授，1905 年他被任命为该学院的院长。

3. 门捷列夫

德米特里·伊万诺维奇·门捷列夫（Дми́трий Ива́нович Менделе́ев，1834—1907 年，如图 15-23），众所周知是俄罗斯历史上和世界科学史上最重要的科学家之一。他的主要成就是假设和验证化学元素的周期性，并提出元素周期表。这个是现代物理和化学以及其他许多学科的基础性知识。

其实门捷列夫在其他科学领域也作出了贡献。在俄罗斯，门捷列夫的影响超出了化学界。他对农、工、商等都有所研究，他在俄罗斯很多重要的部门担任非正式科学顾问，甚至还一度担任俄罗斯度量衡局领导职务十多年。

图 15-23　门捷列夫
（Дми́трий Ива́нович Менделе́ев，1834—1907 年）

门捷列夫对气象学也感兴趣并做了一些研究。门捷列夫在完成了元素周期律的研究后，为验证有关研究，1871 年左右，他把研究方向转向对气体的研究。1872 年，门捷列夫为证明醚的存在，进行了精确的气体压缩和膨胀研究。门捷列夫认为，醚是一种气体，他测量了各种各样气体的温度、压力和体积。但是到 1875 年还是没能找到醚存在的确凿证据。这使他从大气层中观察气体的变化。门捷列夫设想在大气层的顶部可能有热力产生湍流等大气现象。他还提出，地球空气是被地球表面的太阳反射加热的。

门捷列夫猜想，在山上的测量可能不能反映离山很远的上层大气的性质。他认为不能忽视受山峰干扰的空气。这使得门捷列夫关注高层大气，他可能是俄罗斯气象学领域较早提出进行高空气球实验的科学家。但是进行高空气球实验需要较多经费，他最终没有筹措到足够经费进行实验。而且有趣的是，当时俄罗斯中央观象台并不太赞同门捷列夫的想法和计划，门捷列夫最终没有进行高空气球实验。他兴趣广泛，甚至想从气体现象角度揭穿当时一些巫师的骗人把戏。

门捷列夫研究气象学的故事也许从一个侧面说明，近代俄罗斯的气象学和西方诸如欧洲、北美等地方气象学发展模式有些不同，缺乏必要的基础理论和包容兼蓄的科学精神，使得现代科学意义上的大气科学没有在俄罗斯产生。俄罗斯这种气象学传统一直持续到 20 世纪。

4. 沃伊科夫

亚历山大·伊万诺维奇·沃伊科夫（Aleksandr Ivanovich Voeikov，1842—1916 年，如图 15-24）俄国气候学家，地理学家。1865 年以论文"论地球上不同地区的直接日射"获得德国哥廷根大学博士学位。

1885 年，他成为圣彼得堡大学的教授，多次考察高加索、克里米亚和中亚、西欧、南亚和西南亚以及北美洲、中美洲和南美洲。他 1884 年发表"全球气候及俄国气候"。沃伊科夫是第一个

将平衡方法应用于气候和地理
现象研究的人。他解释了复杂
气候过程的物理本质，指出了
气候与自然界其他组成部分的
相互作用。他甚至预测了外高加
索地区发展茶叶、柑橘类水果作
物和中亚地区有价值的棉花品种
的可行性，提出了气候健康胜地
（climatic health resorts）的概念。[①]
沃伊科夫 1870 年在俄罗斯地理
学会内成立了气象委员会，创办

图 15-24　亚历山大·伊万诺维奇·沃伊科夫
（Aleksandr Ivanovich Voeikov，1842—1916 年）

了第一份气象期刊《气象科学》（*Meteorologicheskii vestnik*，1891—
1935 年），并建立了一个志愿农业气候观察员网络。他 1910 年起
为俄国科学院通信院士，1914 年就职于俄罗斯物理观象台。

　　沃伊科夫是俄罗斯特殊地理高等教育的发起人和组织者之
一，也是高等地理课程的第一任主任（1915 年）。他是许多俄罗
斯科学协会的成员，也是外国科学协会的荣誉成员。沃伊科夫是
俄罗斯近代气象学的代表性人物之一，也表明近代气象学和地理
科学的密切关系（作者注：由于对俄罗斯气象学文献掌握不够充
分，这里论述比较简略，未来可以加大这种国别研究）。

　　5. 布劳诺夫

　　彼得·伊万诺维奇·布劳诺夫（Петр Иванович Броунов，
1852—1927 年），俄罗斯气象学家，是苏联现代农业气象科学奠
基人之一，1886 年获得气象学和自然地理学博士学位，1890 年
在基辅大学执教，并兼任基辅气象观测台主任。1908 年被彼得堡

　　① The Great Soviet Encyclopedia, Voeikov, Aleksandr Ivanovich. 3rd Edition[M],
1979.

大学授予功勋教授。1914 年当选为俄罗斯科学院通讯院士。

布劳诺夫的气象学成就主要在农业气象研究领域，倡议成立农业部气象研究所；筹建了苏联农业气象观测网，提出平行观测法，[①] 在各国的农业气象观测和研究工作中被广泛应用。

他 1923 年完成苏联农业区划的研究，撰写著作包括《大田作物与天气》(1912 年)《农业气象及其近期任务》(1923 年) 等。1913 年任国际农业气象常设委员会委员，1923—1924 年任国际农业气象组织常任主席。

1921 年，苏联建立了水文气象局。苏联早期气候学与农业密切相关，在动力气象学方面提出"平流动力理论"，后传入中国不太适用。苏联气象学家还在长期天气预报、大气电学、高空气象学、天气学、北极地带研究等方面做出积极探索。但总体来看，其理论深度和科学性与同期西方气象学相比，已有逊色。当代气象科学主要来自欧美的主流气象学。关于苏联的气象事业，在后文继续阐述。

第四节　中国近代气象学的进一步发展

近代西方传教士给中国带来当时西方比较先进的气象科学理论与技术，中国近代气象学在"西学东渐"的历史进程中不断吸收外来先进气象知识。

中国古代大气科学有许多重要成果领先世界数百年，但为何现代大气科学没有在中国产生，这就是中国"气象李约瑟难题"。本书将中国古代和近现代气象学的发展穿插于世界气象科技历史

---

① 西涅里席柯夫. 苏联农业气象的四十年 [J]. 刘树泽，译. 北京农业大学学报，1958(1):31-38.

大洪流之中，是为尝试解答这个"气象李约瑟难题"。

1. 传教士引入更多气象知识

传教士对近代中国的知识传播经历了数百年。19 世纪中叶，潘仕成（1804—1873 年）的《海山仙馆丛书》中收录了葡萄牙人玛吉斯（Machis）所编译的《外国地理备考》（*Geography of Foreign Nations*），其中，卷二部分也对云、风、雷电、雨、雪、雾等天气现象进行了简单的描述。

19 世纪下半叶，美国传教士玛高温（Daniel Jerome Macgowan，1814—1893 年）在宁波出版了《航海金针》一书。《航海金针》包含很多当时西方先进的气象知识，[①]包括关于台风的论述，图表等。这样一本内容先进的书，在当时民众科学知识水平普遍不高情况下，传播效果有限，但它引入了当时最新的大气科学思想，有重要的意义。

2. 中国学者的见解

方以智（1611—1671 年）为明代思想家、哲学家、科学家，自幼秉承家学，接受儒家传统教育。方以智成年后四处交游，包括西洋传教士毕方济与汤若望。从他们那里，方以智学习了解了西方近代自然科学，撰写的《物理小识》集中了方以智一生诸多的科学见解，涉及气象学方面的内容与大气物理学、天气学、气候学、物候学、云物理学以及应用气象学等分支有关。

方以智不仅继承发展了天人感应、阴阳五行、干支时日解释、干预天气现象的理论，还吸收了西方传入的气象科学知识，借鉴了"三际说"等气象理论。《物理小识》卷一"历类"和卷二"风雷雨旸类"探讨了风雨等天气现象的生成，引进西方"三际说"气象理论，形成了具有进步意义的自然科学气象观。

---

① 陈志杰, 隋洁. 中西文化碰撞"风暴"中的《航海金针》：国内首部气象防灾减灾科技译著 [J]. 中国科技翻译, 2013(2):59-62.

　　此外，传教士在中国开始设立观象台，并进行系统气象观测与记录。俄国人 1841 年在北京开始系统气象观测，1867 年俄国圣彼得堡科学院任命傅烈旭（H.Frische）为北京地磁气象台台长。傅烈旭在北京工作 16 年，期间撰写论文涉及东亚气候、欧亚两洲地磁比较。他 1883 年回俄国后，这个气象台逐渐荒废。有关传教士在中国进行气象观测与记录等在后文进一步具体阐述。

　　3. 中国"气象李约瑟难题"

　　著名科学家和科学史家李约瑟（Joseph Terence Montgomery Needham，1900—1995 年），一生为中国科学技术史的研究和传播做出巨大贡献，在新中国成立前后为中国科学界和世界科学界的沟通做出较大努力，也得到毛泽东、周恩来的接见和其他中国国家领导人的赞誉。他建立了李约瑟研究所，成为世界范围内研究中国和东亚科学技术史的主要阵地之一。

　　李约瑟提出了著名的"李约瑟难题"，有不同版本，基本意思就是中国古代科学和技术高度发达，并且多方面一度领先世界，为何在近代落后了，为何近代科学技术没有在中国产生等。问题在 20 世纪 70 年代提出，吸引了包括竺可桢先生在内的众多世界知名科学家、科学史工作者、社会公众的讨论和争论，[①]出现无数的论文和著作，包括博士硕士论文来进行解答。至今也没有一个让所有方面都满意的答案，这个问题超出了科学史界，成为进入其他知识领域的一个重要课题。

　　李约瑟难题在中国传统四大学科：天学、算学、农学、中医

---

　　① 作者注。有学者认为李约瑟难题是个伪问题不需要回答。这种思路或许并不正确，如果这样，那么当今世界上很多重要问题和难题，甚至包括自然科学上一些社会化问题，都可以作为伪问题。况且，认为是伪问题本身也是对李约瑟难题的一种回答，并没有逃脱李约瑟难题的问题域和回答背景。本书无意进行这方面的细致争论，一个问题能够引起广泛的社会反响，本身就是一个重大问题和重大贡献。世上并不缺少答案，缺少的是好问题。有鉴于此，笔者大胆在自己的书中提出"气象李约瑟难题"，以期引起学者的兴趣和对气象学史的重视。

322 | 第二篇 近代气象科学与技术

药学中都得到体现，在中国第五大传统学科——古代气象学中，也得到体现。中国古代气象学有自身完善的学科体系和内在逻辑，有多项成就领先世界数百年，为何中国古代气象学没有发展和进化到现代气象科学，为何近现代大气科学没有在中国产生？这就是"气象李约瑟难题"。

本书提出这个难题，并且试图在全书中做出回答。如同李约瑟难题是一个开放的问题，气象李约瑟难题或许也是个开放的问题，期望引起学界和广大读者朋友的探索和思考。

第五节　东亚南亚和拉丁美洲气象学发展

随着欧洲和北美天气观测网络和气象预报兴起，世界其他地区也逐渐出现气象观测和预报。

文艺复兴在世界范围内产生影响，同时期东亚各国气象也有发展，其中中国的气象学发展不在这儿论述。日本在 19 世纪到 20 世纪对于中国的殖民性质气象观测，在后文论述。[①]

1. 日本气象学发展

日本书籍中记载了齐明天皇六年（660 年），"皇太子第一次创造漏刻，以民知时"。此时的皇太子是中大兄皇子（626—671 年），就是后来的天智天皇。

在日本农村遗迹中发现"漏刻"遗迹。可能是水以一定的流量从上层的木箱依次流向下部的木箱，根据水量推测时间。[②] 中国唐朝在 627—649 年前后就有很多计时漏刻，或许此时已经传入日本。

---

① 限于资料等原因，这节内容还不够完善。作者注。
② 小川胖 . 流量計測の歴史 [J]. 計測技術 , 2004, 6: 44-49.

平贺源内在 1768 年与中川淳庵合作制作了温度计。[①] 平贺源内在当时是一位能工巧匠。日本近代出现过天明饥荒（1783—1786 年）和天保饥荒（1833—1838 年），期间很多人饿死，这或许在对日本后期气象学发展是种历史推动。1825 年青地林宗出版《气海观澜》，随着西方近代科学传入，1869 年东京、横滨之间开始了电报，这有利于日本近代气象学的发展。

1871 年在工部省设置了测量司。作为国土测量部门，测量司的正副部长都是英国人，在副部长 H·B·Joynel 主张下，认为有进行气象观测的必要性。1873 年，测量司决定设置气象台，明治政府向英国订购了气象观测仪器。

1872 年设立函馆气候测量所（现在的函馆海洋气象台）。

图 15-25　1883 年日本天气图 [②]

---

①　小川 胖 . 流量計測の歴史 [J]. 計測技術，2004, 6: 44-49.

②　日本气象厅网站，https://www.jma.go.jp.

1875年在此基础上，"东京气象台"成立，同年6月1日开始观测。后成为日本气象厅的前身。

在德国人库尼普林（E.Knipping）的大力协助下，1883年东京气象台首次制作了天气图，如图15-25。第二年日本发布第一个天气预报。同年东京气象台首次发布了暴风警报。

1887年东京气象台改名为日本中央气象台，天气预报技术持续提高。其后随着日本军国主义的发展，近代日本气象学对东亚、南亚等国家有殖民性质的气象观测。

2. 朝鲜半岛气象学发展

亚洲各国在进入现代气象学之前，各自国家都在传统气象学的知识积累上作出贡献，包括东亚国家。比如在公元350年的时候，记录了一个长达十天的大洪水。[①]

朝鲜半岛在15世纪发明了用来测量降水、洪水水位、风向的气象仪器，这些发明与今天的气象仪器相比还有差距，但是促进了朝鲜半岛气象学的发展。这些发明详细记录在世宗编年史（King Sejong，1418—1450年执政）和永宗编年史（King Yongjo，1724—1776年执政）上。半岛最早的积雪记录出现在公元77年12月份的高丽国的首都，据记载厚度约20厘米。

世宗编年史有降雨记录和潮湿土壤深度的记录[②]（如图15-26）。在1425年永宗编年史的第28卷上，也出现了有关干旱的记录。国王要求各省、各县测量土壤被水分渗透的厚度，这种方法在当时是记录整个国家降雨量的一种简单方法。

朝鲜半岛古代农业在合适的时节是否有充足的降水确定该国是否会获得大丰收。降雨造成的墒情的深度又取决于土壤的类型

---

① The Samguk-sagi, History of the Three Kingdoms, BCE 57-CE 918.

② Chun Y S and Jeon S W. Chugugi, Supyo, and Punggi: Meteorological instruments of the 15 th century in Korea[J]. History of Meteorology, 2005 (2):25-36.

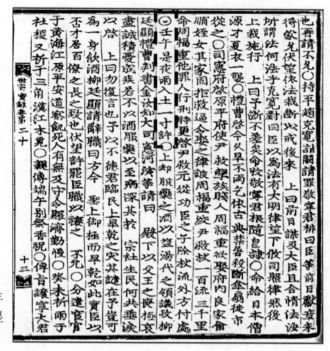

图 15-26　世宗编年史有降雨记录和潮湿土壤深度的记录

和质地。大概在 1441 年发明了测雨量的仪器，仪器深 30 厘米，直径为 14 厘米。这种雨量计在朝鲜半岛出现是否受中国影响，有些争论。[①] 利用雨量计，从事编制气象信息的工作人员可以从各省份、县甚至是边远地区获得降雨量信息。这种搜集降雨量的方法一直持续了 700 多年直到 20 世纪初期朝鲜王朝的垮台。在 1592—1598 年的日本入侵中，很多雨量计都被破坏了或丢失了。在 1770 年之前的雨量记录经常依据流经首尔中部的清溪的水位及其桥梁状况。

永宗在其执政的第 46 年，即 1770 年 5 月 1 日下诏在全国建立降雨量测量网络系统。雨量计是按照世宗时期的规格得以改良。雨量计站是由 46 厘米 ×37 厘米 ×37 厘米，拥有直径为 16

---

① 竺可桢认为朝鲜（韩国）的雨量计可能来自中国，王鹏飞认为其是朝鲜自身发明的。参见王鹏飞，中国和朝鲜测雨器的考据，自然科学史研究，1985 年第 3 期。

厘米的洞口雕刻深度为 4.2 厘米的石块构成 [1]（如图 15-27）。在它的前面和后面都写了"测雨台"，作为雨量计的标识。在大邱（今韩国东南部的一个城市）的雨量计和雨量碑于 1910 年被带到了仁川天文台，然后被保存在汉城（今首尔）的韩国气象局里，一直到现在。

1782 年安装在昌德宫庭院的雨量计从六月到七月经历了一个很严重的干旱。它旁边的碑文上就详细地写着测降雨量的意义。[2]韩国历史文献中记录着像雷电、冰雹、降雨、扬尘等天气现象的观测和测量过程，涉及到天文、地理、天气等方面的内容（如图 15-28）。

唯一幸存的雨量计是在 1837 年制造的，上面还有道光皇帝题词：于道光十六年制造。它在 1910 年之前一直矗立在韩国公州，之后被日本掠夺带回日本。1971 年，在韩国政府的努力下，日本归还给韩国，目前保存在位于韩国首尔的国家气象局内（如图 15-29）。

图 15-27　1770 年左右的雨量计

这个现存唯一韩国历史雨量计，目前作为韩国编号 561 的国家财富，图 15-29 中立者为韩国 1968—1980 年气象局长。[3]

朝鲜半岛其他地区的一些测雨量数据被韩国政府数字化。有学者按照

---

① Chun Y S and Jeon S W. Chugugi, Supyo, and Punggi: Meteorological instruments of the 15 th century in Korea[J]. History of Meteorology, 2005 (2):25-36.

② Jeon S W. A History of Science in Korea, Seoul[M]. Korea: Jimoondang Publishing Company, 1998, 149.

③ Chun Y S and Jeon S W. Chugugi, Supyo, and Punggi: Meteorological instruments of the 15th century in Korea[J]. History of Meteorology, 2005(2):25-36.

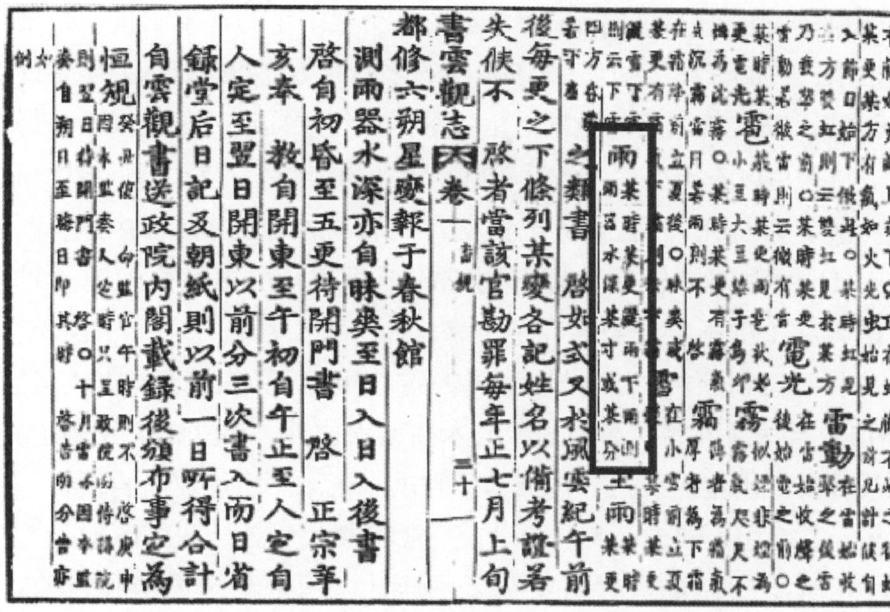

之類書 啓如式又於風雲紀午前
後每更之下條列其變各記姓名以備考證著
失候不 啓者當該官勘罪每年正七月上旬
書雲觀志 卷一 二十
都修六朔星變謄于春秋館
測雨器水深亦自昧爽至日入日入後書
啓自初昏至五更待開門書 啓 正宗年
亥奉 教自開東至午初自午正至人定自
人定至翌日開東以前分三次書入而日省
錄堂后日記及朝紙則以前一日所得合計
自雲觀書送政院內閣載錄後頒布事定為
恒規

图 15-28 韩国一份 1818 年文献中对于雨量记载①

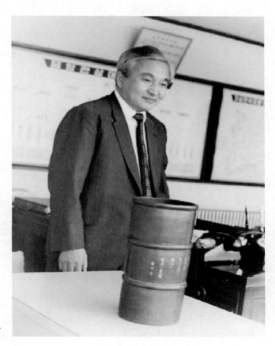

图 15-29 韩国历史上的雨量计

① Chun Y S and Jeon S W. Chugugi, Supyo, and Punggi: Meteorological instruments of the 15 th century in Korea[J]. History of Meteorology, 2005(2):25-36.

当代科学方法把 1776 年到 2003 年的一个 227 年的首尔雨量记录展现出来，[①] 如图 15-30。其中 1907 年的之前的测量数据是依靠雨量计获得的，1907 年之后的数据是由韩国国家气象局依靠现代仪器获得的。从中可以看出前后一致性较好，说明历史数据有较大可靠性。

据学者研究，到 20 世纪初期，共有 5 种由铁制成的雨量计，还有 11 种由花岗岩或大理石制成的雨量碑。历史散失只有 5 种雨量碑和 1 种雨量计被保存了下来。[②]

根据文献研究，表明朝鲜半岛古代的河道水位记录比较多。如 1442 年发明的一个高 2.5 米的木柱型水位计，树立在汉江旁边，记录着汉江水位的变化，包括暴雨和洪水记录。后用花岗岩代替了木头，其上用不同刻度表示干旱、正常和洪水水位。如图 15-31。[③]

朝鲜半岛在永宗时期发明了风速计，用来记录风向和风速。它由三个部分构成：底座、长柱、细长杆。大概有 8～10 米高。民众可以根据此仪器得出风对农作物和航运的影响。雨量计和风

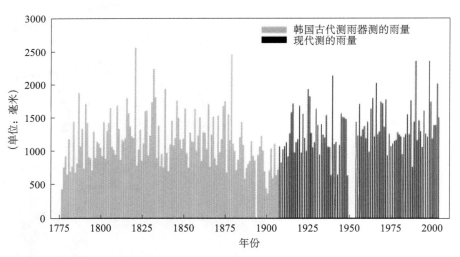

图 15-30　用当代科学方法把 1776—2003 年首尔雨量记录展现出来

①　Chun Y S and Jeon S W. Chugugi, Supyo, and Punggi: Meteorological instruments of the 15 th century in Korea[J]. History of Meteorology, 2005(2):25-36.

②　Chun Y S and Jeon S W. Chugugi, Supyo, and Punggi: Meteorological instruments of the 15 th century in Korea[J]. History of Meteorology, 2005(2):25-36.

③　Chun Y S and Jeon S W. Chugugi, Supyo, and Punggi: Meteorological instruments of the 15 th century in Korea[J]. History of Meteorology, 2005(2):25-36.

图 15-31　朝鲜半岛某地一个古代水位计

图 15-32　Colesworthey Grant 在 1839 年《印度评论》上发表的皮丁顿肖像作品

速计等气象仪器在朝鲜半岛的出现和记录的数据促进了半岛古代气象学的发展，表明大概在 15 世纪，半岛对于测雨量和风速的观察与记录已经比较普遍。

3. 南亚气象学发展

19 世纪中后期，由于国际合作的日益扩大和气象观测资料的增多，气象学家对风暴的研究非常丰富，逐渐发现气旋和反气旋是与大气环流没有什么关系的一种独立现象。对于陆地气旋观察逐渐增多，海上风暴的观察和研究也随之兴起。

亨利·皮丁顿（Henry Piddington，1797—1858 年，如图 15-32）原是一名英国商人船长，经常在印度东部和中国海域航行，后曾经定居孟加拉并曾担任地质博物馆馆长。他对气象学的贡献主要是在热带气象学方面的开拓性研究方面，特别是对风暴和飓风的研究。他根据对热带风暴的研究和对风暴周围的循环风的观察，在 1848 年创造了“气旋”（cyclone）的名词。

在担任地质博物馆长的十年里，他发表许多关于印度地质、植物学、矿物学以及气象学的科学论文。[①] 因为从事印度洋航海多年，发现印度洋上热带风暴非常频繁，他通过印度政府搜集到所有印度洋上的热带风暴。根据观测和研究，他在 1844 年出版了《印度和中国海域风暴法则入门书》（*The Horn-Book for the Law of Storms for the Indian and China Seas*），根据这本书可以避免风暴对航线的影响，书中有风暴卡片可以对照风暴来的方向，从而航行时避开，如图 15-33。

皮丁顿对飓风研究不仅有重大理论创新，而且开创了飓风预报的思路。现代科学定义飓风指大西洋和北印度洋地区强大而深厚的热带气旋，也泛指狂风和任何热带气旋以及风力达 12 级的任何大风。飓风中心有一个风眼，风眼愈小，破坏力愈大。这些都和早年他的研究一脉相承。亨利 · 弗朗西斯 · 布兰福德（Henry Francis Blanford，1834—1893 年）是一位在印度工作的英国气象学家和古生物学家。他是博物学家威廉 · 托马斯 · 布兰福德（William Thomas Blanford）的弟弟，两人都于 1855 年加入了印度地质调查局（Geological Survey of India）。

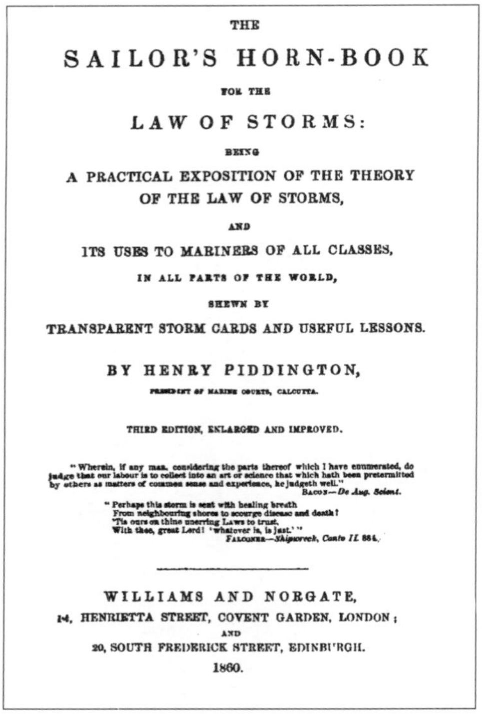
THE
SAILOR'S HORN-BOOK
FOR THE
LAW OF STORMS:
BEING
A PRACTICAL EXPOSITION OF THE THEORY
OF THE LAW OF STORMS,
AND
ITS USES TO MARINERS OF ALL CLASSES,
IN ALL PARTS OF THE WORLD,
SHEWN BY
TRANSPARENT STORM CARDS AND USEFUL LESSONS.
BY HENRY PIDDINGTON,
PRESIDENT OF MARINE COURTS, CALCUTTA.
THIRD EDITION, ENLARGED AND IMPROVED.

"Wherein, if any man, considering the parts thereof which I have enumerated, do judge that our labour is to collect into an art or science that which hath been pretermitted by others as matters of common sense and experience, he judgeth well."
BACON—*De Aug. Scient.*

"Perhaps this storm is sent with healing breath
From neighbouring shores to scourge disease and death?
'Tis ours on thine unerring Laws to trust.
With thee, great Lord! 'whatever is, is just.'"
FALCONER—*Shipwreck, Canto II.* 884.

WILLIAMS AND NORGATE,
14, HENRIETTA STREET, COVENT GARDEN, LONDON;
AND
20, SOUTH FREDERICK STREET, EDINBURGH.
1860.

图 15-33 《印度和中国海域风暴法则入门书》1860 年版本封面

① Blyth C. Piddington, Henry (1797–1858)[M]. Oxford Dictionary of National Biography. Oxford: Oxford University Press, 2004.

亨利成为印度第一位官方气象学家，1875 年被任命为印度气象官员。他一生发表了很多关于印度及周边区域的气象学论文。1882 年，他开始研究喜马拉雅山的雪作为季风前兆的可能性，基于这个参数，1894 年开始了长期季风预报。

4.拉丁美洲气象学发展

贝尼托·韦恩斯（Benito Viñes，1837—1893 年，如图 15-34），气象学家，生于西班牙。他于 1870 年作为传教士从西班牙来到古巴。他建立了古巴第一个气象观测网，制作了第一批飓风相关预报，成为古巴哈瓦那贝伦气象台的台长，数十年观测古巴的天气情况，经常在当地报纸上发布天气预报。他提出的理论为许多成功的飓风预测提供了依据，出版了关于飓风和预报的学术著作。

巴西作为拉丁美洲地区的一个大国，其早期和近代气象学发展值得关注。近代气象学的建立与当地的天文台密切相关，在观测天象的同时包括观测气象。巴西有潮湿的热带和亚热带气候，大部分地区的年降雨量为 1000～1800 毫米。所以早期居民对气象观测积极性不高，或者很难留下数据和记录载体。

图 15-34　美国气象学会出版的纪念韦恩斯的书籍①

_____

　　① Guadalupe L E R, Father Benito Vines: The 19th-Century Life and Contributions of a Cuban Hurricane Observer and Scientist[M]. Garcia O (Translator). American Meteorological Society，2014.

　　近代随着荷兰和葡萄牙殖民者的入侵，有关的气象知识可能也被引入。18世纪的葡萄牙于1749年至1802年在巴西里约热内卢的几个地点进行了首次气象观测。从17世纪末到19世纪初，弗朗西斯科·何塞·德·卡尔达斯（Francisco José de Caldas）和何塞·希普利托·乌纳努埃（José Hipólito Unanue）在加勒比和中南美洲国家进行了一些气象观测，其中包括与热带气旋有关的最早的气压观测，[①] 在里约热内卢的连续记录。

　　本托·桑切斯·多尔塔（Bento Sanches Dorta）是巴西葡萄牙殖民时期的天文学家和地理学家，从1781年到1788年，他在巴西里约热内卢，记录气象观测数据，[②] 是目前已知的巴西地区最早的连续8年的气象仪器观测记录。

[①]　Domínguez-Castro F, Vaquero, J M. Early Meteorological Records from Latin-America and the Caribbean during the 18th and 19th Centuries[M]. Scientific Data, 2017.

[②]　Farrona A M M, Vaquero J M and Gallego M C et al. The meteorological observations of Bento Sanches Dorta, Rio de Janeiro, Brazil: 1781-1788[J]. Clim. Change, 2012, 115: 579–595.